从新手到高手

Excel

2013 办公应用

从新手到高手

■ 王菁 夏丽华 等编著

清华大学出版社
北　京

内 容 简 介

本书从商业办公实践的角度，详细介绍了使用 Excel 设计不同用途电子表格的经验与过程。全书共分 17 章，介绍了 Excel 2013 基础知识、编辑单元格、操作工作表、美化工作表、使用图像、使用形状、使用公式和形状、图表的应用、管理和分析数据、协同办公、阅读和打印，以及宏和 VBA 等知识。本书图文并茂，结合了大量 Excel 开发人员的经验。最后两章从 Excel 的应用领域入手，详细介绍了 Excel 在财务应用和人力资源应用方面的综合实例。配书光盘提供了语音视频教程和素材资源。

本书适合 Excel 初学者、企事业单位办公人员使用，还可以作为大中专院校相关专业和 Excel 办公应用的培训教材。

图书在版编目（CIP）数据

Excel 2013 办公应用从新手到高手/王菁等编著. —北京：清华大学出版社，2014
（从新手到高手）
ISBN 978-7-302-35067-5

Ⅰ. ①E… Ⅱ. ①王… Ⅲ. ①表处理软件 Ⅳ. ①TP391.13

中国版本图书馆 CIP 数据核字（2014）第 006769 号

责任编辑：冯志强
封面设计：吕单单
责任校对：徐俊伟
责任印制：刘海龙

出版发行：清华大学出版社
　　　　　网　　　址：http://www.tup.com.cn，http://www.wqbook.com
　　　　　地　　　址：北京清华大学学研大厦 A 座　　　　邮　　编：100084
　　　　　社 总 机：010-62770175　　　　　　　　　　邮　　购：010-62786544
　　　　　投稿与读者服务：010-62776969，c-service@tup.tsinghua.edu.cn
　　　　　质 量 反 馈：010-62772015，zhiliang@tup.tsinghua.edu.cn
印 刷 者：清华大学印刷厂
装 订 者：三河市溧源装订厂
经　　销：全国新华书店
开　　本：190mm×260mm　印　张：23.25　插　页：2　字　　数：674 千字
版　　次：2014 年 9 月第 1 版　　　　　　　　　　印　　次：2014 年 9 月第 1 次印刷
印　　数：1～3500
定　　价：59.80 元

产品编号：056977-01

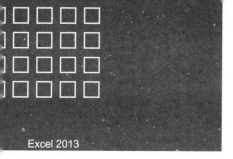
Excel 2013

前　言

Excel 2013 是微软公司发布的 Office 2013 办公软件的重要组成部分，主要用于数据计算、统计和分析。Excel 2013 版在继承以前版本优点的基础上增加了一些新功能，用户使用起来更加方便。

使用 Excel 2013 可以高效、便捷地完成各种数据统计和分析工作。在 Excel 中创建和编辑报表，对数据进行排序、筛选和汇总，通过单变量求解、规划求解，使用方案管理器等功能，可以很方便地管理、分析数据，掌握错综复杂的客观变化规律，进行科学发展趋势预测，为企事业单位决策管理提供可靠依据。

本书内容

本书共分为 17 章，通过大量的实例全面介绍 Excel 电子表格制作过程中使用的各种专业技术，以及用户可能遇到的各种问题。各章的主要内容如下。

第 1 章介绍认识 Excel 2013，包括 Excel 概述、Excel 应用领域、新增功能、界面介绍、自定义功能区等内容；第 2 章介绍 Excel 基础知识，包括选择单元格、使用自动填充功能、合并单元格等内容；第 3 章介绍操作工作表，包括设置工作表属性、美化工作表标签、选择工作表等内容。

第 4 章介绍美化工作表，包括设置数字格式、设置边框格式、设置填充颜色、应用表格格式等内容；第 5 章介绍使用图像，包括插入图片、应用图片样式、插入艺术字、调整图片等内容。

第 6 章介绍使用形状，包括绘制形状、排列形状、设置形状样式、使用文本框等内容；第 7 章介绍使用 SmartArt 图形，包括创建 SmartArt 图形、设置布局和样式、设置 SmartArt 图形格式等内容。

第 8 章介绍管理数据，包括数据排序、数据筛选、分类汇总数据、设置数据验证、使用条件格式等内容；第 9 章介绍使用公式，包括创建公式、单元格引用、数组公式、公式审核等内容。

第 10 章介绍使用函数，包括函数概述、使用函数、求和计算、应用名称等内容；第 11 章介绍使用图表，包括创建图表、设置布局和样式、添加分析线、使用迷你图、设置图表区格式等内容。

第 12 章介绍分析数据，包括使用模拟运算表、规划求解和单变量求解、使用方案管理器、合并计算等内容；第 13 章介绍审阅和打印，包括使用批注、使用分页符、打印工作表等内容。

第 14 章介绍协同办公，包括共享工作簿、保护文档、使用外部链接、发送电子邮件等内容；第 15 章介绍宏与 VBA，包括创建宏、管理宏、VBA 脚本简介、VBA 控制语句、VBA 设计等内容。

第 16~17 章通过 6 个具体实例，详细介绍了在 Excel 中制作财务类分析报表和人力资源类管理数据的实际方法和操作经验。

本书特色

本书是一本专门介绍使用 Excel 制作电子表格的基础教程，在编写过程中精心设计了丰富的体例，以帮助读者顺利学习本书的内容。

❑ **系统全面，超值实用**　本书针对各个章节不同的知识内容，提供了多个不同内容的实例，除了详细介绍实例应用知识之外，还在侧栏中同步介绍相关知识要点。每章穿插大量的提示、注意和技巧，构筑了面向实际的知识体系。另外，本书采用了紧凑的体例和版式，相同内容下，篇幅缩减了 30% 以上，实例数量增加了 50%。

❑ **串珠逻辑，收放自如**　统一采用了二级标题灵活安排全书内容，摆脱了普通培训教程按部就班讲解的窦白。同时，每章最后都对本章重点、难点知识进行分析总结，从而达到内容安排收放自如，方便读者学习本书内容的目的。

□ **全程图解，快速上手** 各章内容分为基础知识、实例演示和高手答疑 3 个部分，全部采用图解方式，图像均做了大量的裁切、拼合、加工，信息丰富、效果精美，使读者翻开图书的第一感觉就能获得强烈的视觉冲击。

□ **书盘结合，相得益彰** 多媒体光盘中提供了本书实例完整的素材文件和全程配音教学视频文件，便于读者自学和跟踪联系本书内容。

□ **新手进阶，加深印象** 全书提供了 50 多个基础实用案例，通过示例分析、设计应用全面加深 Excel 2013 的基础知识应用方法的讲解。在新手进阶部分，每个案例都提供了操作简图与操作说明，并在光盘中配以相应的基础文件，以帮助用户完全掌握案例的操作方法与技巧。

读者对象

本书内容详尽、讲解清晰，全书包含众多知识点，采用与实际范例相结合的方式进行讲解，并配以清晰、简洁的图文排版方式，使学习过程变得更加轻松和易于上手。因此，能够有效吸引读者进行学习。

本书不仅适应 Excel 初学者、企事业单位办公人员，还可以作为大中专院校相关专业的授课教材，也可以作为 Excel 办公应用培训班的教材。

参与本书编写的除了封面署名人员之外，还有冉洪艳、吕咏、刘艳春、黄锦刚、冀明、刘红娟、刘凌霞、王海峰、张瑞萍、吴东伟、王健、倪宝童、温玲娟、石玉慧、李志国、唐有明、王咏梅、李乃文、陶丽、连彩霞、毕小君、王兰兰、牛红惠等人。由于时间仓促，水平有限，疏漏之处在所难免，敬请读者朋友批评指正。

编 者

2013 年 11 月

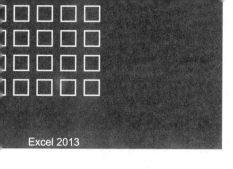

Excel 2013

目 录

第1章

认识 Excel 2013

　　随着计算机技术的普及，各种企事业单位都开始办公自动化、数字化和信息化，使用计算机进行各种数据计算和文档处理，提高生产效率。其中，数据计算包括各种基于财务、统计、统筹、管理的数学运算，在企事业单位的日常业务中占有重要的地位。使用 Microsoft Excel 2013 可以替代传统的算盘、计算器，对输入的数据进行批量快速运算，降低企事业单位的运营成本。

1.1 Excel 概述

Excel 是一种由微软公司开发的电子表格与数据处理软件（也称试算表软件），是 Microsoft Office 系列软件的组成部分之一。

1. 了解 Excel

Excel 的诞生最早可追溯到 1982 年微软公司开发的基于 CP/M 系统的 Multiplan，是一种可应用于多种平台的电子制表软件。

在 1985 年，微软以 Multiplan 为基础，开发出基于图形界面操作系统 Macintosh 的电子制表软件，即 Excel，并于两年后推出了基于 MS-DOS 和 Microsoft Windows 操作系统的 Excel 软件，以所见即所得的方式编辑和处理数据。

从 1993 年开始，微软公司将 Excel 整合入 Microsoft Office 系列软件中，并第一次引入了 Visual Basic for Applications（VBA）脚本语言，允许用户使用独立的编程环境编写脚本和宏，将手工步骤自动化，同时，还允许用户创建窗体来获得输入信息，以丰富 Excel 的功能，这一特色被沿用至今。

2012 年，微软公司正式发布 Microsoft Office 最新版本 Office 2013，同时，Excel 也被更新至 Excel 2013 版本，通过全新设计的 Ribbon 界面，将各种功能快速展示给用户，帮助用户快速掌握 Excel 的各种功能，提高用户的工作效率。

2. Excel 文档结构

典型的 Excel 文档通常由若干基于行和列的单元格数据，以及整合这些数据的数据表组成。

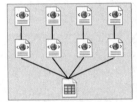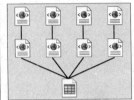

 基于行和列的数据　　数据表

每个 Excel 文档都可以包含若干数据表。每个数据表内可包含不超过 220 行×214 列的数据。

3. 行标签和列标签

行标签与列标签是标识单元格数据的重要标识。通过这一标识，用户可快速确认某个单元格在数据表中的位置。

Excel 文档的行标签为数字，列标签则为拉丁字母。用户可通过列标签+行标签的方式描述某个单元格中的数据。

例如，第 1 行第 1 列的单元格被称作 A1，而第 10 行第 23 列的数据则被称作 W10。

对于超过 26 列的数据，微软采用叠加拉丁字母的方式标识。例如，第 27 列被标注为 AA 列，最后一列则被标注为 XFD。

1.2 Excel 应用领域

Excel 是 Office 系列办公软件中最重要的成员之一，其可广泛应用于各种生产和管理领域。

1. 数据存储管理

Excel 可管理多种格式的专用数据文档，以及各种数据存储文件。

通过与 VBA 脚本和 ASP/ASP.NET 等编程语言的结合，Excel 甚至可以演进为数据库系统，实现强大的数据管理功能。

2. 数据处理

Excel 为用户提供了大量的公式和函数，允许用户对数据进行比较和分析，从而协助进行商业决策。

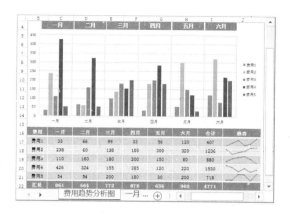

同时，Excel 还提供了各种筛选、排序、比较和分析工具，允许用户链接外部的数据库，对数据进行分类和汇总。

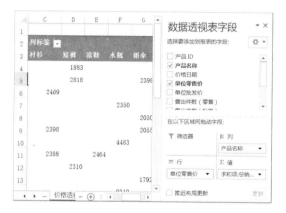

3．科学运算

科学运算也是 Excel 的一项重要应用。在进行各种科学研究时，往往需要进行大量的科学运算，分析和比较各种实验数据或工程数据。

使用 Excel 可以方便地打开各种实验设备生成的逗号分隔符数据文档，并将其转换为易于阅读的数据文档，进行快速而精确的运算和分析。

4．图表演示

Excel 内置了强大的图表功能，允许用户将数据表以图形的方式展示，通过更直观的方式查看数据的变化趋势或比例等信息。

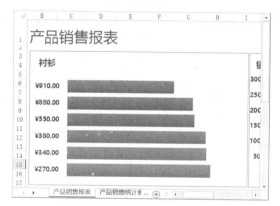

1.3 Excel 2013 新增功能

相对于与上一版本相比，Excel 2013 突出了对高性能计算机的支持，并结合时下流行的云计算理念，增强了与互联网的结合。

1．主要功能一览

启用 Excel 2013 之后，系统将自动显示【新建】页面，在该页面中显示了经常使用的预算、日历、表单或报告等模板，帮助用户完成大多数设置和设计工作。

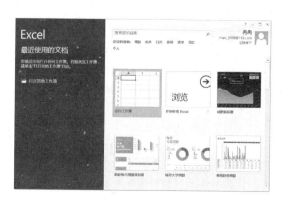

2．即时数据分析

Excel 2013 新增了"快速分析"功能，使用该功能可以在两步或更少步骤内将数据转换为图表或表格。选择相应的单元格区域，单击该功能按钮，选择相应的选项，即可以预览使用条件格式的数据、迷你图或图表，并且仅需单击一次便可以完成选择。

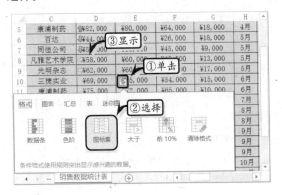

3．瞬间填充整列数据

Excel 2013 新增了"快速填充"功能，该功能可以像数据助手一样帮用户完成一定量的工作。在使用 Excel 时，系统会自动进行检测，当检测到用户需要进行的工作时，"快速填充"功能便会根据输入数据自动识别数据模式，且可以一次性地输入剩余数据。

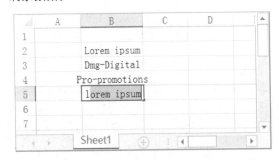

4．为数据创建合适的图表

Excel 2013 除了沿用前面版本中的数据图表之外，还新增加了"图表推荐"功能。该功能可以针对用户所选择的数据区域，自动推荐最合适的图表，并通过快速一览查看该数据区域在不同图表中的显示方式，方便用户选择更合适的图表类型。

5．使用切片器过滤数据

切片器作为过滤数据透视表数据的交互方法

在 Excel 2010 中被首次引入，它现在同样可在 Excel 表格、查询表和其他数据表中过滤数据。切片器更加易于设置和使用，它显示了当前的过滤器，因此用户可以准确知道正在查看的数据。

6．一个工作簿一个窗口

在 Excel 2013 中，每个工作簿都拥有独立的窗口，从而能够更加轻松地同时操作两个工作簿。当操作两台监视器的时候也会更加轻松。

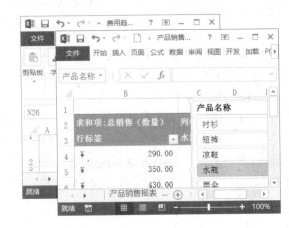

7. 联机保存和共享

Excel 让用户可以更加轻松地将工作簿保存到自己的联机位置,比如免费的 SkyDrive 或用户所属组织的 Office 365 服务。除此之外,用户还可以更加轻松地与他人共享当前计算机中的工作表。无论使用何种设备或身处何处,每个人都可以使用最新版本的工作表进行实时协作。

8. 新增图表功能区改进功能

当用户在 Excel 2013 中插入图表之后,会发现在【插入】选项卡上的【推荐的图表】新按钮让用户可以从多种图表中选择适合数据的图标。而散点图和气泡图等相关类型图表都在一个伞图下,除此之外还增加了一个用于组合图的全新按钮。当用户选择图表时,还会看到更加简洁的【图表工具】功能区,在该功能区中只有【设计】和【格式】选项卡,可以更加轻松地找到所需的功能。

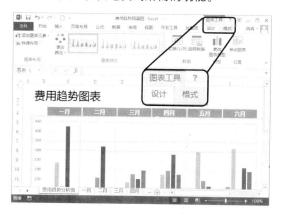

除此之外,Excel 2013 还为用户提供了快速微调图表功能。选择图表之后,系统将在图表的边缘

部分显示 3 个新增图表按钮,可以快速预览和选取图表样式、添加图表元素,以及筛选图表数据。

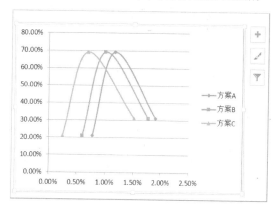

9. 新增 Power View 功能

如果您在使用 Office Professional Plus,则可以利用"Power View"的优势。单击功能区上的"Power View"按钮,通过易于应用、高度交互和强大的数据浏览、可视化和演示功能来深入了解用户的数据。"Power View"可以在单一工作表中创建图表、切片器和其他数据可视化并与其进行交互。

10. 更加丰富的数据标签

在 Excel 2013 中,用户可以将来自数据点的可刷新格式文本或其他文本包含在数据标签中,使用格式和其他任意多边形文本来强调标签,并可以任意形状显示。数据标签是固定的,即使用户切换为另一类型的图表,还可以在所有图表(并不止是饼图)上使用引出线将数据标签连接到其数据点。

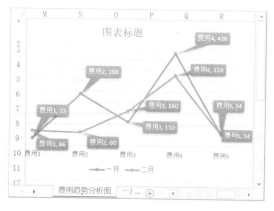

11. 强大的数据分析功能

在使用数据透视表分析数据时,选取正确的字段以在数据透视表中汇总相应的数据可能是一项

艰巨的任务。此时，Excel 2013 中新增的功能可以根据数据类型为用户推荐数据透视表类型，并为实时显示字段布局预览，方便用户选取相应类型的数据透视表。

段列表"来创建使用了一个或多个表格的数据透视表布局。"字段列表"通过改进以容纳单表格和多表格数据透视表，可以更加轻松地在数据透视表布局中查找所需字段、通过添加更多表格来切换为新的"Excel 数据模型"，以及浏览和导航到所有表格。

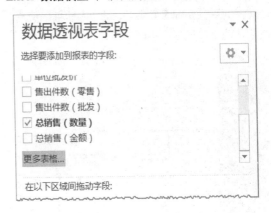

另外，Excel 2013 中可以使用一个相同的"字

1.4 Excel 2013 的界面简介

Excel 2013 采用的 Ribbon 主要由标题栏、工具选项卡栏、功能区、编辑栏、工作区和状态栏等

6 个部分组成。在工作区中，提供了水平和垂直两个标题栏以显示单元格的行标题和列标题。

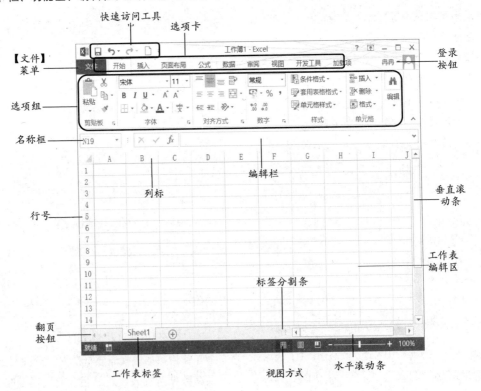

1．标题栏

标题栏由 Excel 标志、快速访问工具栏、文档名称栏和窗口管理按钮等 4 部分组成。

双击 Excel 标志，可立刻关闭所有 Excel 窗口，退出 Excel 程序，而单击或右击 Excel 标志后，用户可在弹出的菜单中执行相应的命令，以管理 Excel 程序的窗口。

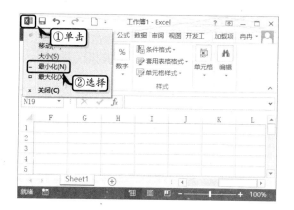

快速访问工具栏是 Excel 提供的一组可自定义的工具按钮，在默认状态下，其中包含了【保存】、【撤销】、【恢复】和【自定义快速访问工具栏】等按钮。用户可单击【自定义快速访问工具栏】按钮，执行【其他命令】命令，将 Excel 中的各种预置功能或自定义宏添加到快速访问工具栏中。

2．选项卡

选项卡栏是一组重要的按钮栏，它提供了多种按钮，用户在单击该栏中的按钮后，即可切换功能区，应用 Excel 中的各种工具。

3．选项组

选项组集成了 Excel 中绝大多数的功能。根据用户在选项卡栏中选择的内容，功能区可显示各种相应的功能。

在功能区中，相似或相关的功能按钮、下拉菜单以及输入文本框等组件以组的方式显示。一些可自定义功能的组还提供了扩展按钮，辅助用户以对话框的方式设置详细的属性。

4．编辑栏

编辑栏是 Excel 独有的工具栏，其包括两个组成部分，即名称框和编辑栏。

在名称框中，显示了当前用户选择单元格的标题。用户可直接在此输入单元格的标题，快速转入到该单元格中。

编辑栏的作用是显示对应名称框的单元格中的原始内容，包括单元格中的文本、数据以及基本公式等。单击编辑栏左侧的【插入函数】按钮，可快速插入 Excel 公式和函数，并设置函数的参数。

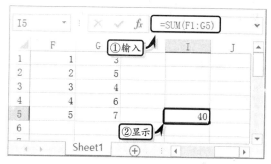

5．工作区

工作区是 Excel 最主要的窗格，其中包含了【全选】按钮、水平标题栏、垂直标题栏、工作窗格、工作表标签栏以及水平滚动条和垂直滚动条等。

单击【全选】按钮，可选中工作表中的所有单元格。单击水平标题栏或垂直标题栏中某一个标题，可选择该标题范围内的所有单元格。

6．状态栏

状态栏可显示当前选择内容的状态，并切换 Excel 的视图、缩放比例等。

在状态栏的自定义区域内，用户可右击，在弹出的菜单中选择相应的选项。然后当用户选中若干单元格后，自定义区域内就会显示相应的属性。

1.5 创建工作簿

Excel 将所有数据都存储在工作簿中,在 Excel 2013 中用户可以创建空白和模板工作簿。

1. 创建空白工作簿

用户启用 Excel 2013 组件,系统将自动进入【新建】页面,此时选择【空白工作簿】选项即可。另外,执行【文件】|【新建】命令,在展开的【新建】页面中,选择【空白工作簿】选项,即可创建一个空白工作表。

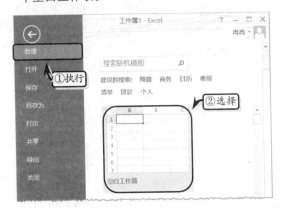

另外,用户也可以通过【快速访问工具栏】中的【新建】命令,来创建空白工作簿。对于初次使用的 Excel 2013 的用户来讲,需要单击【快速访问工具栏】右侧的下拉按钮,在其列表中选择【新建】选项,将【新建】命令添加到【快速访问工具栏】中。然后,直接单击【快速访问工具栏】中的【新建】按钮,即可创建空白工作簿。

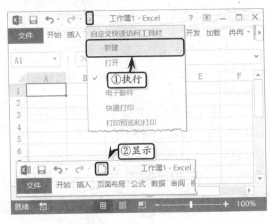

> **技巧**
>
> 按 **Ctrl+N** 快捷键,也可创建一个空白的工作簿。

2. 创建模板工作簿

Excel 2013 有别于前面旧版本中的模板列表,用户可通过下列两种方法,来创建模板工作簿。

❏ 创建常用模板工作簿

执行【文件】|【新建】命令之后,系统只会在该页面中显示固定的模板样式,以及最近使用的模板演示文稿样式。在该页面中,选择需要使用的模板样式即可。

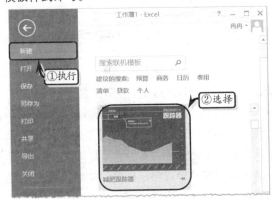

> **技巧**
>
> 在新建模板列表中,单击模板名称后面的 ✈ 按钮,即可将该模板固定在列表中,便于下次使用。

然后,在弹出的创建页面中,预览模板文档内容,单击【创建】按钮即可。

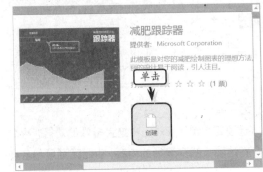

❑ **创建 Office 网站模板**

在【新建】页面中的【建议的搜索】列表中，选择相应的搜索类型，即可新建该类型的相关演示文稿模板。例如，在此选择【商务】选项。

然后，在弹出的【商务】模板页面中，将显示联机搜索到的所有有关"商务"类型的演示文稿模板。用户只需在列表中选择模板类型，或者在右侧的【类别】窗口中选择模板类型，然后在列表中选择相应的演示文稿模板即可。

> **注意**
>
> 在【商务】模板页面中，单击搜索框左侧的【主页】连接，即可将页面切换到【新建】页面中。

❑ **搜索模板**

在【新建】页面中的搜索文本框中，输入需要搜索的模板类型。例如，输入"主题"文本。然后，单击搜索按钮，即可创建搜索后的模板文档。

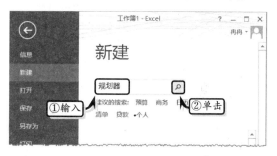

Excel **1.6**　保存和保护工作簿

在对工作簿进行编辑后，用户还需要将进行保存，以便下次使用。另外，对于一些具有隐私内容的演示文稿，还需要通过为其加密的方法，达到保护的作用。

1．保存工作簿

对于新建工作簿，需要执行【文件】|【保存】或【另存为】命令，在展开的【另存为】列表中，选择【计算机】选项，并单击【浏览】按钮。

> **技巧**
>
> 在【另存为】列表右侧的【最近访问的文件夹】列表中，选择某个文件，右击执行【保存】命令，即可在弹出的【另存为】对话框中保存该文档。

在弹出的【另存为】对话框中，选择保存位置，设置保存名称和类型，单击【保存】按钮即可。

对于已保存过的演示文稿，用户可以直接单击

【快速访问工具栏】中的【保存】按钮，直接保存演示文稿即可。

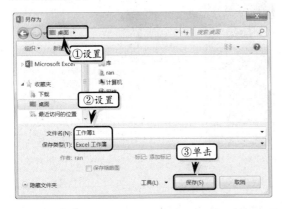

其中，【保存类型】下拉列表中的各文件类型及其功能如下表所示。

类　型	功　能
Excel 工作簿	表示将工作簿保存为默认的文件格式
Excel 启用宏的工作簿	表示将工作簿保存为基于 XML 且启用宏的文件格式
Excel 二进制工作簿	表示将工作簿保存为优化的二进制文件格式，提高加载和保存速度
Excel 97-2003 工作簿	表示保存一个与 Excel 96-2003 完全兼容的工作簿副本
XML 数据	表示将工作簿保存为可扩展标识语言文件类型
单个文件网页	表示将工作簿保存为单个网页
网页	表示将工作簿保存为网页
Excel 模板	表示将工作簿保存为 Excel 模板类型
Excel 启用宏的模板	表示将工作簿保存为基于 XML 且启用宏的模板格式
Excel 97-2003 模板	表示保存为 Excel 97-2003 模板类型
文本文件（制表符分隔）	表示将工作簿保存为文本文件
Unicode 文本	表示将工作簿保存为 Unicode 字符集文件
XML 电子表格 2003	表示保存为可扩展标识语言 2003 电子表格的文件格式
Microsoft Excel 5.0/95 工作簿	表示将工作簿保存为 5.0/95 版本的工作簿

续表

类　型	功　能
CSV（逗号分隔）	表示将工作簿保存为以逗号分隔的文件
带格式文本文件（空格分隔）	表示将工作簿保存为带格式的文本文件
DIF（数据交换格式）	表示将工作簿保存为数据交换格式文件
SYLK（符号链接）	表示将工作簿保存为以符号链接的文件
Excel 加载宏	表示保存为 Excel 插件
Excel 97-2003 加载宏	表示保存一个与 Excel 96-2003 兼容的工作簿插件
PDF	表示保存一个由 Adobe Systems 开发的基于 PostScriptd 的电子文件格式，该格式保留了文档格式并允许共享文件
XPS 文档	表示保存为一种版面配置固定的新的电子文件格式，用于以文档的最终格式交换文档
Strict Open XML 电子表格	表示可以保存一个 Strict Open XML 类型的电子表格，可以帮助用户读取和写入 ISO8601 日期以解决 1900 年的闰年问题
OpenDocument 电子表格	表示保存一个可以在使用 OpenDocument 演示文稿的应用程序中打开，还可以在 PowerPoint 2010 中打开.odp 格式的演示文稿

注意

在 Excel 2013 中，保存文件也可以像打开文件那样，将文件保存到 SkyDrive 和其他位置中。

2．设置演示文稿的权限

　　Excel 2013 提供了文档的权限设置功能，允许用户限制文档的编辑和查看。

　　❑ 标记为最终状态

　　执行【文件】|【信息】命令，在展开的列表中单击【保护工作簿】下拉按钮，在其列表中选择【标记为最终状态】选项，在弹出的对话框中单击【确定】按钮，即可将工作簿设置为只读，禁止用户编辑。

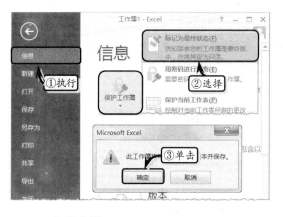

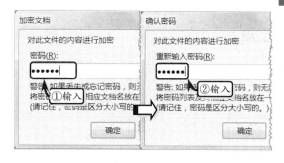

❑ 加密文档

执行【文件】|【信息】命令，在展开的列表中单击【保护演示文稿】下拉按钮，在其列表中选择【用密码进行加密】选项。

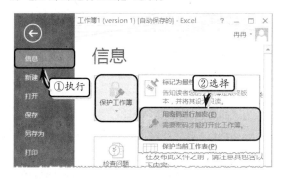

在弹出的【加密文档】对话框中，输入加密密码，并单击【确定】按钮。然后，在弹出的【确认密码】对话框中，重新输入加密密码即可。

❑ 添加数字签名

数字签名是一种特殊的加密数据，通过这种数据，可以为文档建立一种特殊的密钥属性，以验证文档的完整性。

在选择【添加数字签名】选项后，用户可通过微软的官方网站为演示文稿申请或自行建立一个数字签名。然后，所有查看该演示文稿的用户都可以通过数字签名验证文稿是否被第三方修改。

3. 自动保存工作簿

用户在使用 Excel 2013 时，往往会遇到计算机故障或意外断电的情况。此时，便需要设置工作簿的自动保存与自动恢复功能。执行【文件】|【选项】命令，在弹出的对话框中激活【保存】选项卡，在右侧的【保存工作簿】选项组中进行相应的设置即可。

1.7 设置 Excel 窗口

对于工作簿中数据比较，或者工作簿与工作簿内容比较时，需要改变窗口的显示方式。此时，同时可浏览相同工作簿数据，或者多个工作簿内容。

1. 新建窗口

执行【视图】|【窗口】|【新建窗口】命令，即可新建一个包含当前文档视图的新窗口，并自动在标题文字后面添加数字。如原来标题"工作簿1.xlsx"，变为"工作簿1.xlsx2"。

2. 全部重排

执行【视图】|【窗口】|【全部重排】命令，弹出【重排窗口】对话框。在【排列方式】栏中，选择【平铺】选项即可。

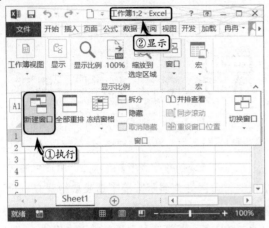

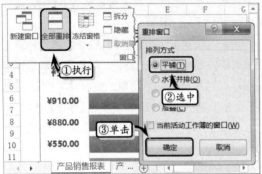

另外，如果用户启用【当前活动工作簿窗口】复选框，则用户无法对打开的多个窗口进行重新排列。

3．拆分工作表窗口

使用拆分工作表窗口功能可同时查看分隔较远的工作表部分。首先应选择要拆分的单元格，并执行【视图】|【窗口】|【拆分】命令。

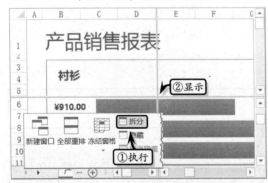

技巧

将鼠标置于编辑栏右下方，变成"双向"箭头时，双击拆分框，即可将窗口进行水平拆分。

4．冻结工作表窗口

选择要冻结的单元格，并执行【视图】|【窗口】|【冻结窗口】|【冻结拆分窗格】命令，即可冻结窗口。

冻结与拆分类似，除包含水平、垂直和水平/垂直拆分外。其中，【冻结首行】选项表示滚动工作表其余部分时，保持首行可见。而【冻结首列】选项表示滚动工作表其余部分时，保持首列可见。

5．隐藏或显示窗口

为了隐藏当前窗口，使其不可见。用户可以通过执行【窗口】|【隐藏】命令，来隐藏黄卡。

为了对隐藏的窗口进行重新编辑，可取消对它的隐藏。用户只需要执行【窗口】|【取消隐藏】命令，在弹出的【取消隐藏】对话框中，选择要取消隐藏的工作簿，单击【确定】按钮。

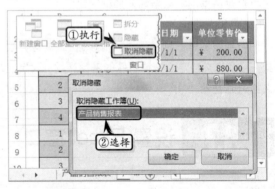

6．并排查看

"并排查看"功能只能并排查看两个工作表以便比较其内容。执行【窗口】|【并排查看】命令，在弹出的【并排比较】对话框中，选择要并排比较的工作簿，单击【确定】按钮即可。

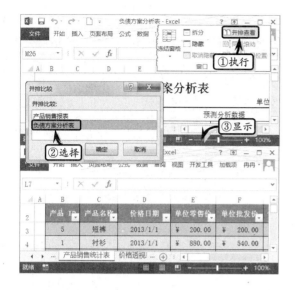

当用户对窗口进行并排查看设置之后，将发现同步滚动和重设窗口位置两个按钮此时变成正常显示状态（蓝色）。此时用户可以通过执行【同步滚动】命令，同步滚动两个文档，使它们一起滚动。另外，还可以通过执行【重设窗口】命令，可以重置正在并排比较的文档的窗口位置，使它们平分屏幕。

1.8 妙用访问键

访问键是通过使用功能区中的快捷键，在无须借助鼠标的状态下快速执行相应的任务。在 Excel 中，在处于程序的任意位置中使用访问键，都可以执行对访问键对应的命令。

启动 Excel 组件，按下并释放 Alt 键，即可在快速工具栏与选项卡上显示快捷键字母。

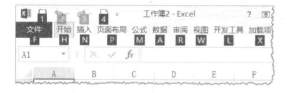

此时，按下选项卡对应的字母键，即可展开选项组，并显示选项组中所有命令的访问键。

在选项组中按下命令所对应的访问键，即可执行相应的命令。例如，按下【剪贴板】选项组中的

【粘贴】命令所对应的访问键 V，即可展开【粘贴】菜单。

然后，执行【粘贴】命令相对应的访问键 P，即可执行该命令。

另外，使用键盘操作功能区程序的另一种方法是在各选项卡和命令之间移动焦点，直到找到要使用的功能为止。不使用鼠标移动键盘焦点的一些操作技巧，如下表所示。

访 问 键	功 能
Alt 或 F10	可选择功能区中的活动选项卡并激活访问键，再次按下该键可将焦点返回文档并取消访问键
左、右方向键	按 Alt 或 F10 键选择活动选项卡，然后按下左方向键或右方向键，可移至功能区的另一个选项卡

续表

访 问 键	功 能
Ctrl + 右箭头或左箭头	按 Alt 或 F10 键选择活动选项卡，然后按 Ctrl+右箭头或左箭头在两个组之间移动
Ctrl + F1	最小化或还原功能区
Shift + F10	显示所选命令的快捷菜单
F6	执行该访问键，可以移动焦点以选择功能区中的活动选项卡
	执行该访问键，可以选择窗口底部的视图状态栏
	执行该访问键，可以选择文档
Tab 或 Shift+Tab	按 Alt 或 F10 键选择活动选项卡，然后按 Tab 或 Shift+Tab 键，可向前或向后移动，使焦点移到功能区中的每个命令处

续表

访 问 键	功 能
上、下、左、右方向键	在功能区的各项目之间上移、下移、左移或右移
空格键 或 Enter	激活功能区中的所选项命令或控件
	打开功能区中的所选菜单或库
Enter	激活功能区中的命令或控件以便可以修改某个值
	完成对功能区中某个控件值的修改，并将焦点移回文档
F1	获取有关功能区中所选命令或控件的帮助。(当没有与所选命令相关的帮助主题时，系统会显示有关该程序的帮助目录)

Excel 1.9 设置快速访问工具栏

快速访问工具栏是包含用户经常使用命令的工具栏，并确保始终可单击访问。下面向用户介绍启用、移动快速访问工具栏，以及向快速访问工具栏添加命令的操作技巧。

1. 移动快速访问工具栏

快速访问工具栏的位置主要显示在功能区上方与功能区下方两个位置。

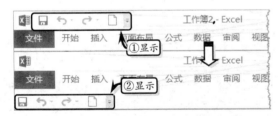

单击【自定义快速访问工具栏】下拉按钮，在其下拉列表中选择【在功能区下方显示】命令，即可将快速访问工具栏显示在功能区的下方。

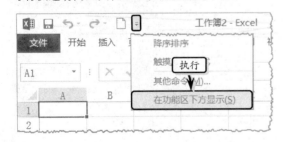

相反，单击【自定义快速访问工具栏】下拉按钮，在其下拉列表中选择【在功能区上方显示】命令，即可将快速访问工具栏显示在功能区的上方。

2. 向快速访问工具栏中添加命令

用户也可以单击【自定义快速访问工具栏】下拉按钮，在其下拉列表中选择相应的命令，即可向快速工具栏中添加命令。

单击【自定义快速访问工具栏】下拉按钮，在其下拉列表中选择【其他命令】命令，可在弹出【Excel 选项】对话框中进行添加命令即可。

另外，在功能区上右击相应选项组中的命令，执行【添加到快速访问工具栏】命令，即可将该命令添加到快速访问工具栏中。

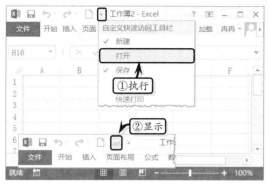

1.10 自定义功能区

在 Excel 2013 中，用户可以根据使用习惯，创建新的选项卡和选项组，并将相应的命令添加到选项组中。除此之外，用户还可以加载相应的选项卡，完美使用 Excel 操作各类数据。

1．加载【开发工具】选项卡

在 Excel 2013 中，默认情况下不包含【开发工具】选项卡，该选项卡主要包括宏、控件、XML 等命令。

执行【文件】|【选项】命令，激活【自定义功能区】选项卡。然后，启用【自定义功能区】列表中的【开发工具】复选框，单击【确定】按钮即可。

2．自定义选项卡

执行【文件】|【选项】命令，在弹出的【Excel 选项】对话框中，激活【自定义功能区】选项卡。单击【自定义功能区】列表框下方的【新建选项卡】按钮，即可在列表框中显示【新建选项卡（自定义）】选项。

选择新建的选项卡，单击【重命名】按钮，在弹出的【重命名】对话框中，输入选项卡的名称，单击【确定】按钮即可。

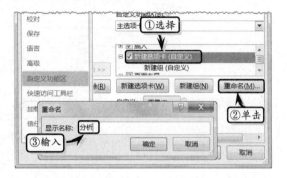

3. 自定义选项组

新建选项卡之后，在该选项卡下方系统将自带一个新建组，除此之外用户还可以单击【新建组】按钮，创建新的选项组。

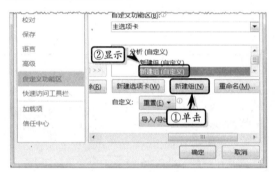

然后，选择列表框中的【选项组（自定义）】选项，单击【重命名】按钮，在【显示名称】文本框中输入选项组的命令，在【符号】列表框中选择相应的符号。

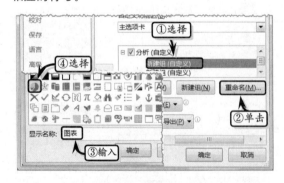

此时，将【从下列位置选择命令】选项设置为"所有选项卡"，并在其列表框中展开【插入】选项

卡，选择【迷你图】选项，单击【添加】按钮，将该命令添加到新建选项组中。使用同样的方法，可以添加其他命令到新建选项组中。

4. 导入/导出自定义设置

在【Excel 选项】对话框中的【自定义功能区】选项卡中，单击【导入/导出】下拉按钮，在其下拉列表中选择【导出所有自定义设置】选项。

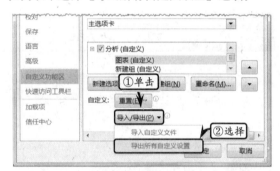

在弹出的【保存文件】对话框中，选择保存位置，单击【保存】按钮，保存自定义文件。

然后，单击【重置】下拉按钮，在其下拉列表

中选择【重置所有自定义项】选项，取消自定义的选项卡。在弹出的对话框中，单击【是】按钮，自动删除并恢复到创建自定义之前的状态。

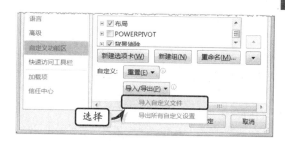

在弹出的【打开】对话框中，选择自定义文件，单击【打开】按钮。在弹出的对话框中执行【是】选项即可。

将自定义设置导出之后，即使用户删除了所有的自定义选项，只要将导出的自定义文件导入进入即可还原自定义设置。首先，单击【导入/导出】下拉按钮，在其下拉列表中选择【导入自定义文件】选项。

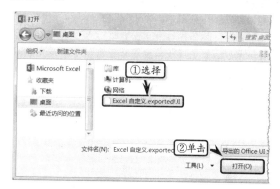

1.11　高手答疑

问题 1：如何显示或隐藏屏幕提示？

解答 1：在【Excel 选项】对话框中，激活【常用】选项卡，单击【屏幕提示样式】下拉按钮，选择【不在屏幕提示中显示功能说明】项即可。

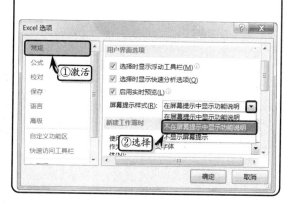

问题 2：如何显示或隐藏页面网格线？

解答 2：选在【视图】选项卡【显示】选项组中，

禁用【网格线】命令，即可隐藏工作表中的网格线，使工作表显示空白区域。

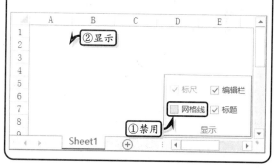

问题 3：如何更改工作表的背景和主题？

解答 3：执行【文件】菜单中的【选项】命令，弹出【Excel 选项】对话框。在【常规】选项卡中的【对 Microsoft Office 进行个性化设置】列表中，设置【Office 背景】和【Office 主题】选项即可。

问题 5：如何更改工作表的数量？

解答 5： 执行【文件】|【选项】命令，激活【常规】选项卡。在【新建工作簿时】选项组中的【包含的工作表数】文本框中输入相应的数字，或直接单击选项后面的微调框，即可调整工作表的数量。

问题 4：如何隐藏 Excel 中的滚动条？

解答 4： 执行【文件】|【选项】命令，在弹出的【Excel 选项】对话框中激活【高级】选项卡，禁用【显示水平滚动条】与【显示垂直滚动条】复选框，单击【确定】按钮即可。

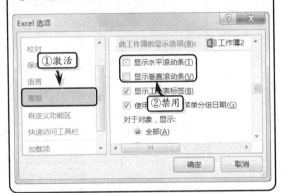

第 2 章

Excel 基础操作

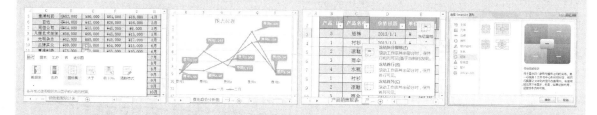

在 Excel 中，每一个工作簿中的工作表均由若干个单元格组成，单元格是工作簿最小组成单位，也是数据存储的位置。所以，对单元格的操作是 Excel 中最常用、最基础的操作之一。例如，在工作表中，用户可以插入和删除工作表中的单元格、行和列。对于单元格中重复性较多的数据，用户可以通过复制及粘贴的方法，快速输入数据。在本章中，将重点介绍单元格的一些基本操作方法，为用户将来深入学习 Excel 打下坚实的基础。

2.1 选择单元格

在输入数据之前,用户需要选择数据输入的位置,即单元格。用户可以选择一个单元格,也可以选择多个单元格(即单元格区域,区域中的单元格可以相邻或不相邻)。选择单元格时,用户可以通过鼠标或者键盘进行操作。

1. 选择单个单元格

启动 Excel 组件,使用鼠标单击需要编辑的工作表标签即为当前工作表。用户可以使用鼠标、键盘或通过【编辑】选项组选择单元格或单元格区域。

❑ 使用鼠标

移动鼠标,将鼠标指针移动到需要选择的单元格上,单击鼠标左键,该单元格即为选择单元格。

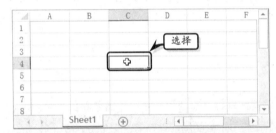

> **提示**
>
> 如果选择单元格不在当前视图窗口中,可以通过拖动滚动条,使其显示在窗口中,然后再选取。

❑ 使用键盘

除了使用上述的鼠标选择单元格外,还可以通过键盘上的方向键,来选择单元格。

图标及功能	键名	含 义
↑	向上	在键盘上按【向上】按钮,即可向上移动一个单元格
↓	向下	在键盘上按【向下】按钮,即可向下移动一个单元格
←	向左	在键盘上按【向左】按钮,即可向左移动一个单元格
→	向右	在键盘上按【向右】按钮,即可向左移动一个单元格

续表

图标及功能	键名	含 义
Ctrl+↑	—	选择列中的第一个单元格,即 A1、B1、C1 等
Ctrl+↓	—	选择列中的最后一个单元格
Ctrl+←	—	选择行中的第一个单元格,即 A1、A2、A3 等
Ctrl+→	—	选择行中的最后一个单元格。

> **技巧**
>
> 还可以按 PageUp 和 PageDown 功能键,进行翻页操作。例如:选择 A1 单元格,窗口显示页为 26 行,按 PageDown 键,将显示 A26 单元格内容。

❑ 通过【编辑】选项组选择单元格

首先,执行【开始】|【编辑】|【查找和选择】|【转到】命令。然后,在弹出的【定位】对话框中,输入选择单元格的引用位置,并单击【定位条件】按钮。例如:在【引用位置】输入 A8,即选择 A 列的第 8 行单元格。

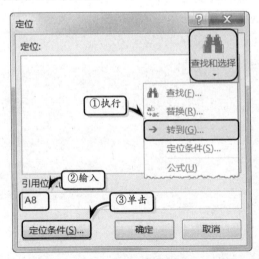

在弹出的【定位条件】对话框中,选择具体定位单元格的条件,单击【确定】按钮,即可定位指

定条件下的单元格。

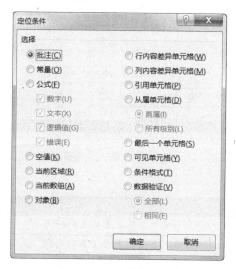

在【定位条件】对话框中，用户还可以选择其他条件的单元格，其功能如下表所示。

名　称	功　能
批注	选择表中含有批注的单元格
常量	选择表中包含常量（不进行计算的值，在单元格中是固定不变的，如数字和文本）的单元格
公式	选择表中含有公式的单元格
空值	选择表中没有输入内容的空单元格
当前区域	选择填写了数据的区域（该区域可扩展到第一个空行或空列），其中包括当前选择的单元格或单元格区域
当前数组	若表中选择的单元格包含在数组中，则选择整个数组
对象	选择工作表文本框中的图形对象，其中包括图表和按钮
行内容差异单元格	选择的行中与活动单元格内容存在差异的所有单元格。如果选择了多行，则会对选择的每一行分别进行比较，每一行中用于比较的单元格与活动单元格处于同一列
列内容差异单元格	选择的列中与活动单元格内容存在差异的所有单元格。如果选择了多列，则会对选择的每一列分别进行比较，每一列中用于比较的单元格与活动单元格处于同一行
引用单元格	选择表中由当前单元格中的公式所引用的单元格
从属单元格	选择表中当前单元格中被公式所引有的单元格

续表

名　称	功　能
最后一个单元格	选择表中最后一个含有数据或格式的单元格
可见单元格	如果表中含有隐藏行或列时，则选择除隐藏行或列以外的所有单元格
数据有效性	选择表中应用了数据有效性的单元格
条件格式	查找应用了条件格式的单元格

2. 选择相邻的单元格区域

使用鼠标除了可以选择单元格外，还可以选择单元格区域。例如，选择一个连续单元格区域，单击该区域左上角的单元格，按住鼠标左键并拖动鼠标到该单元格区域的右下角单元格，松开鼠标左键即可。

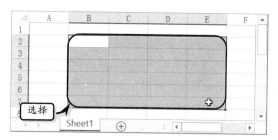

技巧

使用键盘上的方向键，移动选择单元格区域的任一角上的单元格，按下 Shift 键的同时，通过方向键移至单元格区域对角单元格即可。

3. 选择不相邻的单元格区域

在操作单元格时，根据不同情况的需求，有时需要对不连续单元格区域进行操作。具体操作如下：

使用鼠标选择 B3 至 B8 单元格区域，在按下 Ctrl 键的同时，选择 D4 至 D8 单元格区域。

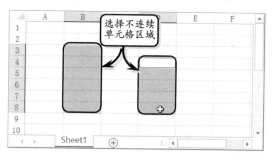

另外，我们经常还会遇到对一些特殊单元格区域进行操作，如下表所示。

单元格区域	选择方法
整行	单击工作表最前面的行号
整列	单击工作表最上面的列标
整个工作表	单击行号与列标的交叉处，即【全选】按钮
相邻的行或列	单击工作表行号或者列标，并拖动行号或列标。也可以按 Shift 键，通过方向操作
不相邻的行或列	单击所在选择的第一个行号或列标，按 Ctrl 键，再单击其他行号或列标

4．选择多个工作表中相同的区域

在 Excel 中，还可以在多张工作表中同时选择结构完全相同的区域。首先，在第 1 张工作表中选择一个数据区域。然后，按住 Ctrl 键，选择其他工作表标签，即可在所有选中的工作表中选中相同结构的单元格区域。此时，Excel 标题栏中会显示"工作组"字样。

另外，还会经常遇到对一些特殊单元格区域进行操作，如下表所示。

单元格区域	选择方法
整行	单击工作表最前面的行号
整列	单击工作表最上面的列标
整个工作表	单击行号与列标的交叉处，即【全选】按钮
相邻的行或列	单击工作表行号或者列标，并拖动行号或列标。也可以按住 Shift 键，通过方向键操作
不相邻的行或列	单击所要选择的第 1 个行号或列标，按住 Ctrl 键，再单击其他行号或列标

选择单元格后，用户可以在其中输入多种类型及形式的数据。例如，常见的数值型数据、字符型数据、日期型数据以及公式和函数等。

1．输入文本

输入文本，即输入以字母或者字母开头的字符串和汉字等字符型数据。输入文本之前应先选择单元格，然后输入文字。此时，输入的文字将同时显示在编辑栏和活动单元格中。单击【输入】按钮，即可完成输入。

其中，输入文字之后，单击其他按钮或快捷键，也可完成输入或取消输入（输入其他数据也可进行相同操作），其功能如下表所示。

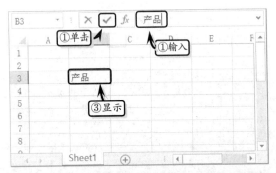

按钮或快捷键	功　能
Enter 键	确认所做的输入，且下一个单元格将成为活动单元格
Tab 键	确认所做的输入，且右侧的单元格将成为活动单元格
【取消】按钮	取消文字输入

续表

按钮或快捷键	功　能
Esc 键	取消文字输入
Backspace 键	可以将单元格中的数据清除，然后重新输入

2．输入数字

数字一般由整数、小数等组成。输入数值型数据时，Excel 会自动将数据沿单元格右边对齐。用户可以直接在单元格中输入数字，其各种类型数字的具体输入方法如下表所述。

类型	方　法
负数	在数字前面添加一个"－"号或者给数字添加上圆括号。例如：－50 或（50）
分数	在输入分数前，首先输入"0"和一个空格，然后输入分数。例如：0+空格+1/3
百分比	直接输入数字然后在数字后输入％，例如：45％
小数	直接输入小数即可。可以通过【数字】选项组中的【增加数字位数】或【减少数字位数】按钮，调整小数位数。例如：3.1578
长数字	当输入长数字时，单元格中的数字将以科学计数法显示，且自动调整列宽直～到显示 11 位数字为止。例如，输入 123456789123，将自动显示为 1.23457E+11
以文本格式输入数字	可以在输入数字之前先输入一个单引号"'"（单引号必须是英文状态下的），然后输入数字，例如输入身份证号

3．输入日期和时间

在单元格中输入日期和时间数据时，其单元格中的数字格式会自动从"通用"转换为相应的"日期"或者"时间"格式，而不需要去设定该单元格为日期或者时间格式。

输入日期时，首先输入年份，然后输入 1～12 数字作为月，在输入 1～31 数字作为日，注意在输入日期时，需用"/"号分开"年/月/日"。例如："2013/1/28"

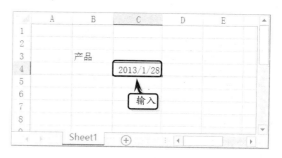

在输入时间和日期时，需要注意以下几点：

❏ **时间和日期的数字格式**　时间和日期在 Excel 工作表中，均按数字处理。其中，日期被保存为序列数，表示距 1900 年 1 月 1 日的天数；而时间被保存为 0～1 之间的小数，如 0.25 表示上午 6 点，0.5 表示中午十二点等。由于时间和日期都是数字，因此可以进行各种运算。

❏ **以 12 小时制输入时间和日期**　要以 12 小时制输入时间和日期，可以在时间后加一个空格并输入 AM 或者 PM，否则 Excel 将自动以 24 小时制来处理时间。

❏ **同时输入日期和时间**　如果用户要在某一个单元格中同时输入日期和时间，则日期和时间要用空格隔开，例如 2007-7-1 13：30。

Excel 2.3　使用自动填充功能

在输入具有规律的数据时，可以使用填充功能来完成。该功能可根据数据规则及选择单元格区域的范围进行自动填充。

1．使用填充柄

选择单元格后，其右下角会出现一个实心方块的填充柄。通过向上、下、左、右 4 个方向拖动填充柄，即可在单元格中自动填充具有规律的数据。

在单元格中输入有序的数据，将光标指向单元格填充柄，当指针变成十字光标后，沿着需要填充的方向拖动填充柄。然后，松开鼠标左键即可完成数据的填充。

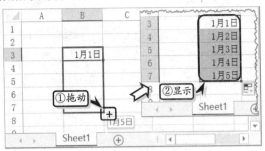

2．使用【填充】命令填充

首先，选择需要填充数据的单元格区域。然后，执行【开始】|【编辑】|【填充】|【向下】命令，即可向下填充相同的数据。

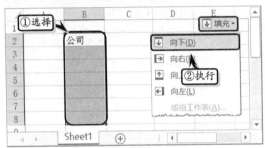

另外，在【填充】级联菜单中，还包括下表中的一些选项。

选项	说　明
向下	在单元格中输入数据后，选择从该单元格开始向下的单元格区域，执行该命令，即可使数据向下自动填充
向右	在单元格中输入数据后，选择从该单元格开始向右的单元格区域，执行该命令，即可使数据向右自动填充
向左	在单元格中输入数据后，选择从该单元格开始向左的单元格区域，执行该命令，即可使数据向左自动填充
成组工作表	当同时选择两个工作表后，选择该选项，则可以将两个工作表组成为一个表。当在其中任意一个工作表中输入数据后，另一个表中的相同位置也会出现该内容
序列	选择该选项，可以在弹出的对话框中选择某种数据序列，填充到选择的单元格中
两端对齐	将选择的单元格中的内容，按两端对齐方式重新排列
快速填充	选择该选项，可根据旁边行或列中的数据系列的规律自动填充该行或列中的数据

3．序列填充

执行【开始】|【编辑】|【填充】|【系列】命令，在弹出【序列】对话框中，可以设置序列产生在行或列、序列类型、步长值及终止值。

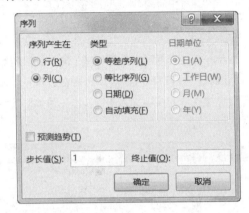

在【序列】对话框中，主要包括序列产生在和日期单位等选项组或选项，其具体情况如下表所述。

选项组	选　项	说　明
序列产生在		用于选择数据序列是填充在行中还是在列中
类型	等差序列	把【步长值】文本框内的数值依次加入到单元格区域的每一个单元格数据值上来计算一个序列。同时启用【预测趋势】复选框 忽略【步长值】文本框中的数值，而直接计算一个等差级数趋势列
	等比序列	把【步长值】文本框内的数值依次乘到单元格区域的每一个单元格数值上来计算一个序列 如果启用【预测趋势】复选框，则忽略【步长值】文本框中的数值，而会计算一个等比级数趋势序列
	日期	根据选择【日期】单选按钮计算一个日期序列
	自动填充	获得在拖动填充柄产生相同结果的序列
预测趋势		启用该复选框，可以让 Excel 根据所选单元格的内容自动选择适当的序列

续表

选项组	选　项	说　明
步长值		从目前值或默认值到下一个值之间的差，可正可负，正步长值表示递增，负的则为递减，一般默认的步长值是 1
终止值		用户可在该文本框中输入序列的终止值

4. 自定义数据序列填充

要自定义数据序列，可以选择需要设置为文本格式的单元格区域。执行【文件】|【选项】命令，在弹出的【Excel 选项】对话框中，激活【高级】选项卡，单击【编辑自定义列表】按钮。

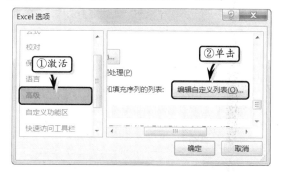

然后，在弹出的【自定义序列】对话框中，选择序列或输入定义填充的序列，如果输入定义填充的序列，则需要单击【添加】按钮。然后选择需要

填充的单元格区域，并单击【导入】按钮。最后依次单击【确定】按钮，完成自定义数据序列填充的设置。

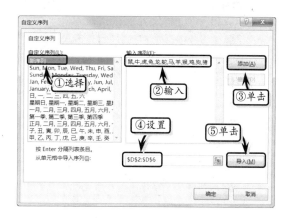

另外，如果用户需要删除自定义填充序列，可以在【自定义序列】对话框中，选择需要删除的序列，单击【删除】按钮即可。

> **注意**
>
> 自定义列表只可以包含文字或混合数字的文本。对于只包含数字的自定义列表，如从 0 到 100，必须首先创建一个设置为文本格式的数字列表。

Excel 2.4 插入单元格

当用户需要改变表格中数据的位置或插入新的数据时，可以先在表格中插入单元格、行或列。

1. 插入单元格

在选择要插入新空白单元格的单元格或者单元格区域时，其所选择的单元格数量应与要插入的单元格数量相同。例如，要插入两个空白单元格，需要选取两个单元格。

然后，执行【开始】|【单元格】|【插入】|【插入单元格】命令，或者按 Ctrl+Shift+= 键。在弹出的【插入】对话框中，选择需要移动周围单元格的方向。

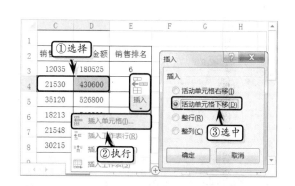

> **提示**
>
> 选择单元格或单元格区域后，右击执行【插入】命令，也可以打开【插入】对话框。

其中，在【插入】对话框中，主要包括下表中的 4 种选项。

选项	说　　明
活动单元格右移	选中该选项，表示在选择的单元格左侧插入单元格
活动单元格下移	选中该选项，表示在选择的单元格上方插入单元格
整行	选中该选项，表示在选择的单元格下方插入所选择单元格区域相同行数的行
整列	选中该选项，表示在选择的单元格左侧插入所选择单元格区域相同列数的列

2．插入行

要插入一行，选择要在其上方插入新行的行或该行中的一个单元格，执行【开始】|【单元格】|【插入】|【插入工作表行】命令即可。

另外，要快速重复插入行的操作，请单击要插入行的位置，然后按 Ctrl+Y 键。

3．插入列

如果要插入一列，应选择要插入新列右侧的列或者该列中的一个单元格，执行【开始】|【单元格】|【插入】|【插入工作表列】命令即可。

Excel 2.5 复制单元格

使用复制单元格数据方法，避免重复输入相同的数据。复制单元格数据时，Excel 将复制整个单元格，包括公式及其结果值、单元格格式和批注。

1．复制单个单元格

选择需要复制的单元格，执行【开始】|【剪贴板】|【复制】命令，或者按下 Ctrl+C 键。然后，选择放置复制内容的单元格，执行【开始】|【剪贴板】|【粘贴】命令，或者按下 Ctrl+V 键即可。

括粘贴、粘贴数据和其他粘贴等栏中的各类选项。

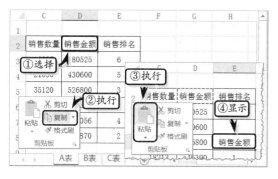

2．复制单个单元格中的部分数据

双击包含要复制的数据的单元格，并在该单元格中，选择要移动或复制的字符。然后，执行【开始】|【剪贴板】|【复制】命令，或者按下 Ctrl+C 键。

此时，在粘贴单元格中，单击需要粘贴字符的位置或者单击需要移至的单元格。然后，执行【剪贴板】|【粘贴】命令；或者先按下 Ctrl+V 键，再按 Enter 键确认输入。

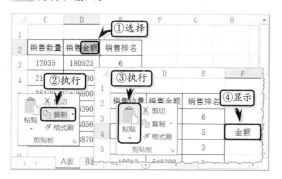

> ### 提示
>
> 默认情况下，用户可以通过双击单元格直接在单元格中编辑和选择单元格数据，但也可以在【编辑栏】中编辑和选择单元格数据。

3．复制单元格区域中的数据

选择需要复制的单元格区域，执行【开始】|【剪贴板】|【复制】命令，或者按下 Ctrl+C 键。然后，选择粘贴单元格区域左上角单元格，执行【剪贴板】|【粘贴】命令，或者按下 Ctrl+V 键。

4．复制单元格区域中的特定数据

在 Excel 中，如果需要在粘贴单元格时选择特定选项，可以执行【粘贴】命令，在级联菜单中选择所需选项即可。在【粘贴】级联菜单中，主要包

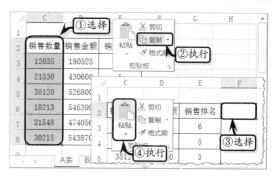

❑ 粘贴

执行【粘贴】命令，在其级联菜单中的【粘贴】栏中选择相应的选项，即可将复制内容粘贴为指定的内容。例如，执行【粘贴】|【公式和数字格式】命令，即可粘贴所复制数据中的公式和已设置的数字格式。

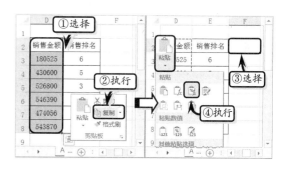

在【粘贴】级联菜单中的【粘贴】栏中，主要包括下表中的粘贴选项。

选项	功　能
粘贴	为默认粘贴选项，类似于普通粘贴方法
公式	可以复制单元格中的表达式或函数
公式和数字格式	可将单元格中的数值，以保留计算公式与数字格式的方式粘贴到指定的单元格中
保留源格式	以保留计算公式与数字格式的方式将数值粘贴到指定单元格中
无边框	仅复制该单元格中的数据，不带边框
保留源列宽	在保证源列宽的同时，复制单元格中的公式与格式
转置	将复制的数据，以行列互换的方向进行粘贴，即复制列数据，粘贴时列数据将变成行数据

❑ 粘贴数值

执行【粘贴】命令，在其级联菜单中的【粘贴数值】栏中选择相应的选项，即可将复制内容粘贴为指定的内容。例如，执行【粘贴】|【值】命令，即可粘贴所复制数据中的值。

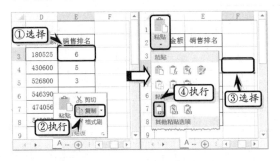

在【粘贴】级联菜单中的【粘贴数值】栏中，主要包括下表中的粘贴选项。

选 项	功 能
值	只粘贴所复制单元格中的数值
值和数字格式	可将单元格中的数值，在粘贴到指定单元格时保留计算结果值与数字格式，并不保留边框等其他格式
值和源格式	该选项除了可以复制单元格中的计算结果值之外，还复制了单元格中所设置的单元格格式

❑ 其他粘贴选项

执行【粘贴】命令，在其级联菜单中的【其他粘贴选项】栏中选择相应的选项，即可将复制内容粘贴为指定的内容。例如，执行【粘贴】|【图片】命令，即可粘贴所复制数据中的公式和已设置的数字格式。

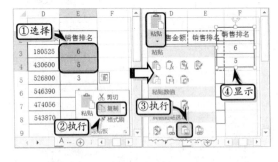

在【粘贴】级联菜单中的【其他粘贴选项】栏中，主要包括下表中的粘贴选项。

选项	功 能
格式	该选项表示只粘贴所复制单元格中的单元格格式，并不复制数值或公式
粘贴链接	可以引用所需要复制单元格中的内容
图片	将所复制的单元格内容粘贴为图片格式
链接的图片	以图片的方式引用所需要复制单元格中的内容

❑ 选择性粘贴

选择单元格区域，执行【剪贴板】|【复制】命令。然后，选择粘贴单元格，并执行【粘贴】|【选择性粘贴】命令。在弹出的【选择性粘贴】对话框中，设置【粘贴】和【运算】栏中的内容即可。

在【选择性粘贴】对话框中，各设置参数介绍如下表所示。

参数	说 明
粘贴	可以选择要粘贴的内容，可以是全部内容，也可以是单元格中的公式、数值、格式、批注等
运算	选择其中的单选按钮，可以对粘贴的内容进行相应的运算
跳过空单元	当要粘贴的内容中含有空白单元格时，启用该复选框，则不会粘贴其中的空白单元格
转置	当粘贴的内容为单元格区域时，转换单元格的排列方向

2.6　合并单元格

当一个单元格无法显示输入的数据，或者调整单元格数据与其单元格数据对齐显示方式时，可以使用合并单元格功能。合并单元格，即将一行或一列中的多个单元格合并成一个单元格。

1. 选项组合并

选择要合并单元格后，执行【开始】|【对齐方式】|【合并后居中】命令，在其下拉列表中选择相应的选项即可合并单元格。其中，Excel 组件为用户提供以下 3 种合并方式。

方　式	含　义
合并后居中	将选择的多个单元格合并成一个大的单元格，并将单元格内容居中
跨越合并	行与行之间相互合并，而上下单元格之间不参与合并
合并单元格	将所选单元格合并为一个单元格

例如，选择 B1 至 E1 单元格区域，执行【开始】|【对齐方式】|【合并后居中】命令，合并所选单元格。

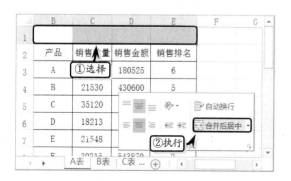

另外，分别选择单元格区域 B1:B2 和 D1:D2，执行【合并后居中】|【跨越合并】命令，即可对单元格区域进行跨越合并。

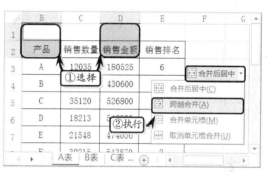

2. 对话框合并

选择要合并的单元格后，右击执行【设置单元格格式】命令。在弹出的对话框中，激活【对齐】选项卡，启用【合并单元格】复选框，即可将选择的单元格合并。

3. 撤销合并

选择合并后的单元格，执行【对齐方式】|【合并后居中】|【取消单元格合并】命令，即可将合并后的单元格拆分为多个单元格，且单元格中的内容将出现在拆分单元格区域左上角的单元格中。

提示

另外，选择合并后的单元格，执行【开始】|【对齐方式】|【合并后居中】命令，也可以取消已合并的单元格。

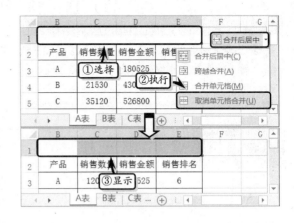

2.7 制作同学通讯录

练习要点

- 输入文本
- 合并单元格
- 设置对齐方式
- 自动填充单元格
- 设置单元格尺寸

提示

右击行号单元格，在弹出的菜单中执行【行高】命令。然后，在打开的对话框中可以精确地设置该行的高度。

提示

在【设置单元格格式】对话框中，激活【边框】选项卡，单击【下边框】按钮，可以使单元格区域显示下边框线条，并应用指定的样式和颜色。

同学通讯录是记录同学姓名、地址、联系电话等相关信息的一种表格。通过该表格可以清楚地查阅每位同学的联系方式，为联系每一位同学提供了方便。本练习就制作一个同学通讯录。

编号	姓名	生日	班级	家庭住址	手机	家庭电话
201001	陈波	1985-5-6	高三（一）班	文峰中路	1392541256*	2928745
201002	徐芬	1984-1-12	高三（一）班	吉昌小区	1356854121*	3205563
201003	郑楠	1986-4-5	高三（一）班	时光花园	1325541584*	2150222
201004	刘雅芳	1987-4-13	高三（一）班	人民大道	1365418845*	2256985
201005	张东东	1987-3-4	高三（一）班	光辉城市	1586854456*	3965884
201006	卢宁宁	1985-12-14	高三（一）班	清凉新村	1872364653*	3156351
201007	郑浩	1985-8-7	高三（一）班	体育花苑	1524685454*	2958741
201008	余瑞星	1985-9-10	高三（一）班	怡康花园	1394534345*	2985473
201009	左辉	1984-7-7	高三（一）班	锦绣花园	1334254458*	2266584
201010	张月	1986-9-20	高三（一）班	芦整馨苑	1305562137*	5941527
201011	邱天	1986-3-12	高三（一）班	新巷小区	1587458974*	2152365
201012	王嘉	1984-6-6	高三（一）班	聚客家园	1384545370*	3965874
201013	暴风	1985-6-15	高三（一）班	建业新村	1598745210*	2954178
201014	杨宁	1986-12-25	高三（一）班	丽豪小区	1591514548*	3154123

操作步骤 ▶▶▶

STEP|01 制作下划线。合并单元格区域 B1:H1，并调整行高。右击执行【设置单元格格式】命令，设置单元格区域下边框的样式和颜色。

STEP|02 插入形状。执行【插入】|【插图】|【形状】|【圆角矩形】命令，在单元格区域 B1:H1 中绘制一个圆角矩形。然后，执行【格式】|【形状样式】|【其他】|【细微效果-蓝色，强调颜色 5】命令，设置形状样式。

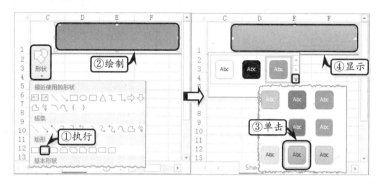

> **提示**
>
> 右击圆角矩形形状，执行【大小和属性】命令，在弹出的【设置形状格式】对话框中可以精确设置形状的大小。

STEP|03 制作标题。双击圆角矩形，输入"同学录"文本，在【字体】选项组中设置【字体】为"华文行楷"；【字号】为"22"号，并使其水平和垂直居中对齐。然后，向下移动该圆角矩形至下边框线处。

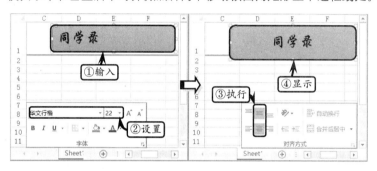

> **提示**
>
> 在形状中输入文本时，可以右击文本执行【编辑文字】命令，为形状输入文本即可。

STEP|04 制作列标题。在单元格区域 B3:H3 中分别输入"编号"、"姓名"、"生日"、"班级"、"家庭住址"、"手机"和"家庭电话"文本，并设置文本的格式。然后，选择该单元格区域，设置文本居中对齐。

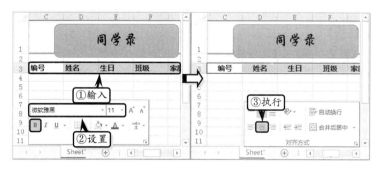

> **提示**
>
> 选择单元格区域，右击执行【设置单元格格式】命令，可在弹出的对话框中设置单元格区域的字体和对齐格式。

STEP|05 自动填充单元格。选择单元格 C4，在其中输入"'201001"文本，并设置文本格式。然后，将光标移动到单元格的右下角，当光标变成"十"字形状时，向下拖动鼠标即可填充数值。

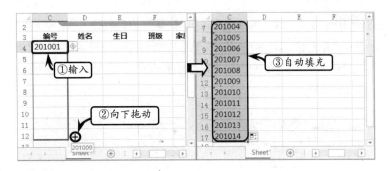

STEP|06 在单元格区域 D4:D17 中输入同学的姓名，并设置文本的【字体】为"微软雅黑"；【字号】为 11。然后，在单元格区域 E4:E17 中输入同学的生日。

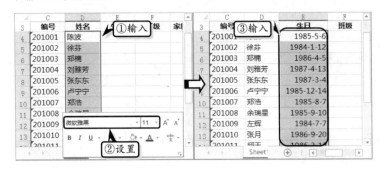

STEP|07 复制文本。选择单元格 F4，在其中输入"高三(一)班"文本，并设置文本格式。然后，在单元格 F5:F17 中分别复制该文本。

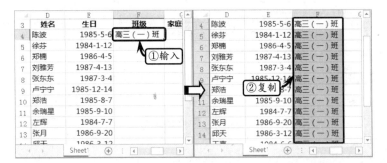

STEP|08 输入文本和数字。在单元格区域 G4:G17 中分别输入同学的家庭住址。然后，在单元格区域 I4:I17 中分别输入同学的家庭电话。并将输入文本的【字体】设置为"微软雅黑"，将【字号】设置为"11"号。

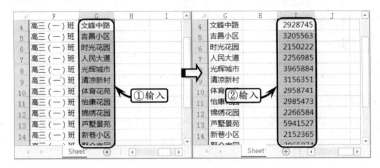

STEP|09 调整列宽。在单元格区域 H4:H17 中分别输入同学的手机号码，并设置文本格式。然后，在【列宽】对话框中设置【列宽】为"12.25"。

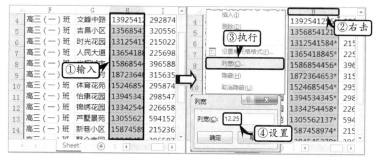

STEP|10 设置边框。选择单元格区域 B3:H17，右击执行【设置单元格格式】命令，激活【边框】选项卡，设置边框线条的样式、颜色和位置，并单击【确定】按钮。

Excel 2.8 制作课程表

　　课程表简称课表，是帮助学生了解课程安排的一种简单表格。课程表分为两种：一种是学生使用的；另一种是教师使用的。本练习就使用 Excel 制作一个学生课程表。

课程表						
时间＼星期	星期一	星期二	星期三	星期四	星期五	星期六
晨　会						
上午	语文	数学	作文	英语	语文	语文
	数学	英语	作文	语文	化学	语文
眼　保　健　操						
	英语	计算机	物理	数学	英语	数学
	政治	体育	生物	地理	生物	数学
午　间　休　息						
下午	历史	语文	化学	美术	体育	英语
	地理	音乐	政治	历史	音乐	英语
活　动、打　扫　卫　生						

提示

右击直线，执行【设置形状格式】命令，在【设置形状格式】任务窗格中展开【线条】选项，然后可以设置线条的颜色。

提示

在插入文本框之后，用户还需要选择文本框，右击执行【设置形状格式】命令，设置文本框的填充和轮廓样式。

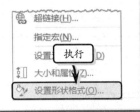

技巧

输入列标题时，可以在单元格 C2 中输入文本后拖动该单元格的自动填充柄，即可填充日期。

操作步骤 ▷▷▷▷

STEP|01 制作表格标题。选择单元格 B1:H1，执行【开始】|【对齐格式】|【合并单元格】命令，合并单元格区域。然后，输入标题文本，并设置其字体格式。

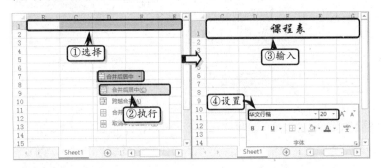

STEP|02 制作交叉表表头。选择第 2 行，右击执行【行高】命令，将【行高】设置为"25"。然后执行【插入】|【插图】|【形状】|【直线】命令，在单元格 B2 中绘制一条直线。然后执行【插入】|【文本】|【文本框】|【横排文本框】命令，输入"星期"文本，使用同样方法输入"时间"文本。

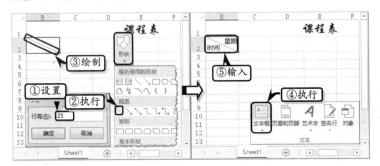

STEP|03 制作表格列标题。在单元格区域 C2:H2 中输入列标题并设置其字体和对齐格式。选择工作表的第 3 行，右击执行【行高】命令，将行高设置为"25"，合并单元格区域 B3:H3 输入"晨会"文本并设置其字体格式。

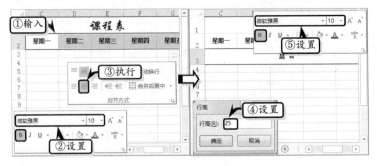

STEP|04 设置表格行高。选择第 4~12 行，右击执行【行高】命令，

设置"行高"为"25"。合并单元格区域 B4:B8，输入"上午"文本并设置其字体格式，选择合并后的单元格执行【开始】|【对齐格式】|【方向】|【竖排文字】命令，使其竖排显示。

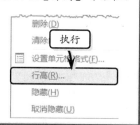

提示

在设置工作表的行高时，需要右击行标签，执行【行高】命令，才会出现【行高】对话框。

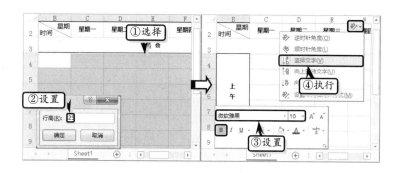

STEP|05 制作表格内容。在单元格区域 C4:H5 与 C7:H8 中输入课程名称，设置其字体和对齐格式。合并单元格区域 C6:H6，将第 6 行的行高设置为"20"，输入"眼保健操"文本。

提示

在"眼保健操"词组的字与字之间要保留两个空格，这样可以使界面更加美观。

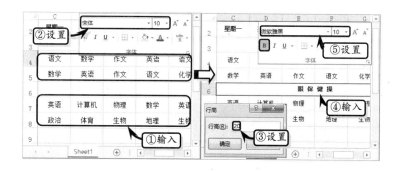

提示

在"午间休息"词组的字与字之间要保留两个空格，这样可以使界面更加美观。

STEP|06 合并单元格。合并单元格区域 B9:H9，输入"午间休息"，并设置文本格式。然后，合并单元格区域 B10:B11，在其中输入"下午"文本，并设置其竖排显示。

提示

在设置单元格格式时，用户可以先选择已设置好单元格格式的单元格或单元格区域，执行【开始】|【剪贴板】|【格式刷】命令，然后单击需要设置格式的单元格或单元格区域，即可快速应用现有格式。

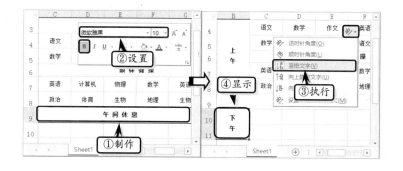

STEP|07 设置文本格式。在单元格区域 C10:H11 中输入课程名称，并设置文本格式。然后，合并 B12:H12 单元格区域，在其中输入"活动、打扫卫生"文本。

STEP|08 设置背景颜色。选择单元格区域 B2:H2，执行【开始】|【字体】|【填充颜色】|【蓝色，着色 5，淡色 80%】命令。使用相同的方法，为 B4:B8、B10:B11 单元格区域设置填充颜色。

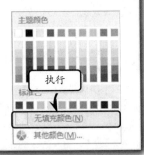

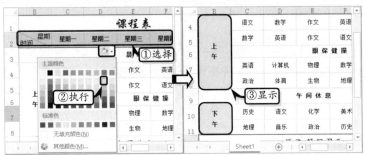

STEP|09 设置边框格式。选择单元格区域 B2:H12，右击执行【设置单元格格式】命令，在【设置单元格格式】对话框中激活【边框】选项卡，设置内外边框的线条样式、颜色和位置。

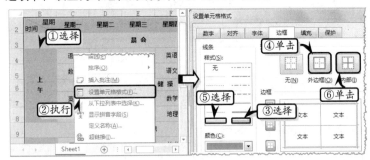

Excel 2.9 高手答疑

问题 1：如何将数据直接复制成图片格式？

解答 1： 选择需要复制的单元格，执行【开始】|【剪贴板】|【复制】|【复制为图片】命令，在弹出的【复制图片】对话框中，设置【外观】和【格式】栏中的内容。选择目标单元格，单击【粘贴】按钮。

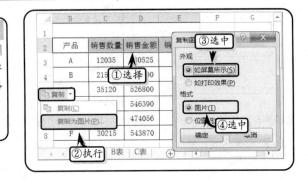

问题 2：如何对单元格中的数据实行换行格式？

解答 2：若要在特定的位置开始新的文本行，可以按 Alt+Enter 键强制换行显示。另外，执行【开始】|【对齐方式】|【自动换行】命令，设置其换行格式。

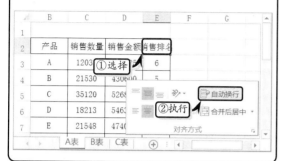

问题 3：如何使用【名称】框选择单元格或单元格区域？

解答 3：在【编辑栏】最左侧的【名称】框中，键入选择单元格的名称，然后按 Enter 键，或者单击【名称】框旁边的箭头，然后单击所需的名称。

问题 4：无法显示单元格中的数据，只显示"######"符号。

解答 4：当单元格显示"######"符号时，则表示该单元格所在列的宽度，小于单元格中所输入的数据长度，因此，无法显示数据内容。例如，我们选择 D 列或 D 列中的任意一个单元格，执行【开始】|【单元格】|【格式】|【自动调整列宽】命令即可。

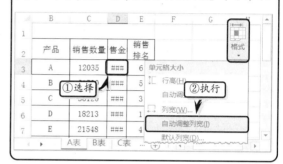

Excel 2.10　新手训练营

练习 1：制作员工档案表

⊙ downloads\第 2 章\新手训练营\员工档案表

提示：本练习中，首先单击【全选】按钮，右击行标签执行【行高】命令，设置工作表的行高。然后，合并相应的单元格区域，输入表格内容，并设置数据的对齐和字体格式。最后，右击单元格区域，执行【设置单元格格式】命令，在【边框】选项卡中自定义边框样式和颜色。

练习 2：制作人事资料卡

downloads\第 2 章\新手训练营\人事资料卡

提示：本练习中，首先制作表格标题，并设置标题文本的字体格式。同时，合并相应的单元格区域，输入文本并设置文本的字体格式。然后，选择相应的单元格区域，执行【对齐方式】|【方向】|【竖排文字】命令，更改文本的显示方向。最后，执行【字体】|【边框】|【所有框线】和【粗匣框线】命令，设置表格的边框样式。

人事资料卡					
日期：				编号：	
基本信息	姓名		性别		出生日期
	籍贯				
	现居住地				
	身份证号				
	专长				
	爱好				
入厂经历	介绍人				
	考试情况				
	保证书				
	报告日期				

练习 3：制作人力资源规划表

downloads\第 2 章\新手训练营\人力资源规划表

提示：本练习中，首先合并相应的单元格区域，输入表格内容和表尾文字。然后，合并相应的单元格区域，并设置单元格的自动换行格式。同时，设置整个表格的【所有框线】边框样式。最后，在合计单元格中，使用 SUM 函数计算合计值。

人力资源规划表						
规划类别		年份				备注
		2008年	2009年	2010年	2011年	
各类别职位人员计划	高层管理人员					
	中层管理人员					
	基础管理人员					
	技术人员					
	普通员工					
各部门人员计划	财务部					
	人力资源部					
	生产部					
	工程部					

练习 4：制作航班时刻表

downloads\第 2 章\新手训练营\航班时刻表

提示：本练习中，首先合并相应的单元格区域，输入标题文本，并设置文本的字体格式。然后，在表格中输入航班详细数据，并设置单元格区域的对齐和字体格式。最后，选择相应的单元格区域，执行【开始】|【数字】|【数字格式】|【时间】和【长日期】命令，分别设置单元格区域的“时间”和“日期”数字格式。

北京至广州航班时刻表

航班号	机型	起飞时间	到港时间	起始日期	截止日期
CA1351	JET	7:45:00	10:50:00	2007年1月4日	2007年1月23
HU7803	767	8:45:00	11:40:00	2007年12月13日	2007年3月24
CA1321	777	8:45:00	11:50:00	2007年1月2日	2007年1月25
CZ3196	757	8:45:00	11:55:00	2007年12月13日	2007年3月24
CZ3162	319	9:55:00	13:00:00	2007年12月14日	2007年3月24
CA1315	772	11:25:00	14:20:00	2007年1月2日	2007年1月23
CZ3102	777	11:55:00	15:05:00	2007年10月29日	2007年1月1
CZ346	77B	12:55:00	16:05:00	2007年12月30日	2007年3月25
CZ3106	JET	14:00:00	17:05:00	2007年10月31日	2007年1月1
CA1327	320	14:10:00	17:15:00	2007年12月6日	2007年3月24
HU7801	767	14:55:00	17:45:00	2007年12月14日	2007年3月24

第 3 章

操作工作表

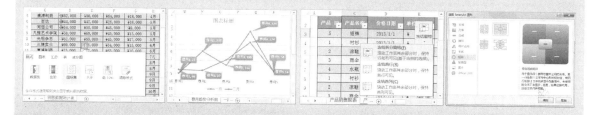

　　在使用 Excel 进行各种报表统计工作时，经常会碰到将多种类型的数据表整合在一个工作簿中进行运算和发布的情况，此时可以利用移动和复制操作，将不同工作表或不同工作簿之间的数据进行相互转换。另外，为了使表格的外观更加美观、排列更加合理、重点更加突出、条理更加清晰，还需要对工作表进行整理操作。

　　本章将以工作表为操作对象，着重介绍在 Excel 工作簿中选择、插入、复制和移动工作表，设置工作表的名称，以及保护和删除工作表等操作。

3.1 选择工作表

当用户需要在 Excel 中进行某项操作时，应首先指定相应的工作表为当前工作表，以确保不同类型的数据放置于不同的工作簿中，便于日后的查找和编辑。

1．选择单个工作表

在 Excel 中，单击工作表标签即可选定一个工作表。例如，单击工作表标签 Sheet2，即可选定 Sheet2 工作表。

另外，用户也可以右击标签滚动按钮，选择 Sheet3 项，即可选定 Sheet3 工作表。

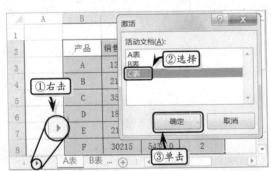

提示

工作表标签位于工作簿窗口的底端，用来显示工作表的名称。标签滚动按钮位于工作表标签的前端。

2．选择多个工作表

若用户需要同时对多个工作表进行操作，则可以同时选择这些工作表。在 Excel 中，既可以选择相邻的多个工作表，也可以同时选择不相邻的多个工作表。

❑ **选择相邻的工作表**

首先应单击要选定的第一张工作表标签，然后按住 Shift 键的同时，单击要选定的最后一张工作表标签，此时将看到在活动工作表的标题栏上出现“工作组”的字样。

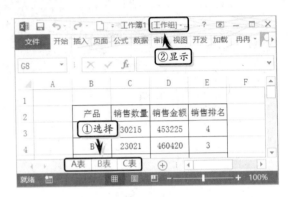

❑ **选择不相邻的工作表**

单击要选定的第一张工作表标签，按住 Ctrl 键的同时，逐个单击要选定的工作表标签即可。

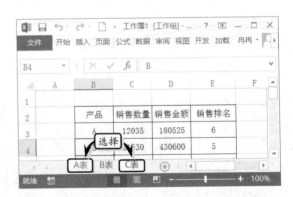

技巧

Shift 键和 Ctrl 键可以同时使用。也就是说，可以用 Shift 键选取一些相邻的工作表，然后再用 Ctrl 键选取另外一些不相邻的工作表。

3. 选择全部工作表

右击工作表标签，执行【选定全部工作表】命令，即可将工作簿中的工作表全部选定。

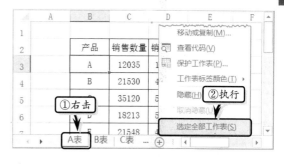

Excel
3.2　设置工作表的数量

在工作簿中默认 1 个工作表，用户可以根据在实际工作中的需要，通过插入和删除工作表，来更改工作表的数量。

1. 插入工作表

在 Excel 中，用户可以通过下列 4 种方法，来插入工作表。

❏ **按钮插入**

用户只需单击【状态栏】中的【插入工作表】按钮，即可在当前的工作表后面插入一个新的工作表。

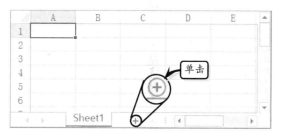

❏ **选项组插入**

执行【开始】|【单元格】|【插入】|【插入工作表】命令，即可插入一个新的工作簿。

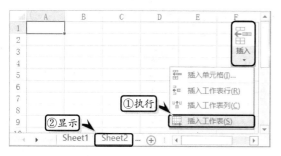

❏ **右击执行相应命令插入**

右击活动的工作表标签，执行【插入】命令。

在弹出的【插入】对话框中，激活【常用】选项卡，选择【工作表】选项，单击【确定】按钮即可。

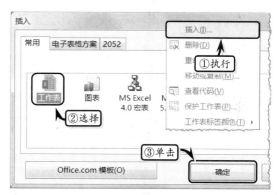

> **技巧**
>
> 选择与插入的工作表个数相同的工作表，执行【开始】|【单元格】|【插入】|【插入工作表】命令，即可一次性插入多张工作表。

❏ **快捷键插入**

选择工作表标签，按 F4 键即可在其工作表前插入一张新工作表。

> **注意**
>
> 必须进行过至少一次的插入工作表操作后，按 F4 键，才会生效。

2. 删除工作表

选择要删除的工作表，执行【开始】|【单元格】|【删除】|【删除工作表】命令即可。

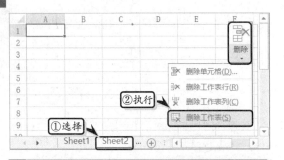

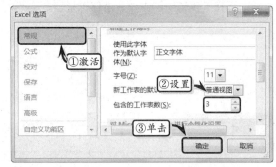

选项卡，在【包含的工作表数】微调框中输入合适的工作表个数，单击【确定】按钮即可。

技巧

用户也可以右击需要删除的工作表，执行【删除】命令，即可删除工作表。

3. 更改默认的工作表数量

执行【文件】|【选项】命令，激活【常规】

3.3 移动和复制工作表

移动工作表是为了改变工作表的原有顺序，而复制工作表则是为活动工作表而建立的一个副本，以便对数据进行编辑后仍保留有原有数据。

1. 移动工作表

右击工作表标签，执行【移动或复制工作表】命令，弹出【移动或复制工作表】对话框。然后在【下列选定工作表之前】栏中选择合适选项，如选择"移至最后"，即可移动工作表至"最后"。

提示

若在不同的工作表之间进行移动，只需在弹出的【移动或复制工作表】对话框中的【将选定工作表移至工作簿】的下拉列表中选择另外的工作簿即可。

另外，选定要移动的工作表标签，执行【开始】|【单元格】|【格式】|【移动或复制工作表】命令。然后，在弹出的【移动或复制工作表】对话框中，选择合适选项即可。

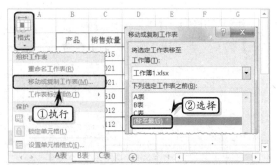

提示

选定要移动的工作表标签，按下鼠标左键，拖动至合适位置后松开，即可移动工作表。

2．复制工作表

复制工作表是由 Excel 自动命名，其规则是在显示目录工作表名后加上一个带括号的编号，如源工作表名为 Sheet1，则第一次复制的工作表名为 Sheet(2)，第二次复制的工作表名为 Sheet(3)……，依次类推。

右击工作表标签，执行【移动或复制工作表】命令，打开【移动或复制工作表】对话框。然后，选择合适的选项后，启用【建立副本】复选框，并单击【确定】按钮。

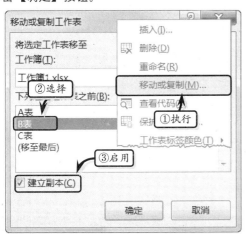

另外，执行【开始】|【单元格】|【移动或复制工作表】对话框。选择工作表名称，启用【建立副本】复选框，单击【确定】按钮。

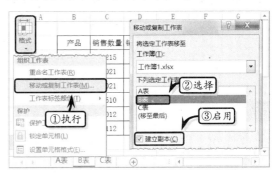

3.4　隐藏和恢复工作表

用户在进行数据处理时，为了避免操作失误，需要将数据表隐藏起来。当用户再次查看数据时，可以恢复工作表，使其处于可视状态。

1．隐藏工作表

激活需要隐藏的工作表，执行【开始】|【单元格】|【格式】|【隐藏和取消隐藏】|【隐藏工作表】命令，即可隐藏当前工作表。

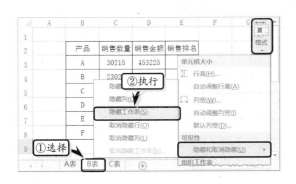

2．隐藏工作表行或列

选择需要隐藏行中的任意一个单元格，执行【开始】|【单元格】|【格式】|【隐藏和取消隐藏】|【隐藏行】命令，即可隐藏单元格所在的行。

另外，选择需要隐藏列中的任意一个单元格，执行【开始】|【单元格】|【格式】|【隐藏和取消隐藏】|【隐藏列】命令，即可隐藏单元格所在的列。

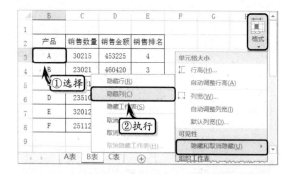

技巧

选择任意一个单元格，按下 Ctrl+9 键可快速隐藏行，而按下 Ctrl+0 键可快速隐藏列。

3. 恢复工作表

执行【单元格】|【格式】|【隐藏和取消隐藏】|【取消隐藏工作表】命令，同时选择要取消的工作表名称，单击【确定】按钮即可恢复工作表。

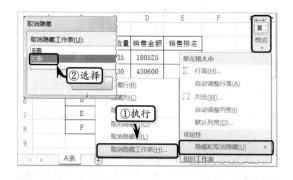

提示

右击工作表标签，执行【取消隐藏】命令，在弹出的【取消隐藏】对话框中，选择工作表名称，单击【确定】按钮，即可显示隐藏的工作表。

4. 恢复工作表行或列

单击【全选】按钮或按 Ctrl+A 键，选择整张工作表。然后，执行【单元格】|【格式】|【隐藏和取消隐藏】|【取消隐藏行】或【取消隐藏列】命令，即可恢复隐藏的行或列。

技巧

按 Ctrl+A 键，全选整张工作表，然后按下 Ctrl+Shift+(键即可取消隐藏的行，按下 Ctrl+Shift+) 键即可取消隐藏的列。

Excel 3.5 美化工作表标签

默认情况下，Excel 中工作表标签的颜色与字号，以及工作表名称都是默认的。为了区分每个工作表中的数据类别，也为了突出显示含有重要数据的工作表，需要设置工作表的标签颜色，以及重命名工作表。

1. 重命名工作表

Excel 默认工作表的名称都是 Sheet 加序列号。对于一个工作簿中涉及的多个工作表，为了方便操作，需要对工作表进行重命名。

右击需要重新命名的工作表标签，执行【重命名】命令，输入新名称，按下 Enter 键即可。

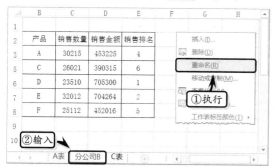

另外，选择需要重命名的工作表标签，执行【开始】|【单元格】|【格式】|【重命名工作表】命令，输入新工作表的名称，按下 Enter 键即可。

2. 设置工作表标签的颜色

Excel 允许用户为工作表标签定义一个背景颜色，以标识工作表的名称。

选择工作表，执行【开始】|【单元格】|【格

式】|【工作表标签颜色】命令，在其展开的子菜单中选择一种颜色即可。

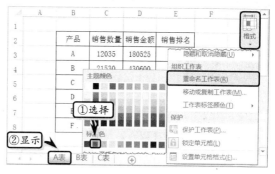

另外，选择工作表，右击工作表标签，执行【工作表标签颜色】命令，在其子菜单中选择一种颜色。此时，选择其他工作表标签后，该工作表标签的颜色即可显示出来。

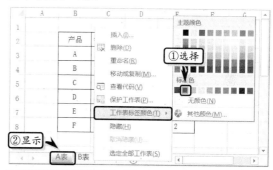

Excel 3.6 设置工作表属性

在使用工作表时，用户还可以设置工作表的一些重要属性，以达到区分和保护工作表的目的。例如，更改工作表显示和打印的效果等。

1. 查看工作表的路径

首先，执行【文件】|【信息】命令，在展开的属性列表中，单击【属性】下拉按钮，在其下拉

列表中选择【高级属性】选项。

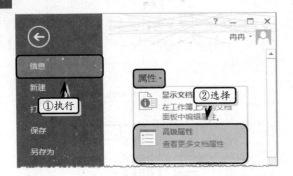

然后，在弹出的【属性】对话框中，激活【常规】选项卡，查看工作簿的完整路径。

2. 显示工作表的路径

在 Excel 中，用户还可以将工作簿的路径直接显示在 Excel 界面中。执行【文件】|【选项】命令，激活【快速访问工具栏】选项。选择【从下列位置选择命令】下拉列表中的【所有命令】选项，在列表框中选择【文档位置】选项，并单击【添加】按钮。

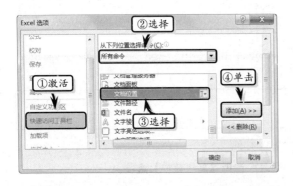

单击【确定】按钮后，在工作表中的快速访问工具栏中，将显示文档的路径。

3. 设置摘要信息

打开需要管理的工作簿，执行【文件】|【信息】命令，单击【属性】下拉按钮，选择【高级属性】选项。在弹出的【属性】对话框中，选择【摘要】选项卡，设置【标题】、【主题】、【作者】、【类别】、【关键字】等选项。

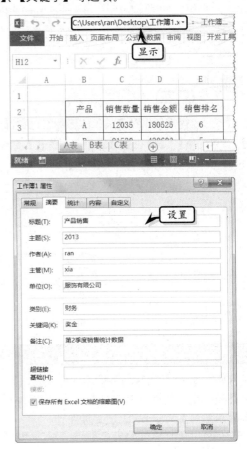

然后，激活【自定义】选项卡，设置【名称】、【类型】和【取值】等选项，并单击【确定】按钮。

4．设置工作表的信息权限

在 Excel 中，用户可以通过管理工作簿的信息权限，来设置工作簿的最终版本。

首先，执行【文件】|【信息】命令，展开信息列表。然后，单击【保护工作簿】下拉按钮，选择【标记为最终状态】选项。

在弹出的提示框中，单击【确定】按钮后，列表中的"权限"文本将变色，并显示提示文本。

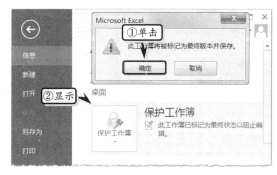

3.7　制作每周日程表

日程表是企业考核员工工作进度、日常工作成果的重要表格。在本练习中将使用 Excel 2013 的多工作表技术，设计一个基于每月 4 周周期的、精确到小时的日程表，供员工填写。

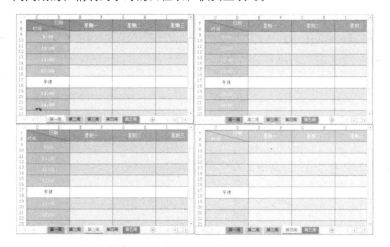

练习要点

● 重命名工作表
● 插入新工作表
● 更改标签颜色
● 隐藏工作表
● 设置单元格样式
● 设置边框格式

提示

通常每个工作月份包含 4 周零 2 到 3 天，因此，在实际的工作考核中，每个工作月有可能是 4 周或 5 周。所以，在本练习中，除了使用到上一练习已介绍过的插入新工作表、重命名工作表以及更改工作表标签颜色等知识点外，还使用到了隐藏工作表的技术。将第 5 周的日程表隐藏起来。这样，如本月有 4 个工作周，则只需填写 4 个日程表，而如果有 5 个工作周，则可设置第 5 周的日程表为显示状态，并进行填写。

操作步骤 ▶▶▶▶

STEP|01 重命名工作表。开启 Excel 2013，在工作表标签栏中单击【新工作表】按钮，为默认创建的工作簿新增工作表。然后，双击工作表标签的名称，分别将其修改为"第一周"、"第二周"、……、"第五周"等。

在后 4 个标签中,"第二周"的标签颜色为"橙色,着色 2,淡色 40%","第三周"的标签颜色为"绿色,着色 6,淡色 40%","第四周"标签颜色为"金色,着色 4,淡色 40%","第五周"标签颜色为"灰色–25%,背景 2,深色 50%"等。

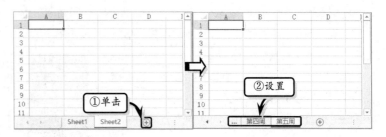

STEP|02 设置工作表标签颜色。右击"第一周"工作表,执行【工作表标签颜色】|【蓝-灰,文字 2,淡色 40%】命令,设置工作表标签的颜色。使用同样的方式,为其他 5 个工作表的标签设置标签颜色。

在 E7:F8 中输入"星期一"文本,拖动合并单元格右下角的自动填充柄向右填充文本和合并格式。

STEP|03 制作列标题。在"第一周"工作表中选择单元格 C8,在其中输入"时间",然后再选择单元格 D7,输入"日期"。依次合并单元格区域 E7:F8、G7:H8、I7:J8、K7:L8 以及 M7:N8,并在其中依次输入"星期一"、"星期二"、……、"星期五",依此类推。

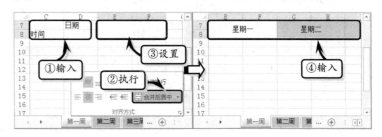

在输入时间文本时,要执行【开始】|【数字】|【其他数字格式】命令,在数字选项卡中选择【时间】选项,在【类型】中选择"13:30",设置数字格式。

STEP|04 输入时间。使用同样的方式,依次对单元格区域 C9:D10、C11:D12、C13:D14、C15:D16、……、C27:D28 进行合并操作。然后,在这些单元格中分别输入每个工作日的时间信息。

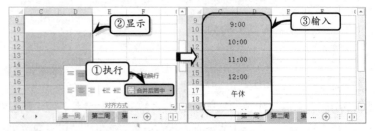

设置边框格式也可以右击执行【设置单元格格式】命令,在弹出的对话框中激活【边框】选项卡,在【边框】选项卡中设置边框格式。

STEP|05 设置边框格式。选择单元格区域 C7:N28,执行【开始】|【字体】|【边框】|【其他边框】命令,在弹出的【设置单元格格式】对话框的【边框】选项卡中设置边框颜色、边框线条样式和位置。

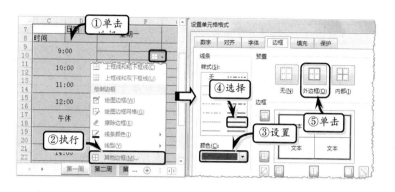

STEP|06 取消边框。选择单元格区域 C7:D8，执行【开始】|【字体】|【边框】|【其他边框】命令，在弹出的【设置单元格格式】对话框中激活【边框】选项卡，在【样式】的列表框中单击【无】选项，然后单击【内部】按钮，清除单元格内部的边框。

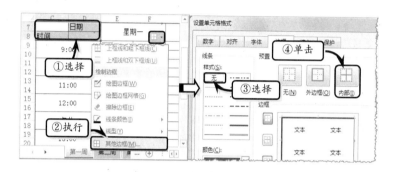

STEP|07 制作交叉表斜线。选择单元格 C7 和 D8，执行【开始】|【字体】|【边框】|【其他边框】命令，在【设置单元格格式】对话框中，激活【边框】选项卡，设置边框线条的样式、颜色和位置。

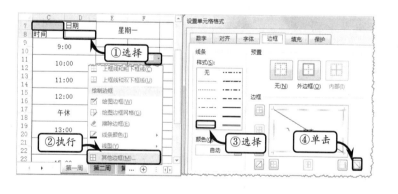

STEP|08 设置单元格样式。选择单元格区域 C7:N8 执行【开始】|【样式】|【单元格样式】|【着色】命令，设置单元格样式。然后，执行【开始】|【字体】|【加粗】命令，设置其加粗字体格式。

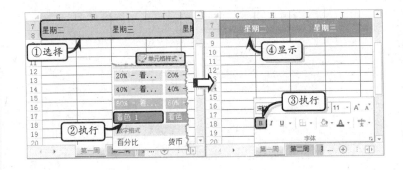

提示

再分别选择单元格区域 C9:D16、C19:D28，设置其单元格样式为 "60%,着色1" 的样式，并设置字体加粗。

STEP|09 合并单元格区域。选择单元格区域 E9:F10，执行【开始】|【对齐方式】|【合并后居中】命令，合并单元格区域。使用同样的方法将单元格区域 E9:N28 之间的所有单元格按照 4 个一组的方式合并，制作日程表的可填写区域。

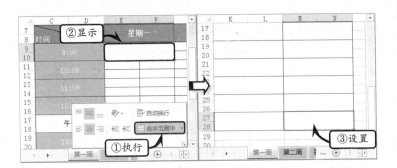

STEP|10 设置单元格样式。同时选择单元格区域 E9:N10、E13:N14、E19:N20、E23:N24、E27:N28，然后执行【开始】|【样式】|【单元格样式】|【40%,着色1】命令，设置单元格样式。

提示

用户也可以用单元格填充的方式，在合并一个单元格后，按住合并后单元格右下角的自动填充柄，将合并的格式填充到其他单元格中。

提示

在选择这些单元格时，用户可以先用鼠标从 E9 单元格拖曳到 N10 单元格，选中这两行内容，再按住 Ctrl 键，用同样的方式依次选择第 13 行、第 14 行、……、第 28 行的单元格。

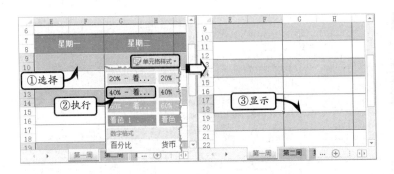

STEP|11 同时选择单元格区域 E11:N12、E15:N16、E21:N22、E25:N26，执行【开始】|【样式】|【单元格样式】|【0%,着色1】命令，设置单元格样式，完成第一周的表格制作。

提示

在为可填写区域的单元格添加样式时，应保留单元格区域 E17:N18 背景颜色为白色，以留出午休栏的空位。

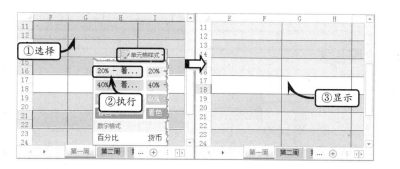

STEP|12 隐藏工作表。在工作表标签栏中右击"第五周"的工作表，执行【隐藏】命令，即可将该工作表隐藏，完成本实例的制作。

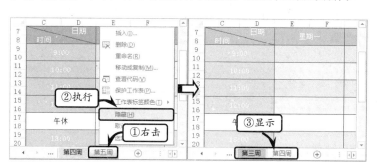

3.8　制作个人收支表

Excel 不仅可应用于企业办公用途，还可在个人日常生活中管理个人财务状况，包括处理个人支出、统计收入等。本练习将使用 Excel 2013 的公式功能，制作一个个人日常收支表，统计个人的上月结余以及本月支出的各种项目。

个人收支记录表

编号	收支项目	金额	编号	收支项目	金额	编号	收支项目	金额
001	上月结余	¥45,239.00	013	理发	¥-20.00	025	卫生费	¥-120.00
002	本月工资	¥9,539.20	014	买CD	¥-150.00	026	买床罩	¥-600.00
003	购房按揭	¥-2,500.00	015	电费	¥-160.00	027	维修防盗网	¥-450.00
004	看电影	¥-200.00	016	水费	¥-60.00	028	换节能灯	¥-40.00
005	买书	¥-349.50	017	燃气费	¥-59.00	029		
006	日常开销	¥-1,130.20	018	电话费	¥-39.00	030		
007	油耗	¥-315.00	019	买速溶咖啡	¥-49.00	031		
008	洗车	¥-220.00	020	买茶叶	¥-90.00	032		
009	手机费	¥-119.20	021	买电池	¥-20.00	033		
010	宽带费	¥-120.00	022	停车费	¥-300.00	034		
011	电脑维修费	¥-60.00	023	物业费	¥-600.00	余额		¥46,497.30
012	下馆子	¥-390.00	024	修水龙头	¥-120.00			

练习要点

- 合并单元格
- 设置单元格格式
- 设置数字格式
- 设置字体颜色
- 设置填充颜色
- 设置边框格式
- 使用公式

操作步骤 ▶▶▶▶

STEP|01 制作表格标题。选择单元格区域 C2:K3，执行【开始】|【对齐方式】|【合并后居中】命令，合并单元格区域。然后，在合并后的单元格中输入表格名称"个人收支记录表"。

提示

用户也可以在选中这些单元格之后，右击执行【设置单元格格式】命令，在弹出的【设置单元格格式】对话框中激活【对齐】选项卡，在【文本控制】栏中启用【合并单元格】复选框，然后在【文本对齐方式】栏中设置【水平对齐】为"居中"。

提示

在设置单元格的填充效果时，【颜色 1】所选择的颜色为"绿色,着色 6,淡色 40%"，【颜色 2】所选择的颜色为"绿色,着色 6,深色 25%"。在设置填充效果后，即可单击【确定】按钮，返回【设置单元格格式】对话框。此时，该对话框下方的【示例】栏中将显示填充的预览效果。

提示

选择表格列标题执行【开始】|【字体】|【字体颜色】命令，在弹出的菜单中选择"白色,背景 1"，设置这些标题文本与表格名称文本的颜色保持一致。然后设置表格列标题的对齐格式为居中。

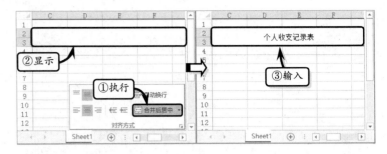

STEP|02 制作表格标题背景颜色。选择合并后的单元格，右击执行【设置单元格格式】命令，激活【填充】选项卡，并单击【填充效果】按钮，在弹出的【填充效果】对话框中设置【颜色 1】、【颜色 2】的颜色，然后在【底纹样式】栏中选择【斜下】，并在【变形】中选择第一种选项。

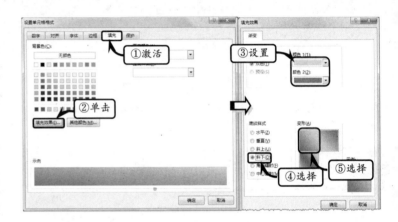

STEP|03 设置表格标题字体格式。选择合并后的单元格，在【开始】选项卡【字体】选项组中，将【字体】设置为"华文中宋"；将【字号】设置为 18。然后，执行【字体】|【加粗】命令，并执行【字体颜色】|【白色，背景 1】命令，设置文本的字体颜色。

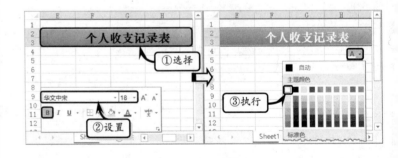

STEP|04 制作列标题。输入表格列标题文本，后选择单元格区域 C4:K4，执行【开始】|【字体】|【填充颜色】|【绿色，着色 6，深色 25%】命令，设置单元格的填充颜色。

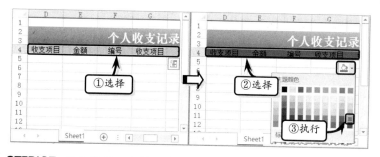

STEP|05 输入编号。在单元格 C5 中输入"1",在单元格 C6 中输入"2",然后选中这两个单元格,用鼠标按住单元格右下角的自动填充柄,填充至单元格 C16,快速填充编号数字。

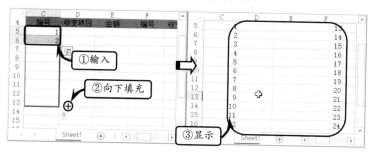

STEP|06 设置数字格式。选择所要输入编号的单元格,执行【开始】|【数字】|【其他数字格式】命令,打开【设置单元格格式】对话框。在【数字】选项卡的【分类】列表中选择【自定义】选项,在【类型】的输入文本框中输入"000",并单击【确定】按钮。

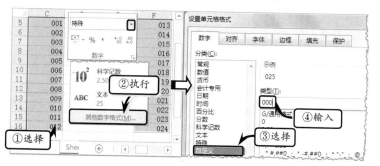

STEP|07 合并单元格。选择单元格区域 I15:I16,执行【开始】|【对齐方式】|【合并后居中】命令,并输入"余额"的文本。使用同样的方法,合并单元格区域 J15:K16。

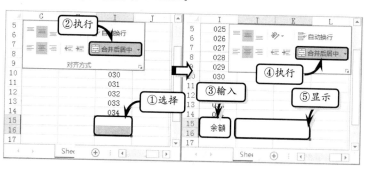

提示

使用同样的方法,在单元格 F5 和 F6 中分别输入"013"和"014"的数据,自动填充至单元格 F16,在 I5 和 I6 单元格中分别输入"025"和"026"的数字,自动填充至单元格 I14,完成编号的输入。

技巧

输入数字编号的方法可以在输入编号数字之前,首先要在单元格中输入单引号"'",以确保输入的数字不会转换为其他格式类型,然后再拖动自动填充柄,快速填充数字编号。

提示

输入"000"的类型之后,即可定义文本以三位数的方式显示,不足三位时在数字左侧补0。

技巧

在合并单元格区域时,可以右击单元格执行【设置单元格格式】命令。在【对齐】选项卡中,启用【合并单元格】复选框即可。

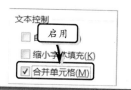

Excel 中的货币类型数据，允许用户设置小数的位数、货币符号，以及 5 种负数货币类型，包括带括号的红色字体的正数、带括号的黑色字体的正数、红色字体的正数、黑色字体的负数和红色字体的负数等。用户可根据需要选择负数的显示方式。

在编辑栏中输入计算公式之后，可以通过单击左侧【输入】按钮，完成公式的输入

选择 D6:E6、D8:E8、D10:E10、D12:E12、D14:E14 等组的单元格，设置其背景颜色为"绿色，着色 6，淡色 80%"。

用户需要注意，工作表中的【主题颜色】是随着主题效果的改变而自动改变的。用户可执行【页面布局】|【主题】|【主题】命令，来设置工作表的主题效果。

STEP|08 设置货币的数字格式。选择单元格区域 E5:E16、H5:H16、K5:K14、J15:K16，单击【开始】选项卡【数字格式】选项组中的【对话框启动器】按钮。在【分类】列表框中选择【货币】选项，然后在【负数】列表中选择第 4 种表述负数的方式，单击【确定】按钮。

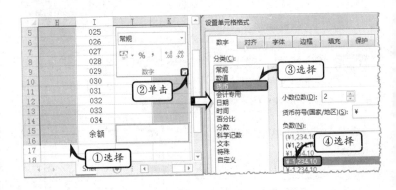

STEP|09 输入公式。首先，输入表格内容，然后，选择合并后的单元格 J15，输入计算余额的公式，并按下 Enter 键完成公式的输入。

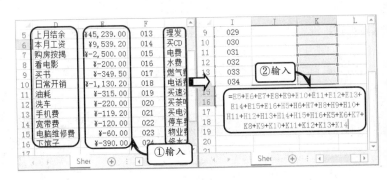

STEP|10 设置填充颜色。选择单元格区域 C5:C16、F5:F16、I5:I16，执行【开始】|【字体】|【填充颜色】命令，在其级联菜单中选择一种色块，设置单元格区域的背景颜色。

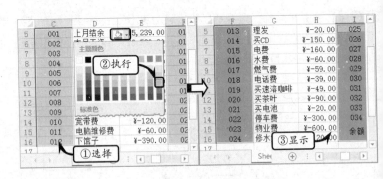

STEP|11 设置边框格式。选择单元格区域 C2:K16，执行【开始】|【字体】|【边框】|【其他边框】命令，然后在弹出的【设置单元格格

式】对话框中选择颜色，并添加外边框和内部边框。

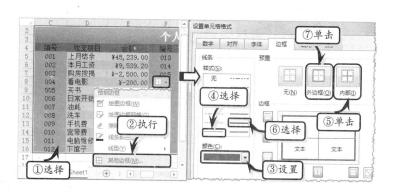

3.9 高手答疑

问题1：如何取消工作表中的信息权限？

解答1：为工作表设置"标记为最终状态"信息权限之后，可通过执行【文件】|【信息】命令，在列表中单击【包含工作簿】下拉按钮，再次选择【标记为最终状态】选项，即可取消所设置的信息权限。

问题2：如何自定义工作表标签颜色？

解答2：选择工作表标签，右击执行【工作表标签颜色】|【其他颜色】命令，在弹出的【颜色】对话框中，激活【自定义】选项卡，自定义颜色值。

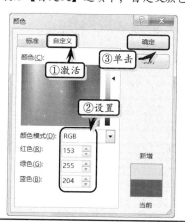

问题3：如何快速删除多个工作表？

解答3：Excel允许用户同时操作多个工作表，快速进行删除操作。首先按住 Ctrl 键或 Shift 键，选择多个工作表，然后右击，执行【删除】命令即可。

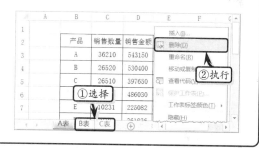

问题4：如何在 Excel 窗口中显示更多的工作表标签？

解答4：在管理工作簿中的多个工作表时，如工作表超过一定的数量，则 Excel 窗口将只能显示部分工作表标签，需要用户通过工作表标签按钮进行切换。

此时，用户可将鼠标置于水平滚动条左侧，将其向右拖曳，即可扩大工作表标签显示的区域，显示更多的工作表标签。

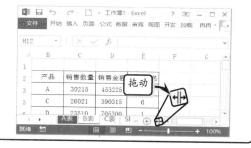

3.10 新手训练营

练习 1：制作股票交易表

🔵 downloads\第 3 章\新手训练营\股票交易表

提示：本练习中，首先合并单元格区域 B1:I1，输入标题文本并设置文本的字体格式。然后，在表格中输入交易表基础数据，并设置其对齐和所有框线格式。同时，以文本格式输入交易代码（在数据签名输入"；"符号），并分别设置不同单元格区域的数字格式。最后，选择表格区域，执行【开始】|【样式】|【其他】|【好】命令，设置单元格样式。同时，在【视图】选项卡【显示】选项组中，禁用【网格线】复选框，隐藏工作表中的网格线。

练习 2：制作仓库库存表

🔵 downloads\第 3 章\新手训练营\仓库库存表

提示：本练习中，首先合并单元格区域 B1:I1，输入标题文本并设置文本的字体格式。同时，在表格中输入库存数据，并设置数据的对齐方式。然后，在"编号"列中输入带"'"符号的文本格式的编号数据，同时将"日期"列中的数据格式设置为"短日期"格式。最后，设置表格的"所有框线"边框样式。同时选择整个工作表，执行【字体】|【填充颜色】|【白色，背景 1，深色 5%】命令，设置其填充颜色。

练习 3：隔行插入空行

🔵 downloads\第 3 章\新手训练营\隔行插入空行

提示：本练习中，首先制作需要隔行插入行的数据区域。同时，选择 A 列，执行【插入】选项，插入新的列。然后，在单元格 A2 中输入数字"1"，并拖动单元格右下角的填充柄向下填充数据至单元格 A8 中。同时，在单元格 A9 中输入"1.5"，并拖动单元格右下角的填充柄向下填充数据至单元格 A15 中。最后，选择单元格区域 A2:E15，在【数据】选项卡【排序和筛选】选项组中，执行【排序】命令。在弹出的【排序】对话框中，将【主要关键字】设置为"1"，将【次序】设置为"升序"，并单击【确定】按钮。

练习 4：快速删除所有空行

🔵 downloads\第 3 章\新手训练营\快速删除所有空行

提示：本练习中，首先制作基础数据。同时选择数据区域的任意一个单元格，执行【数据】|【排序和筛选】|【筛选】命令，显示筛选按钮。然后，单击筛选按钮，在其下拉列表中选择【空白】选项，并单击【确定】按钮。使用同样的方法，筛选其他列中的空白单元格。最后，选择筛选出来的空白行，右击执行【删除行】命令，删除空白行。最后，取消筛选状态即可。

第 **4** 章

美化工作表

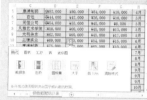  

在 Excel 中，默认的工作簿无任何修饰，仅仅是以单元格为基本单位排列行与列。当在工作簿中添加数据内容后，为了使数据表达到较佳的表现效果，通常会采用一些方法美化数据表，如添加边框、填充颜色、使用表格主题等。

本章主要向用户介绍设置文本格式、数字格式、边框样式以及填充颜色等一些基础操作方法与使用技巧。通过本章的学习，希望用户在掌握美化工作表基础知识的同时，可以根据自身需求自定义单元格格式，在保证工作表的布局更加合理的基础上，达到美化工作表的目的。

4.1 设置文本格式

在 Excel 中，用户可通过设置文本的字体、字号、字形或特色文本效果等文本格式，来增加版面的美观性。

1. 设置文本的字体格式

在 Excel 中，单元格中默认的【字体】为"宋体"。如果用户想更改文本的字体样式，只需执行【开始】|【字体】|【字体】命令，在其列表中选择一种字体格式即可。

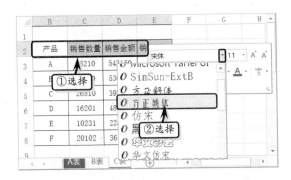

> **提示**
>
> 右击所选文本，在弹出的显示【浮动工具栏】中，单击【字体】下拉按钮，在其下拉列表中选择相应的选项即可。

另外，还可以单击【字体】选项组中的【对话框启动器】按钮，弹出【设置单元格格式】对话框。在【字体】选项卡中的【字体】列表框中选择一种文本字体样式即可。

> **技巧**
>
> 选择需要设置文本格式的单元格或单元格区域。按 Ctrl+Shift+F 键或 Ctrl+1 键快速显示【设置单元格格式】对话框的【字体】选项卡。

2. 设置文本的字号格式

选择单元格，执行【开始】|【字体】|【字号】命令，在其下拉列表中选择字号。

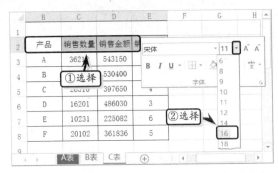

另外，选择需要设置的单元格或单元格区域，右击执行【设置单元格格式】命令，在【字体】选项卡中的【字号】列表中，选择相应的字号即可。

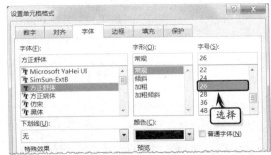

> **提示**
>
> 用户也可以选择需要设置格式的单元格或单元格区域，右击选区，在弹出的【浮动工具栏】中设置字号。

3. 设置文本的字形格式

文本的常用字形包括加粗、倾斜和下划线三种，主要用来突出某些文本，强调文本的重要性。

选择单元格，执行【开始】|【字体】|【加粗】命令，即可设置单元格文本的加粗字形格式。

另外，单击【开始】选项卡【字体】选项组中的【对话框启动器】按钮，在弹出的【设置单元格格式】对话框中的【字体】选项卡中，设置字形格式即可。

技巧

选择需要设置的单元格或单元格区域，按 Ctrl+B 键设置【加粗】；按 Ctrl+I 键设置【倾斜】；按 Ctrl+U 键添加【下划线】。

4．设置文本的特殊效果

在 Excel 工作表中，用户还可以根据实际需求，来设置文本的一些特殊效果，例如设置删除线、会计用下划线等一些特殊效果。

❑ 设置会计用下划线效果

选择单元格或单元格区域，右击执行【设置单元格格式】命令，弹出【设置单元格格式】对话框。在【字体】选项卡中，单击【下划线】下拉按钮，在其列表中选择一种下划线样式。例如，选择【会计用双下划线】选项，系统则会根据单元格的列宽显示双下划线。

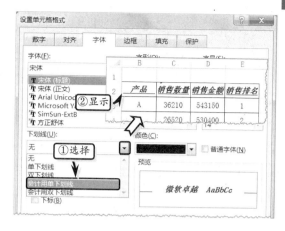

❑ 设置删除线效果

选择单元格或单元格区域，右击执行【设置单元格格式】命令。弹出【设置单元格格式】对话框。在【字体】选项卡中启用【删除线】复选框。

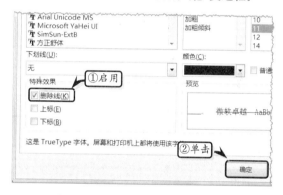

5．设置字体颜色

在 Excel 中，除了可以为文本设置内置的字体颜色之外，还可以自定义字体颜色，以突出美化版面的特效。

❑ 使用内置字体颜色

选择单元格或单元格区域，执行【开始】|【字体】|【字体颜色】命令，在其列表中的【主题颜色】或【标题颜色】栏中选择一种色块即可。

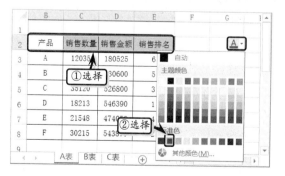

❏ 使用自定义字体颜色

选择单元格或单元格区域，执行【开始】|【字体】|【字体颜色】|【其他颜色】命令。在弹出的【颜色】对话框中，激活【标准】选项卡，选择任意一种色块，即可为文本设置独特的颜色。

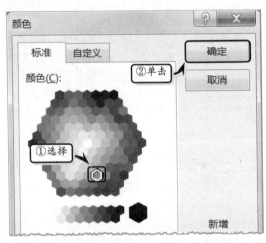

另外，在【颜色】对话框中，激活【自定义】选项卡，单击【颜色模式】下拉按钮，在其下拉列表中选择【RGB】选项，分别设置相应的颜色值即可自定义字体颜色。

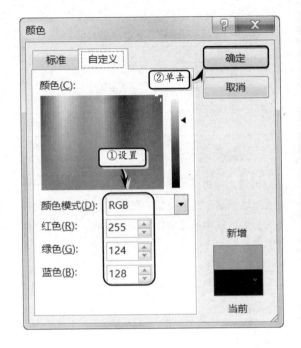

在【颜色模式】下拉列表中，主要包括 RGB 与 HSL 颜色模式。其中，RGB 颜色模式主要基于红、绿、蓝 3 种基色，3 种基色均由 0~255 共 256 种颜色组成。用户只需单击【红色】、【绿色】和【蓝色】微调按钮，或在微调框中直接输入颜色值，即可设置字体颜色。而 HSL 颜色模式主要基于色调、饱和度与亮度 3 种效果来调整颜色，其各数值的取值范围介于 0~255 之间。用户只需在【色调】、【饱和度】与【亮度】微调框中设置数值即可。

4.2 设置数字格式

Excel 中所包含的数据大部分为数字，而数字格式又分为常规、数值、货币、会计专用、日期、时间、百分比、分数、科学记数、文本、特殊以及自定义等类型。在制作数据表时，用户还需要根据不同的数据类型设置相对于的数字格式，以达到突出数据类型和便于查看的目的。

1. 选项组设置法

选择含有数字的单元格或单元格区域，执行【开始】|【数字】|【数字格式】命令，在下拉列表中选择相应的选项，即可设置所选单元格中的数据格式。

其【数字格式】命令中的各种图标名称与示例，

如下表所述。

图标	选 项	示 例
ABC 123	常规	无特定格式，如 ABC
12	数字	2222.00
	货币	￥1222.00
	会计专用	￥1232.00
	短日期	2007-1-25
	长日期	2008 年 2 月 1 日
	时间	12:30:00
%	百分比	10%
½	分数	2/3、1/4、4/6
10²	科学计数	0.09e+04
ABC	文本	中国北京

另外，用户还可以执行【数字】选项组中的其他命令来设置数字的小数位数、百分百、会计货币格式等数字样式。其各项命令的具体含义如下表所述。

按钮	命 令	功 能
	增加小数位数	表示数据增加一个小数位
	减少小数位数	表示数据减少一个小数位
,	千位分隔符	表示每个千位间显示一个逗号
	会计数字格式	表示数据前显示使用的货币符号
%	百分比样式	表示在数据后显示使用百分比形式

2．对话框设置法

选择相应的单元格或单元格区域，单击【数字】选项组中的【对话框启动器】按钮。在【数字】选项卡中，选择【分类】列表框中的数字格式分类即可。例如，选择【会计专用】选项，并设置【小数位数】和【货币符号】选项。

在【分类】列表框中，主要包含了数值、货币、日期等 12 种格式，每种格式的功能如下表所述。

分 类	功 能
常规	不包含特定的数字格式
数值	适用于千位分隔符、小数位数以及不可以指定负数的一般数字的显示方式
货币	适用于货币符号、小数位数以及不可以指定负数的一般货币值的显示方式
会计专用	与货币一样，但小数或货币符号是对齐的
日期 时间	将日期与时间序列数值显示为日期值
百分比	将单元格乘以 100 并为其添加百分号，而且还可以设置小数点的位置
分数	以分数显示数值中的小数，而且还可以设置分母的位数
科学记数	以科学记数法显示数字，而且还可以设置小数点位置
文本	表示数字作为文本处理
特殊	用来在列表或数字数据中显示邮政编码、电话号码、中文大写数字和中文小写数字
自定义	用于创建自定义的数字格式，在该选项中包含了 12 种数字符号

3．自定义数字格式

在【设置单元格格式】对话框中，用户还可以通过选择【分类】列表框中的【自定义】选项，来自定义数字格式。例如，选择【自定义】选项，在【类型】文本框中输入"000"数字代码，单击【确定】按钮即可在单元格中显示以零开头的数据。

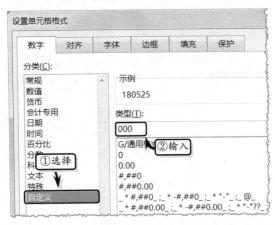

提示

为单元格或单元格指定自定义数据类型之后，可以在【设置单元格格式】对话框【数字】选项卡中的【类型】列表框中选择该数据类型的代码，单击【删除】按钮，删除该自定义数据代码。

另外，自定义数字格式中的每种数字符号的含义，如下表所述。

符号	含　义
G/通用格式	以常规格式显示数字
0	预留数字位置。确定小数的数字显示位置，按小数点右边的0的个数对数字进行四舍五入处理，当数字位数少于格式中零的个数时，将显示无意义的0
#	预留数字位数。与0相同，只显示有意义的数字
?	预留数字位置。与0相同，允许通过插入空格来对齐数字位，并除去无意义的0
.	小数点，用来标记小数点的位置
%	百分比，其结果值是数字乘以100并添加％符号
,	千位分隔符，标记出千位、百万位等数字的位置
_（下划线）	对齐。留出等于下一个字符的宽度，对齐封闭在括号内的负数，并使小数点保持对齐
：￥-()	字符。表示可以直接被显示的字符
/	分数分隔符，表示分数
""	文本标记符，表示括号内引述的是文本
*	填充标记，表示用星号后的字符填满单元格剩余部分
@	格式化代码，表示将标识出输入文字显示的位置
[颜色]	颜色标记，表示将用标记出的颜色显示字符
h	代表小时，其值以数字进行显示
d	代表日，其值以数字进行显示
m	代表分，其值以数字进行显示
s	代表秒，其值以数字进行显示

4.3 设置边框格式

为了使工作簿中的数据表更加美观，可以为指定的单元格或者单元格区域添加带有颜色的边框线。

1．添加边框样式

选择需要设置边框格式的单元格或单元格区域，执行【开始】|【字体】|【边框】命令，在其列表中选择相应的选项即可。

其中，【边框】命令中各选项的功能如下表所述。

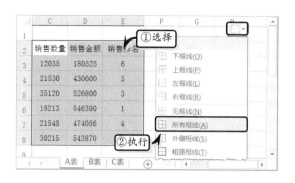

图标	名　称	功　能
▦	下框线	执行该选项,可以为单元格添加下框线
▦	上框线	执行该选项,可以为单元格添加上框线
▦	左框线	执行该选择,可以为单元格添加左框线
▦	右框线	执行该选项,可以为单元格添加右框线
▦	无框线	执行该选择,可以清除单元格中的边框样式
⊞	所有框线	执行该选择,以为单元格添加所有框线
▣	外侧框线	执行该选择,可以为单元格添加外部框线
▣	粗匣框线	执行该选择,可以为单元格添加较粗的外部框线
▦	双底框线	执行该选择,可以为单元格添加双线条的底部框线
▦	粗底框线	执行该选择,可以为单元格添加较粗的底部框线
▦	上下框线	执行该选择,可以为单元格添加上框线和下框线
▦	上框线和粗下框线	执行该选择,可以为单元格添加上部框线和较粗的下框线
▦	上框线和双下框线	可以为单元格添加上框线和双下框线

2. 绘制边框样式

在 Excel 中除了可以使用内置的边框样式,为单元格添加边框之外,还可以通过绘制边框功能,来设置边框线条的类型和颜色,以达到美化边框的目的。

首先,执行【开始】|【字体】|【边框】|【线

型】和【线条颜色】命令,设置绘制边框线的线条型号和颜色。

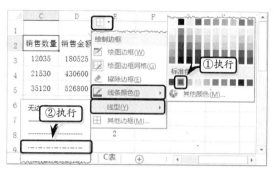

> **提示**
> 执行【边框】|【绘制边框】命令,拖动鼠标只可绘制单元格区域的外边框。

然后,执行【开始】|【字体】|【边框】|【绘制边框网格】命令,拖动鼠标即可为单元格区域绘制边框。

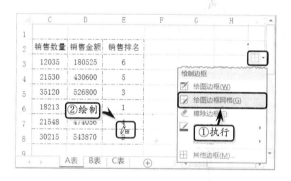

> **提示**
> 为单元格区域添加边框样式之后,可通过执行【边框】|【擦除边框】命令,拖动鼠标擦除不需要的部分边框或全部边框。

3. 自定义边框样式

选择单元格或单元格区域,右击执行【设置单元格格式】命令。激活【边框】选项卡,在【样式】列表框中选择相应的样式。然后,单击【颜色】下拉按钮,在其下拉列表中选择相应的颜色,并设置边框的显示位置,在此单击【内部】和【外边框】按钮。

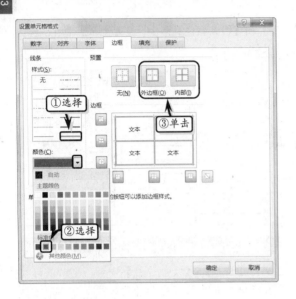

Excel **4.4** 设置填充颜色

为单元格或单元格区域设置填充颜色，不仅可以达到美化工作表外观的效果，还能够区分工作表中的各类数据，使其重点突出。

1. 设置纯色填充颜色

设置单元格的填充颜色与设置字体颜色的方法大体一致，也分为预定义颜色和自定义颜色两种方法。

❑ 预定义纯色填充

选择单元格或单元格区域，执行【开始】|【字体】|【填充颜色】命令，在其列表中选择一种色块即可。

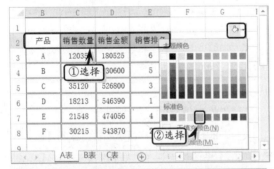

另外，选择单元格或者单元格区域，单击【字体】选项组中的【对话框启动器】按钮，激活【填充】选项卡，选择【背景色】列表中相应的色块，并设置其【图案颜色】与【图案样式】选项。

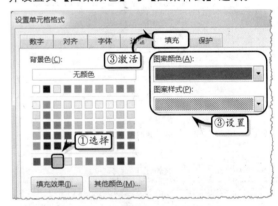

❑ 自定义纯色填充

选择单元格或单元格区域，执行【开始】|【字体】|【填充颜色】|【其他颜色】命令，在弹出的【颜色】对话框中设置其自定义颜色即可。

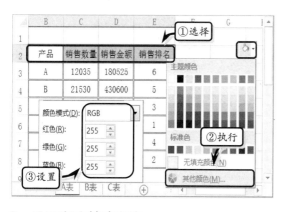

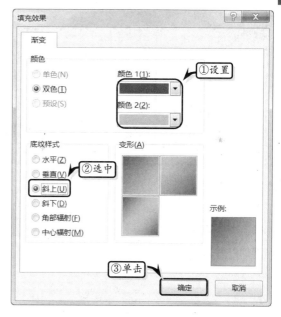

2. 设置渐变填充颜色

渐变填充是由一种颜色向另外一种颜色过渡的一种双色填充效果。在 Excel 中，选择单元格或者单元格区域，右击执行【设置单元格格式】命令。在【填充】选项卡中，单击【填充效果】按钮，在弹出【填充效果】对话框中设置渐变效果即可。

其中，【底纹样式】选项组中的各种填充效果如下表所述。

名 称	填 充 效 果
水平	渐变颜色由上向下渐变填充
垂直	渐变颜色由左向右渐变填充
斜上	渐变颜色由左上角向右下角渐变填充
斜下	渐变颜色由右上角向左下角渐变填充
角部辐射	渐变颜色由某个角度向外扩散填充
中心辐射	渐变颜色由中心向外渐变填充

Excel

4.5 设置对齐方式

对齐方式是指单元格中的内容相对于单元格四周边框的距离，以及文字的显示方向与文本的缩进量等文本格式。通过设置单元格的对齐方式，可以增加工作表版面的整齐性。

1. 设置对齐格式

默认情况下，工作表中的文本对齐方式为左对齐，而数字为右对齐，逻辑值和错误值为居中对齐。一般情况下，用户可通过下列两种方法来设置单元格的对齐格式。

❑ 选项组设置法

选择单元格或单元格区域，执行【开始】选项卡【对齐方式】选项组中相应的命令即可。

【对齐方式】选项组中的各命令的具体功能如下表所述。

按钮	命 令	功 能
≡	顶端对齐	沿单元格顶端对齐文本
≡	垂直居中	对齐文本，使其在单元格中上下居中
≡	底端对齐	沿单元格底端对齐文本
≡	文本左对齐	将文本左对齐
≡	居中	将文本居中对齐
≡	文本右对齐	将文本右对齐

❑ **对话框设置法**

选择单元格或单元格区域，单击【对齐方式】选项组中的【对话框启动器】按钮，在【设置单元格格式】对话框中的【文本对齐方式】选项卡中，设置文本的水平与垂直对齐方式即可。

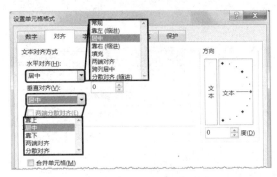

【水平对齐】选项中的【两端对齐】选项只有当单元格中的内容是多行才起作用，其多行文本两端对齐；【分散对齐】选项是单元格中的内容以两端顶格方式与两边对齐；【填充】选项通常用于修饰报表，当选择单元格填充对齐时，即使在单元格中输入一个"*"，Excel 也会自动将单元格填满，而且其"*"的个数随列宽自动调整。

2．文本控制

文本控制主要包括自动换行、缩小字体填充、合并单元格等内容。选择单元格或单元格区域，右击执行【设置单元格格式】命令。在【对齐】选项卡中的【文本控制】栏中，启用或禁用不同的复选框，以达到不同的效果。

其中，【缩小字体填充】选项表示可以自动缩减单元格中字符的大小，以使数据的宽度与列宽一致；若调整列宽，字符的大小自动调整，位置不变。而【自动换行】选项则表示将根据单元格列宽把文

本拆行，并自动调整单元格的高度。

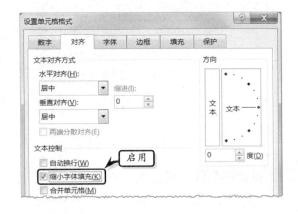

3．设置文本方向

选择单元格或单元格区域，执行【开始】|【对齐方式】|【方向】命令，在其下拉列表中选择相应的选项即可。

在【方向】命令中，主要包括 5 种文字方向，具体内容如下表所述。

按钮	选 项	功 能
◈	逆时针角度	表示文本将按逆时针旋转
◈	顺时针角度	表示文本将按顺时针旋转
↕b	竖排文字	表示文本将以垂直方向排列
◰	向上旋转文字	表示文本将向上旋转
◳	向下旋转文字	表示文本将向下旋转

另外，选择单元格区域，右击执行【设置单元格格式】命令。在【对齐】选项卡中的【方向】栏中，拖动【方向】栏中的文本指针，或者直接在微调框中输入具体的值，即可调整文本方向的角度。

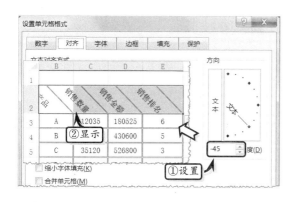

Excel 4.6 应用表格样式

表格样式是一套包含数字格式、文本格式、对齐方式、填充颜色、边框样式和图案样式等多种格式的样式合集。通过应用表格样式，可以帮助用户达到快速美化表格的目的。

1．应用样式

选择单元格或单元格区域，执行【开始】|【样式】|【单元格样式】命令，在其列表中选择相应的表格样式即可。

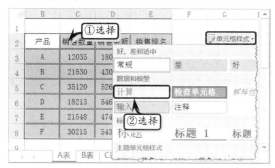

2．创建新样式

执行【开始】|【样式】【单元格样式】|【新建单元格样式】命令，在弹出的【样式】对话框中设置各项选项。

在【样式】话框中，主要包括下表中的一些选项。

样式		功　能
样式名		主要用来输入所创建样式的名称
格式		启用该选项，可以在弹出的【设置单元格格式】对话框中设置样式的格式
包括样式	数字	显示已定义的数字的格式
	对齐	显示已定义的文本对齐方式
	字体	显示已定义的文本字体格式
	边框	显示已定义的单元格的边框样式
	填充	显示已定义的单元格的填充效果
	保护	显示工作表是锁定状态还是隐藏状态

3．合并样式

合并样式是指将工作簿中的单元格样式，复制到其他工作簿中。首先，同时打开包含新建样式的多个工作簿。然后，在其中一个工作簿中执行【单元格样式】|【合并样式】命令。在弹出的【合并样式】对话框中，选择合并样式来源即可。

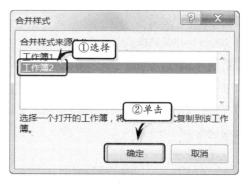

Excel 4.7 应用表格格式

Excel 为用户提供了自动格式化的功能，它可以根据预设的格式，快速设置工作表中的一些格式，达到美化工作表的效果。

1．使用自动套用格式

Excel 为用户提供了浅色、中等深浅与深色 3 种类型的 60 种表格格式。选择单元格或单元格区域，执行【开始】|【样式】|【套用表格格式】命令，选择相应的选项，在弹出的【套用表格格式】对话框中单击【确定】按钮即可。

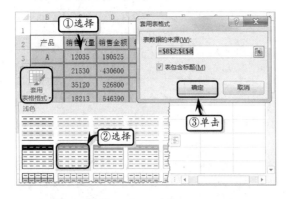

在【套用表格格式】对话框中，包含一个【表包含标题】复选框。若启用该复选框，表格的标题将套用样式栏中标题样式，反之，则表格的标题将不套用样式栏中标题样式。

2．新建自动套用格式

执行【开始】|【样式】|【套用表格格式】|【新建表样式】命令，在弹出的【新建表快速样式】对话框中设置各项选项。

在【新建表快速样式】对话框中，主要包括下表中的一些选项。

样　式	功　能
名称	主要用于输入新表格样式的名称
表元素	用于设置表元素的格式，主要包含 13 种表格元素
格式	单击该按钮，可以在【设置单元格格式】对话框中，设置表格元素的具体格式
清除	单击该按钮，可以清除所设置的表元素格式
设置为此文档的默认表格样式	启用该选项，可以将新表样式作为当前工作簿的默认的表样式。但是，自定义的表样式只存储在当前工作簿中，不能用于其他工作簿

3．转换为区域

为单元格区域套用表格格式之后，系统将自动将单元格区域转换为筛选表格的样式。此时，选择套用表格格式的单元格区域，或选择单元格区域中的任意一个单元格，执行【表格工具】|【设计】|【工具】|【换行为区域】命令，即可将表格转换为普通区域，便于用户对其进行各项操作。

技巧

选择套用单元格格式的单元格，右击执行
【表格】|【转换为区域】命令，也可将表格
转换为普通区域。

4．删除自动套用格式

选择要清除自动套用格式的单元格或单元格
区域，执行【表格工具】|【设计】|【表格样式】|

【快速样式】|【清除】命令，即可清除已应用的
样式。

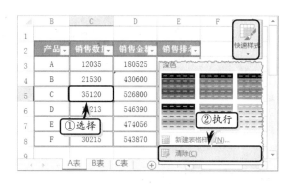

提示

用户也可以通过执行【设计】选项卡中的各
项命令，来设置表格的属性、表格样式选项，
以及外部表数据与表格样式等。

Excel **4.8** 制作网络书签表

在网上冲浪时，如遇到一些精彩的或实用性较强的网站，则可
将其名称和 URL 地址收藏下来。使用 Excel 的多工作表管理功能，
用户可以方便地对这些网站进行分类收藏。

编号	书签名称	网络地址	添加日期	说明
001	起点中文小说网	http://www.qidian.com	2013/1/9	小说阅读
002	天涯虚拟社区	http://www.tianya.cn/	2013/1/12	论坛交流
003	上班族论坛	http://www.sbanzu.com	2013/3/5	论坛交流
004	纵横中文网	http://www.zongheng.com	2013/3/21	小说阅读
005	17173	http://www.17173.com	2013/3/29	网络游戏门户
006	QQ游戏	http://qqgame.qq.com/	2013/4/15	网络小游戏
007	Qqzone	http://qzone.qq.com/	2013/4/27	QQ空间
008	新浪博客	http://blog.sina.com.cn/	2013/4/28	博客
009	土豆网	http://www.tudou.com	2013/5/30	在线视频分享
010	腾讯微博	http://t.qq.com/	2013/6/21	微博
011	无线音乐	http://music.10086.cn/	2013/6/22	手机铃声
012	百度贴吧	http://tieba.baidu.com/	2013/7/29	论坛交流
013	电影网	http://www.m1905.com/	2013/10/27	在线电影
014	迅雷	http://www.xunlei.com	2013/10/28	在线电影

练习要点

● 重命名工作表
● 设置工作表标签
● 套用表格格式
● 设置边框格式

技巧

在插入工作表时，用户
可以直接单击状态栏中
的【新工作表】按钮，
快速插入新工作表。

操作步骤 ＞＞＞＞

STEP|01 设置工作表标签。新建工作簿，执行【开始】|【单元格】
|【插入】|【插入工作表】命令，插入两个新工作表并更改工作表的
名称。然后，右击工作表标签，执行【工作表标签颜色】命令，在其
级联菜单中选择色块，设置工作表的标签颜色。

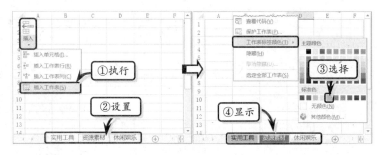

STEP|02 设置对齐格式。在工作表"使用工具"中输入基础数据，选择单元格区域 D3:D16，右击执行【删除超链接】命令，删除超链接。然后，选择单元格区域 B2:F16，执行【开始】|【对齐方式】|【居中】命令，设置单元格区域的居中格式。

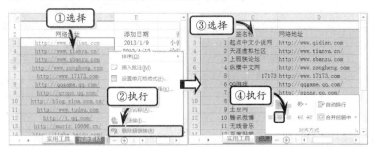

STEP|03 设置数字格式。选择单元格区域 B3:B16，右击执行【设置单元格格式】命令，激活【数字】选项卡。选择【自定义】选项，并在【代码】文本框中输入自定义代码。

STEP|04 套用表格格式。选择单元格区域 B2:F16，执行【开始】|【样式】|【套用表格格式】|【表样式中等深浅 14】命令。然后，在弹出的【套用表格式】对话框中，启用【表包含标题】复选框，并单击【确定】按钮。

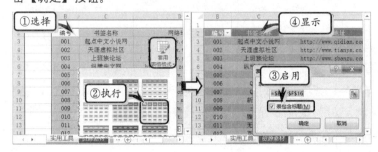

STEP|05 转换区域。此时，单元格区域 B2:F16 以表格的样式进行存储。选择表格区域中的任意一个单元格，执行【表格工具】|【工具】|【转换为区域】命令，单击【是】按钮，将表格样式转换为普通单元格区域。

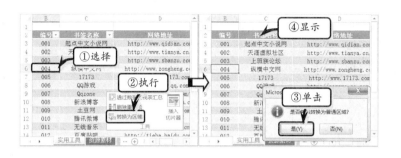

STEP|06 设置表格边框。选择单元格区域 B2:F16，右击执行【设置单元格格式】命令。在弹出的【设置单元格格式】对话框中，激活【边框】选项卡，并设置例外边框的线条样式和颜色。

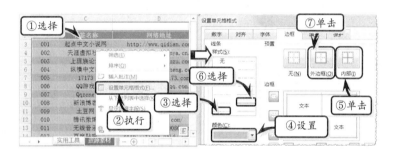

STEP|07 隐藏网格线。在【视图】选项卡【显示】选项组中，禁用【网格线】复选框，隐藏工作表中的网格格式。使用同样的方法，制作其他两个工作表中的内容。

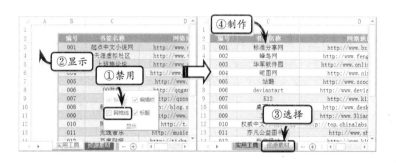

STEP|08 保存工作表。执行【文件】|【另存为】命令，选择【计算机】选项，并单击【浏览】按钮。然后，在弹出的【另存为】对话框中，设置保存位置和文件名，单击【保存】按钮，保存工作表。

提示

在将表格转换为普通区域时，选择表格，右击执行【表格】命令，在其级联菜单中选择【转换为区域】选项，即可将表格转换为区域。

提示

在设置边框样式时，可以选择单元格区域，执行【开始】|【字体】|【边框】|【线条颜色】命令，在其级联菜单中选择一种色块，来设置边框线条的颜色。

提示

在制作其他两个工作表时，可以使用【剪贴板】选项组中的【格式刷】功能，快速设置"编号"列中的自定义数字格式。

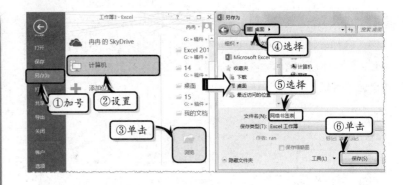

4.9 员工成绩统计表

练习要点

- 设置字体颜色
- 设置文本格式
- 填充单元格区域
- 添加边框
- 使用公式
- 自动求和

员工成绩统计表是一种记录员工知识培训成绩、技能培训成绩
和心理素质培训成绩的表格。该表格实现组织自身和工作人员个人的
发展目标，有计划地对全体工作人员进行训练，以适应并胜任职位工
作。本例通过利用添加边框、设置文本格式和自动求和等功能，来制
作一个员工成绩统计表。

员工成绩统计表

| 编号 | 姓名 | 培训课程 | | | | | | | 平均成绩 | 总成绩 |
		企业概论	规章制度	法律知识	财务知识	电脑操作	商务礼仪	质量管理		
018758	刘 韵	93	76	86	85	88	86	92	86.57	606
018759	张 康	89	85	80	75	69	82	76	79.43	556
018760	王小童	80	84	68	79	86	80	72	78.43	549
018761	李圆圆	80	77	84	90	87	84	80	83.14	582
018762	郑 远	90	89	83	84	75	79	85	83.57	585
018763	郝莉莉	88	78	90	69	80	83	90	82.57	578
018764	王 浩	80	86	81	92	91	84	80	84.86	594
018765	苏 户	79	82	85	76	78	86	84	81.43	570
018766	东方祥	80	76	83	85	81	67	92	80.57	564
018767	李 宏	92	90	89	80	78	83	85	85.29	597
018768	赵 刚	87	83	85	81	65	85	80	80.86	566

操作步骤 >>>>

STEP|01 制作表格标题。选择单元格区域 B2:L2，执行【开始】|【对
齐方式】|【合并后居中】命令，合并单元格区域。在合并后的单元
格中输入文本，并在【开始】选项卡【字体】选项组中设置文本的字
体格式。

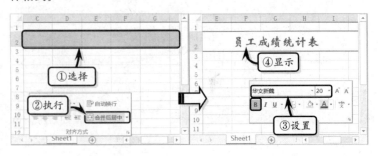

STEP|02 制作标题下划线。执行【开始】|【字体】|【边框】|【线条颜色】|【红色】命令，设置边框线条的颜色。同时，执行【字体】|【边框】|【线型】命令，在级联菜单中选择一种线条类型。然后，拖动鼠标在单元格 B2 中绘制下框线。

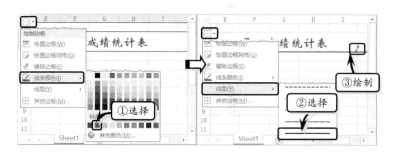

提示

制作表格标题时，用户还需要右击行标签 2 处，执行【行高】命令，在弹出的对话框中，设置第 2 行的行高。

STEP|03 制作列标题。选择单元格 B4:B5，执行【开始】|【对齐方式】|【合并后居中】命令，合并单元格区域。使用同样的方法，合并其他单元格区域。然后，在相应的单元格区域中输入列标题文本，并设置文本的字体格式。

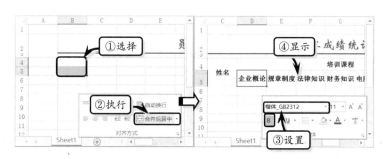

提示

当用户合并完第一个单元格区域之后，可以将鼠标移至单元格右下角，当鼠标变成"十"字形状后，向右拖动鼠标即可快速合并第 2 个相同单元格数据的单元格区域。

STEP|04 选择单元格区域 D5:J5，执行【开始】|【对齐方式】|【自动换行】命令，设置表格的自动换行格式，并调整各列的列宽。然后，选择单元格区域 B4:L5，执行【开始】|【字体】|【填充颜色】|【浅绿】命令，设置其填充颜色。

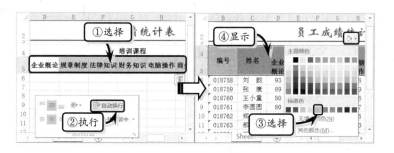

提示

在"姓名"字段下输入员工姓名时，若姓名只有两个字时，则在文字中间添加两个空格，来调整文字间距。例如：在"刘韵"中间添加两个空格。

STEP|05 设置数字格式。选择单元格区域 B6:B16，执行【开始】|【数字】|【数字格式】|【文本】命令，设置单元格区域的文本数字格式。然后，在表格中输入基础数据，并设置数据的对齐格式。

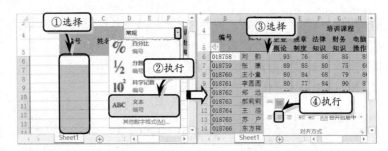

STEP|06 自动求和。选择单元格 L6，执行【开始】|【编辑】|【自动求和】|【求和】命令，对单元格区域进行求和。然后，选择单元格区域 L6:L16，执行【开始】|【编辑】|【填充】|【向下】命令，向下填充公式。

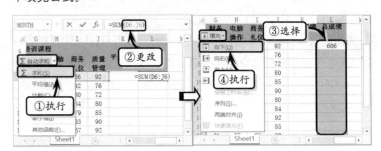

STEP|07 计算平均成绩。选择单元格 K6，在【编辑】栏中输入计算公式，按下 Enter 键显示计算结果。然后，选择单元格区域 K6:K16，执行【开始】|【编辑】|【填充】|【向下】命令，向下填充公式。

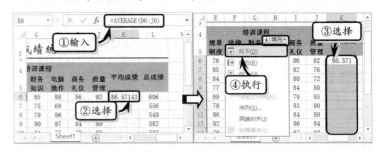

STEP|08 美化表格。选择单元格区域 K6:K16，执行【开始】|【数字】|【减少小数位数】命令，设置数据的小数位数。然后，选择单元格区域 B7:L7，执行【开始】|【样式】|【单元格样式】|【40%-着色 4】命令。使用同样的方法，设置其他单元格区域的单元格样式。

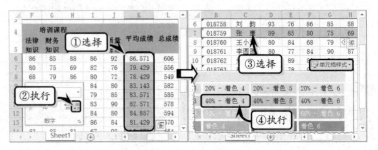

STEP|09 选择单元格区域 B4:L16，执行【开始】|【字体】|【边框】|【所有框线】命令。同时，右击执行【设置单元格格式】命令，激活【边框】选项卡，设置外框线线条样式和颜色。

Excel 4.10 高手答疑

问题 1：如何设置工作表的行高？

解答 1：首先，单击【全选】按钮，选择整个工作表。然后，执行【开始】|【单元格】|【格式】|【行高】命令，在弹出的【行高】对话框中，输入行高值，单击【确定】按钮即可。

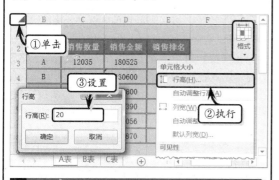

提示

选择整个工作表，右击行标签处，执行【行高】命令，在弹出的【行高】对话框中输入行高值，单击【确定】按钮即可设置行高。

问题 2：自定义数字格式时，需要注意哪些事项？

解答 2：自定义格式代码分为 4 种类型的数值，可使用这些类型的数值指定正数、负数、零值和文本等不同的格式，并使用分号来分隔不同的类型。其中完整的数字格式的代码规则为"大于条件值"格式；"小于条件值"格式；"等于条件值"格式；"文本格式"，而当默认条件值为 0 时，数字格式的代码规则为"正数格式"；"负数格式"；"零值格式"；"文本格式"。

在自定义格式代码时，用户不必严格按照代码规则进行编写，只需要编 1 个、2 个或 3 个代码区段即可，其每个区段的代码区段的结构表示为：

- ❑ **1 区段** 表示所有类型的数值。
- ❑ **2 区段** 第 1 区段表示正数和零值，第 2 区段表示负数。
- ❑ **3 区段** 第 1 区段表示正数，第 2 区段表示负数，第 3 区段表示零值。

例如，为单元格区域 B2:C8 自定义数字格式【#,##0.00;[红色]-#,##0.00;G/通用格式;"【"@"】"】。首先，选择单元格区域 B2:C8。然后，右击执行【设置单元格格式】命令。在【分类】列表框中选择【自定义】选项，并在【类型】文本框中输入"#,##0.00;[红色]-#,##0.00;G/通用格式;"""@"""代码。最后，单击【确定】按钮即可。

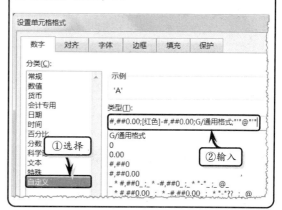

问题3：如何复制样式？

解答3：首先，为单元格或单元格区域应用表格样式。选择包含表格样式的单元格或单元格区域，执行【开始】|【剪贴板】|【格式刷】命令。然后，拖动鼠标圈选需要设置样式的单元格或单元格区域即可。

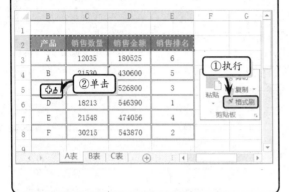

问题4：如何删除样式？

解答4：用户可以根据需要删除自定义样式或者其他样式。在【开始】选项卡【样式】选项组中，单击【单元格样式】下拉按钮，在其列表中选择要删除的样式，右击执行【删除】命令即可。

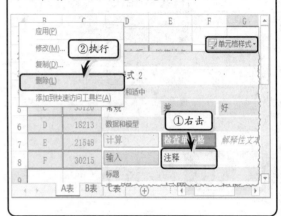

4.11 新手训练营

练习1：制作考勤记录表

🔵 downloads\第4章\新手训练营\考勤记录表

提示：本练习中，首先合并单元格区域A1:G1，输入标题文本并设置文本的字体格式。同时，在表格中输入列标题，并设置列标题的字体格式。然后，在表格中输入基础数据，并设置其【居中】对齐和【所有框线】边框格式。最后，选择单元格区域A2:G2，执行【字体】|【填充颜色】命令，设置其填充颜色。使用同样方法，设置其他单元格区域的填充颜色。

练习2：制作供货商信用统计表

🔵 downloads\第4章\新手训练营\供货商信用统计表

提示：本练习中，首先合并单元格区域B1:J1，

输入标题文本并设置文本的字体格式。同时，在表格中输入基础数据，并设置数据的字体和对齐格式。然后，选择单元格区域B2:J2，执行【开始】|【样式】|【单元格样式】|【检查单元格】命令，设置单元格区域的样式。使用同样方法，分别设置其他单元格区域的单元格样式。最后，选择单元格区域，右击执行【设置单元格格式】命令，自定义单元格区域的边框格式。

练习3：制作销售记录表

🔵 downloads\第4章\新手训练营\销售记录表

提示：本练习中，首先合并单元格区域B1:I1，输入标题文本并设置文本的字体格式。同时，执行【开始】|【对齐方式】|【自动换行】命令，设置标题单

元格的自动换行格式。然后，在表格中输入基础数据，并设置数据的对齐和边框格式，同时将"订货金额"列中的数据设置为"会计专用"数据格式。最后，选择表格基础数据区域，执行【开始】|【样式】|【套用表格样式】|【表样式中等深浅 6】命令。

练习 4：制作员工信息统计表

downloads\第 4 章\新手训练营\员工信息统计表

提示：本练习中，首先合并相应的单元格区域，输入标题文本并设置文本的字体格式。同时，选择合并后的标题单元格，右击执行【设置单元格格式】命令，在【边框】选项卡中，自定义单元格的下边框样式。然后，选择单元格区域 A5:A13，右击执行【设置单元格格式】命令，自定义前置 0 数值格式。同时，设置其他单元格区域的数字格式。最后，在表格中输入基础数据，并设置数据的对齐和边框格式。选择单元格区域 A3:R4，执行【字体】|【填充颜色】|【浅绿】命令，设置单元格区域的填充颜色。使用同样方法，设置其他单元格区域的填充颜色。

练习 5：制作销售业绩表

downloads\第 4 章\新手训练营\销售业绩表

提示：本练习中，首先合并单元格区域 B1:H1，输入标题文本并设置文本的字体格式。同时，在表格中输入表格的基础数据，并设置数据的对齐和字体格式。然后，在"合计"列中输入求和函数，计算每个员工的合计值。同时，选择单元格区域 B2:H9，执行【开始】|【样式】|【单元格样式】|【着色 6】命令，设置单元格样式。最后，右击单元格区域执行【设置单元格格式】命令，在【边框】选项卡中自定义边框格式。

练习 6：制作人事资料统计表

downloads\第 4 章\新手训练营\人事资料统计表

提示：本练习中，首先制作标题文本，输入表格基础数据，并设置数据的对齐和边框格式。然后，选择单元格区域 B3:B22，右击执行【设置单元格格式】命令，选择【自定义】选项，自定义前置 0 格式。最后，选择表格区域，执行【开始】|【样式】|【套用表格格式】|【表中等样式深浅 10】命令，设置表格样式。

第 **5** 章

使 用 图 像

 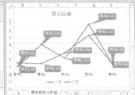  

　　在使用 Excel 2013 设计电子表格时，用户除了可以插入数据和样式外，还可以为其应用图像内容，并对图像进行简单的编辑操作，以及各种艺术化的处理。本章将详细介绍 Excel 2013 中的图像处理技术，帮助用户使用图像美化电子表格。

Excel 5.1 插入图片

Excel 2013 允许用户直接从本地磁盘或网络中选择图片，将其插入到工作簿中。

1．通过文件插入图片

执行【插入】|【插图】|【图片】命令，弹出【插入图片】对话框，选择需要插入的图片文件，并单击【插入】按钮。

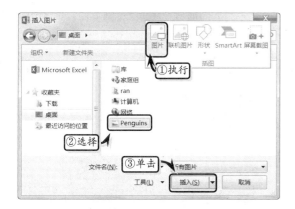

注意

单击【插入图片】对话框中的【插入】下拉按钮，选择【链接到文件】选项，当图片文件丢失或移动位置时，重新打开工作簿时，图片将无法正常显示。

2．插入联机图片

在 Excel 2013 中，系统将"联机图片"功能代替了"剪贴画"功能。通过"联机图片"功能既可以插入剪贴画，又可以插入网络中的搜索图片。

❑ 插入 Office.com 剪贴画

执行【插入】|【插图】|【联机图片】命令，在弹出的【插入图片】对话框中的【Office.com 剪贴画】搜索框中输入搜索内容，单击【搜索】按钮，搜索剪贴画。

然后，在搜索到的剪贴画列表中，选择需要插入的图片，单击【插入】按钮，将图片插入到工作表中。

技巧

在剪贴画列表页面中，选择【返回到站点】选项，即可返回到【插入图片】对话框的首要页面中。

❑ 插入必应 Bing 图像搜索图片

执行【插入】|【插图】|【联机图片】命令，在弹出的【插入图片】对话框中的【必应 Bing 图像搜索】搜索框中输入搜索内容，单击【搜索】按钮，搜索网络中的图片。

然后，在搜索到的剪贴画列表中，选择需要插
入的图片，单击【插入】按钮，将图片插入到工作
表中。

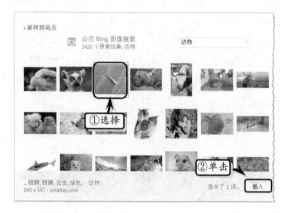

3. 插入屏幕截图

屏幕截图是 Excel 新增的一种对象，可以截取
当前系统打开的窗口，将其转换为图像，插入到演
示文稿中。

在 Excel 2013 中，执行【插入】|【插图】|【屏
幕截图】命令，在其级联菜单中选择截图图片，即
可将图片插入到工作表中。

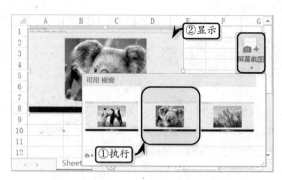

另外，执行【插入】|【插图】|【屏幕截图】|
【屏幕剪辑】命令，此时系统会自动显示当前计算
机中打开的其他窗口，拖动鼠标裁剪图片范围，即
可将裁剪的图片范围添加到工作表中。

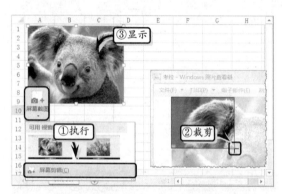

5.2 调整图片

为工作表插入图片后，为了使图文更易于融合
到工作表内容中，也为了使图片更加美观，还需要
对图片进行一系列的编辑操作。

1. 调整图片大小

为工作表插入图片之后，用户会发现其插入的
图片大小是根据图片自身大小所显示的。此时，为
了使图片大小合适，需要调整图片的大小。

❏ 鼠标调整

选择图片，此时图片四周将会出现 8 个控制
点，将鼠标置于控制点上，当光标变成"双向箭头"

形状时↖, 拖动鼠标即可。

❏ 选项组调整

选择图片, 在【图片工具】的【格式】选项卡【大小】选项组中, 单击【高度】与【宽度】微调框, 设置图片的大小值。

另外, 单击【大小】选项组中的【对话框启动器】按钮, 在弹出的【设置图片格式】任务窗格中的【大小】选项组中, 调整其【高度】和【宽度】值, 也可以调整图片的大小。

2. 调整图片位置

选择图片, 将鼠标放置于图片中, 当光标变成四向箭头时, 拖动图片至合适位置, 松开鼠标即可。

3. 调整图片效果

Excel 为用户提供了 30 种图片更正效果, 选择图片执行【图片工具】|【格式】|【调整】|【更正】命令, 在其级联菜单中选择一种更正效果。

另外, 执行【图片工具】|【格式】|【调整】|【更正】|【图片更正选项】命令。在【设置图片格式】任务窗格中的【图片更正】选项组中, 根据具体情况自定义图片更正参数。

注意

在【设置图片格式】任务窗格中的【图片更正】选项组中，单击【重置】按钮，可撤销所设置的更正参数，恢复初始值。

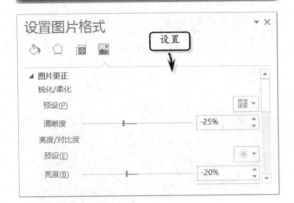

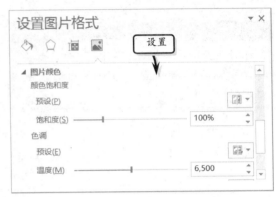

4. 调整图片颜色

选择图片，执行【格式】|【调整】|【颜色】命令，在其级联菜单中的【重新着色】栏中选择相应的选项，设置图片的颜色样式。

另外，执行【颜色】|【图片颜色选项】命令，在弹出的【设置图片格式】任务窗格中的【图片颜色】选项组中，设置图片颜色的饱和度、色调与重新着色等选项。

注意

用户可通过执行【颜色】|【设置透明色】命令，来设置图片的透明效果。

5.3 编辑图片

调整完图片效果之后，还需要进行对齐、旋转、裁剪图片，以及设置图片的显示层次等编辑操作。

1. 旋转图片

选择图片，将鼠标移至图片上方的旋转点处，当鼠标变成↻形状时，按住鼠标左键，当鼠标变成↻形状时，旋转鼠标即可旋转图片。

另外，选择图片，执行【图片工具】|【排列】|【旋转】命令，在其级联菜单中选择一种选项，即可将图片向右或向左旋转90°，以及垂直和水平翻转图片。

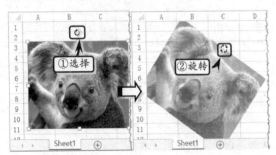

2．对齐图片

选择多个图片，执行【图片工具】|【格式】|【排列】|【对齐】命令，在级联菜单中选择一种对齐方式。

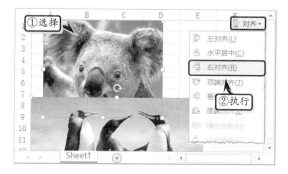

3．设置显示层次

当工作表中存在多个对象时，为了突出显示图片对象的完整性，还需要设置图片的显示层次。

选择图片，执行【图片工具】|【格式】|【排列】|【上移一层】|【置于顶层】命令，将图片放置于所有对象的最上层。

同样，用户也可以选择图片，执行【图片工具】|【格式】|【排列】|【下移一层】|【置于底层】命令，将图片放置于所有对象的最下层。或者，执行【下移一层】|【下移一层】命令，按层次放置图片。

4．裁剪图片

为了达到美化图片的实用性和美观性，还需要对图片进行裁剪，或将图片裁剪成各种形状。

❏ 裁剪大小

选择图片，执行【图片工具】|【格式】|【大小】|【裁剪】|【裁剪】命令，此时在图片的四周将出现裁剪控制点，在裁剪处拖动鼠标选择裁剪区域。

选定裁剪区域之后，单击其他地方，即可裁剪图片。

❏ 裁剪为形状

Excel 为用户提供了将图片裁剪成各种形状的功能，通过该功能可以增加图片的美观性。

选择图片，执行【图片工具】|【格式】|【大小】|【裁剪】|【裁剪为形状】命令，在其级联菜单中选择形状类型即可。

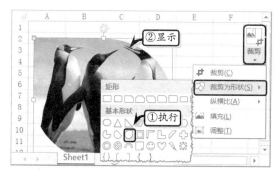

❏ 纵横比裁剪

除了自定义裁剪图片之外，Excel 还提供了纵横比裁剪模式，使用该模式可以将图片以2：3、3：

4、3：5和4：5进行纵向裁剪，或将图片以3：2、4：3、5：3和5：4等进行横向裁剪。

选择图片，执行【图片工具】|【格式】|【大小】|【裁剪】|【纵横比】命令，在其级联菜单中选择一种裁剪方式即可。

5．删除图片背景

选择图片，执行【图片工具】|【调整】|【删除背景】命令，此时系统会自动显示删除区域，并标注背景。在【背景消除】选项卡中，执行【保留更改】命令即可。

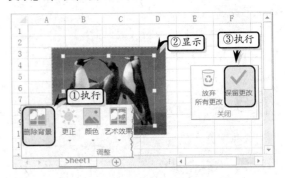

5.4 应用图片样式

在工作表中插入图片后，为了增加图片的美观性与实用性，还需要设置图片的格式。设置图片格式主要是对图片样式、图片形状、图片边框及图片效果的设置。

1．应用快速样式

快速样式是 Excel 预置的各种图像样式的集合。使用快速样式，用户可方便地将预设的样式应用到图像上。Excel 提供了 28 种预设的图像样式，可更改图像的边框以及其他内置的效果。

选择图片，执行【图片工具】|【格式】|【图片样式】|【快速样式】命令，在其级联菜单中选择一种快速样式，进行应用。

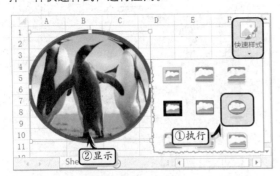

2．自定义图片边框样式

除了使用系统内置的快速样式来美化图片之

外，还可以通过自定义边框样式，达到美化图片的目的。

❏ 设置边框颜色

选择图片，执行【图片工具】|【格式】|【图片样式】|【图片边框】命令，在其级联菜单中选择一种色块。

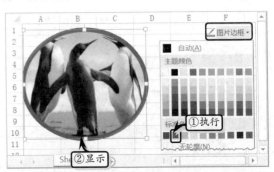

> **注意**
>
> 设置图片边框颜色时，执行【图片边框】|【其他轮廓颜色】命令，可在弹出的【颜色】对话框中自定义轮廓颜色。

❏ 设置轮廓样式

选择图片，执行【图片样式】|【图片边框】|

【粗细】|【2.25 磅】命令，即可设置线条的粗细度。

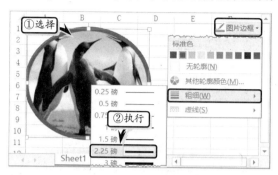

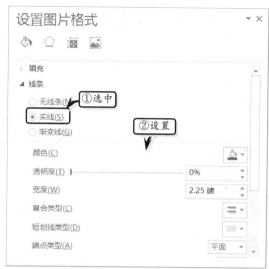

另外，执行【图片样式】|【图片边框】|【虚
线】|【方点】命令，即可设置边框的线条样式。

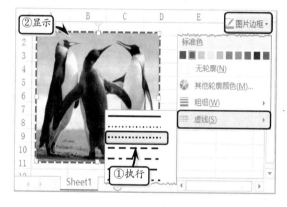

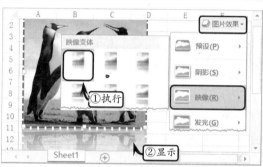

❑ **自定义边框样式**

右击图片执行【设置图片格式】命令，打开【设
置图片格式】任务窗格。激活【线条】选项组，设
置线条的颜色、透明度、复合类型和端点类型等线
条效果。

另外，执行【图片效果】|【映像】|【映像选
项】命令，可在弹出的【设置图片格式】任务窗格
中，自定义透明度、大小、模糊和距离等映像参数。

3．设置图片效果

Excel 为用户提供了预设、阴影、映像、发光、
柔化边缘、棱台和三维旋转 7 种效果，帮助用户对
图片进行特效美化。

选择图片，执行【图片工具】|【格式】|【图
片样式】|【图片效果】|【映像】命令，在其级联
菜单中选择一种映像效果。

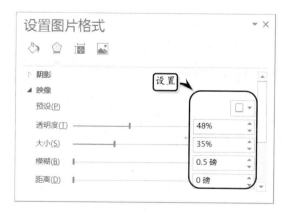

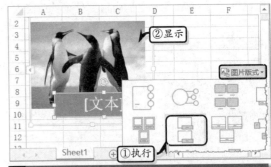

4．设置图片版式

设置图片版式是将图片转换为 SmartArt 图形，可以轻松地排列、添加标题并排列图片的大小。

选择图片，执行【图片工具】|【格式】|【图片样式】|【图片版式】命令，在其级联菜单中选择一种版式即可。

5.5 插入艺术字

艺术字是一个文字样式库，可以将艺术字添加到文档中以制作出装饰性效果。

1．插入艺术字

执行【插入】|【文本】|【艺术字】命令，在其列表中选择相应的选项，并在弹出的文本框中输入文本。

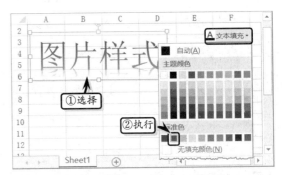

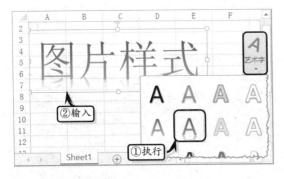

2．设置填充颜色

为了使艺术字更加美观，用户还需要像设置图片效果那样设置艺术字的填充色。

❑ 设置纯色填充

选择艺术字，执行【绘图工具】|【格式】|【艺术字样式】|【文本填充】命令，在列表中选择一种色块即可。

❑ 图片填充

执行【艺术字样式】|【文本填充】|【图片】命令，并在弹出的【插入图片】对话框中选择【来自文件】选项。

然后，在弹出的【插入图片】对话框中，选择需要插入的图片文件，单击【插入】按钮即可。

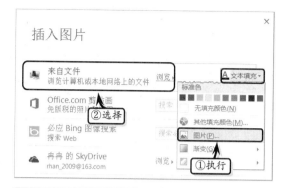

❏ 设置渐变填充

执行【艺术字样式】|【文本填充】|【渐变】命令，在其级联菜单中选择相应的选项即可。

注意

执行【文本填充】|【纹理】命令，在其级联菜单中选择纹理样式，设置艺术字的纹理填充效果。

3．设置轮廓颜色

在 Excel 中，除了可以设置艺术字的填充颜色之外，用户还可以像设置普通字体那样，设置艺术字的轮廓样式。

执行【格式】|【艺术字样式】|【文本轮廓】命令，在其列表中选择一种色块即可。

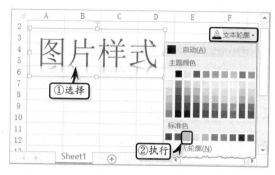

另外，执行【文本轮廓】命令，在其列表中选择【粗细】与【虚线】选项，分别为其设置线条粗细与虚线样式。

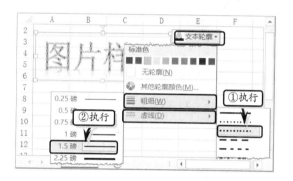

4．设置文本效果

除了可以对艺术字的文本与轮廓填充颜色之外，用户还可以为文本添加阴影、发光、映像等外观效果。

❏ 设置阴影效果

执行【艺术字样式】|【文本效果】|【阴影】命令，在其级联菜单中选择相应的选项即可。

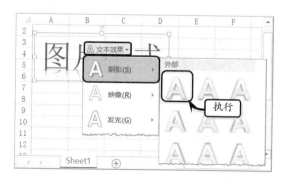

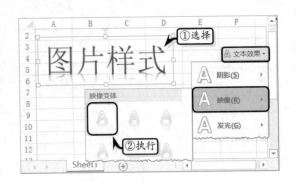

注意

可通过执行【阴影】|【阴影选项】命令，在弹出的【设置文本效果格式】任务窗格中，设置阴影效果。

❑ 设置映像效果

执行【艺术字样式】|【文本效果】|【映像】命令，在其级联菜单中选择相应的选项。

注意

用户可使用同样的方法，分别设置发光、棱台、三维旋转等文本效果。

Excel

5.6 制作商品销售表

练习要点

- 设置单元格样式
- 设置文本格式
- 设置边框格式
- 使用公式
- 设置数字格式

商品销售表主要统计各产品，在某一定时期销售的情况。通过销售表的统计，可以随时掌握商品或者产品的销售动向，并调整产品的销售方案等。在本练习中，将制作一个"商品销售统计表"工作表，并计算每个季度的平均销量、总销量，以及每个商品销售量占总商品销售量的百分率等。

提示

在设置工作表的行高时，可执行【开始】|【单元格】|【格式】|【行高】命令，来设置工作表的行高。

单元格大小

行高(H)...
自动调整行高(A)
列宽(W)...
执行
自动调整列宽
默认列宽(D)...

可见性

商品销售统计表

货号	商品名	第一季度	第二季度	第三季度	第四季度	总销量	平均销量	百分率
00101	洗发水	285	513	431	430	1659	415	10%
00102	淋浴露	531	345	400	240	1516	379	9%
00103	洗面奶	311	210	454	500	1475	369	8%
00104	香皂	521	546	455	456	1978	495	11%
00105	护发素	54	300	245	300	899	225	5%
00106	电视机	800	380	390	660	2230	558	13%
00107	冷气机	250	480	760	770	2260	565	13%
00108	电话机	700	610	400	930	2640	660	15%
00109	洗衣机	440	1000	460	840	2740	685	16%
合计		3892	4384	3995	5126	17397	4349	

操作步骤 ▷▷▷▷

STEP|01 制作基础数据表。新建工作表，选择整个工作表，设置工作表的行高，并输入表的字段名和商品信息。然后，合并单元格区域B2:J2，并设置【字体】为"华文新魏"；【字号】为18。

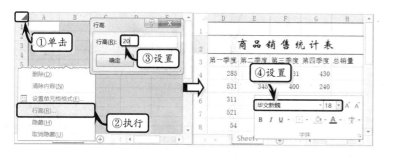

STEP|02 设置数字格式。选择单元格区域 B4:B12，执行【开始】|
【数字】|【数字格式】|【文本】命令。同时，选择单元格区域 J4:J12，
执行【开始】|【数字】|【数字格式】|【百分百】命令，设置数字
格式。

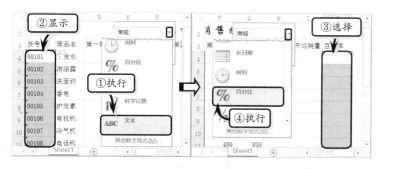

STEP|03 设置单元格样式。选择单元格区域 B3:J3 和 B13:J13，执
行【开始】|【样式】|【单元格样式】|【着色 6】命令。然后，选择
单元格区域 B4:G12，执行【开始】|【样式】|【单元格样式】|【输入】
命令，设置单元格样式。

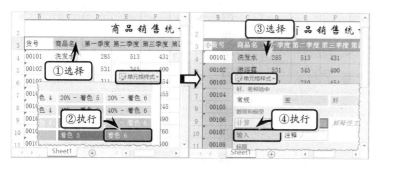

STEP|04 选择单元格区域 H4:I12，执行【开始】|【样式】|【单元
格样式】|【好】命令。然后，选择单元格区域 J4:J12，执行【样
式】|【单元格样式】|【计算】命令，并执行【单元格样式】|【警告
文本】命令。

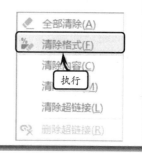

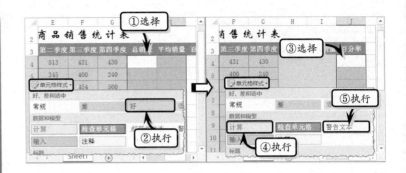

提示

在设置单元格样式时，用户可通过执行【开始】|【样式】|【单元格样式】|【新建单元格样式】命令，来创建自定义单元格样式。

STEP|05 计算数据。选择单元格 D13，在【编辑】栏中输入计算公式，按下 Enter 键返回计算结果。然后，选择单元格 H4，在【编辑】栏中输入计算公式，按下 Enter 键返回计算结果。使用同样的方法，计算其他总销量和合计值。

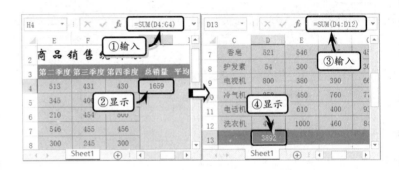

提示

在输入函数时，用户可单击【编辑】栏中的【插入函数】按钮，在弹出的【插入函数】对话框中，选择所需要使用的函数。

STEP|06 选择单元格 I4，在【编辑】栏中输入计算公式，按下 Enter 键返回计算结果。然后，选择单元格 J4，在【编辑】栏中输入计算公式，按下 Enter 键返回计算结果。使用同样的方法，计算其他平均销量和百分率。

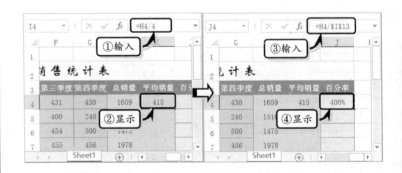

提示

在输入百分率的计算公式时，公式中的"$"符号为绝对引用符号，表示该单元格不会随着公式的移动而改变。其中，在输入公式时，用户将鼠标放置于 I13 前面，按下 **F4** 键，即可添加绝对引用符号。

STEP|07 设置边框样式。选择单元格区域 B4:J12，执行【开始】|【字体】|【边框】|【所有框线】命令。然后，右击单元格区域，执行【设置单元格格式】命令，激活【边框】样式，设置边框线条的样式和位置。

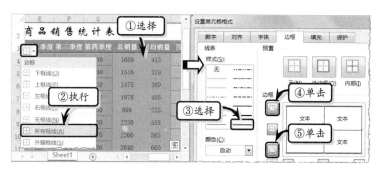

STEP|08 隐藏网格线。选择单元格区域 B3:J13，执行【开始】|【字体】|【边框】|【粗匣框线】命令，设置单元格区域的外边框样式。然后，在【视图】选项卡【显示】选项组中，禁用【网格线】复选框，隐藏工作表中的网格线。

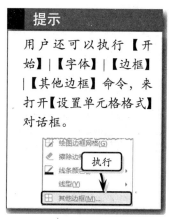

提示

用户还可以执行【开始】|【字体】|【边框】|【其他边框】命令，来打开【设置单元格格式】对话框。

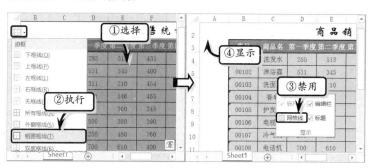

5.7 制作农家乐菜谱

　　菜谱是应用于餐饮行业最常见的一种表格，通常包含菜肴的名称、价格以及特色菜的照片等，在便于顾客根据口味预定菜品的同时，增加对顾客购买的吸引力。在本练习中，将运用 Excel 2013 中的多工作表功能以及图片技术，制作一个农家乐饭馆的菜谱电子表格。

练习要点

● 插入背景图片
● 设置文本格式
● 插入图片
● 填充单元格
● 插入工作表
● 重命名工作表
● 设置图片格式

技巧

重命名工作表时，可以右击工作表标签，执行【重命名】命令，输入工作表名称即可。

提示

为工作表设置背景图片格式之后，可以执行【页面布局】|【页面设置】|【删除背景】命令，删除背景图片。

提示

在插入工作表时，右击工作表标签，执行【插入】命令，也可以插入空白工作表。

提示

用户可以按下 Ctrl+A 键选择整个工作表，然后右击执行【设置单元格格式】命令，可在【填充】选项卡中设置单元格的填充效果。

操作步骤 》》》》

STEP|01 填充单元格。新建工作簿，选择 Sheet1 工作表，双击工作表的名称，将其重命名为"封面"。然后，单击【全选】按钮选择全部单元格，执行【开始】|【字体】|【填充颜色】|【白色，背景 1】命令，填充所有单元格。

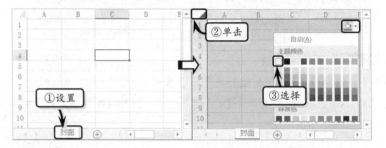

STEP|02 设置表格背景。执行【页面布局】|【页面设置】|【背景】命令，在弹出的【插入图片】对话框中，选择【来自文件】选项。然后，选择背景图片，将其插入到工作表中。

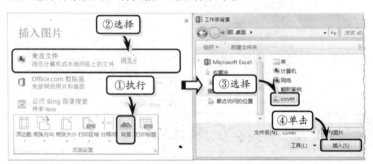

STEP|03 隐藏网格线。取消单元格区域 A1:H39 的填充颜色，在【页面布局】选项卡的【显示】选项组中，禁用【网格线】复选框，隐藏工作表中的网格线。同时，执行【开始】|【单元格】|【插入】|【插入工作表】命令，插入 6 个工作表。

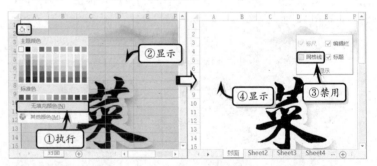

STEP|04 设置填充格式。选择"Sheet2"工作表，双击工作表名称，重命名为"特色菜 1"，然后单击【全选】按钮选择全部单元格，执行【开始】|【字体】|【填充颜色】|【白色,背景 1】命令，填充所有

单元格。

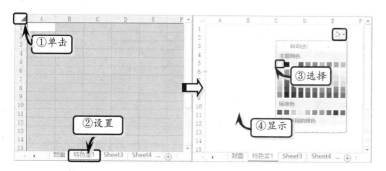

STEP|05 插入背景图片。清除单元格区域 A1:K41 的填充颜色，执行【页面布局】|【页面设置】|【背景】命令，在弹出的【插入图片】对话框中，选择【来自文件】选项。然后，选择背景图片，将其插入到工作表中。

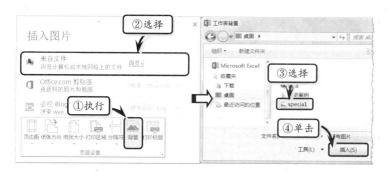

STEP|06 制作菜谱标题。选择单元格区域 F3:H3，执行【开始】|【对齐方式】|【合并后居中】命令，合并单元格区域并调整行高。然后，输入菜谱标题文本，并在【开始】选项卡【字体】选项组中，设置文本的字体格式并自定义字体颜色。

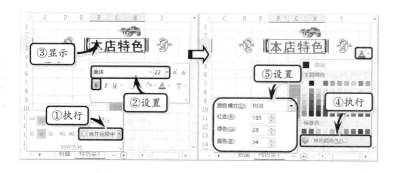

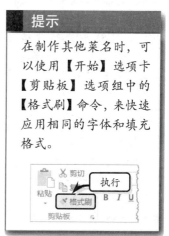

STEP|07 制作菜名。调整具体列的列宽，然后合并单元格区域 G7:G11，输入"双味鱼"文本，执行【开始】|【对齐方式】|【方向】|【竖排文字】命令。然后，在【开始】选项卡【字体】选项组中设置文本的字体格式。

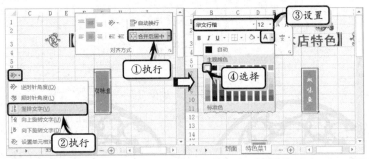

STEP|08 制作价格。合并单元格区域 H8:I9，输入特色菜的价格文本，在【开始】选项卡【字体】选项组中设置文本的字体格式。然后，执行【字体】|【填充颜色】|【白色，背景 1】命令，设置其填充颜色。

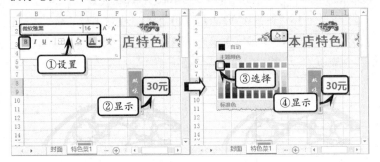

STEP|09 插入图片。执行【插入】|【插图】|【图片】命令，在弹出的【插入图片】对话框中选择菜肴照片，单击【插入】按钮，插入图片并调整图片的大小和位置。使用同样的方法，插入其他图片。

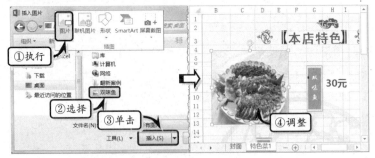

STEP|10 设置图片格式。同时选择所有的图片，执行【图片工具】|【格式】|【图片样式】|【图片效果】|【阴影】|【右下斜偏移】特效，添加图片的阴影效果。然后，执行【图片工具】|【格式】|【图片样式】|【图片边框】|【白色,背景 1】命令，以及【粗细】|【6 磅】命令，添加白色 6 磅边框。

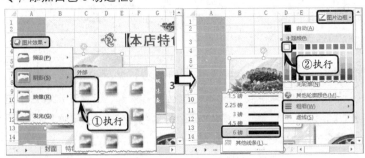

STEP|11 在工作表标签栏中双击 Sheet3 工作表，将其重命名为"特色菜 2"，然后用同样的方式制作该工作表中的"本店特色"内容。最后，制作由菜名和价格构成的几个"菜谱"工作表，即可完成本实例。

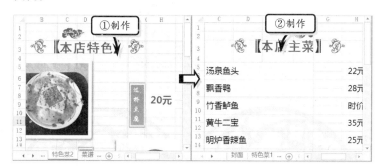

> **提示**
>
> 在本例中除了封面两个特色菜的工作表外，还新建了 4 个菜谱的工作表，分别展示"本店主菜"、"精美小炒"、"清淡素材"以及"营养羹汤"等四大类菜肴的名称和价格。

Excel **5.8** 高手答疑

问题 1：如何组合图片？

解答 1：在工作表中先选择第一张图片，然后按住 Ctrl 键的同时选择其他剩余图片。执行【图片工具】|【格式】|【排列】|【组合】|【组合】命令，即可组合所选图片。

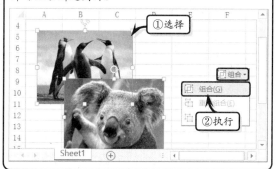

问题 2：如何设置图片的艺术效果？

解答 2：选择图片，执行【图片工具】|【调整】|【艺术效果】命令，选择一种艺术效果即可。

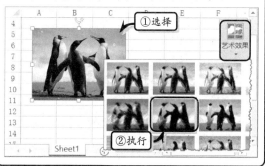

问题 3：如何更改插入的图片？

解答 3：当用户在工作表中插入图片并设置图片格式之后，在调整图片而需要保持现有的图片格式时，可以选择图片，执行【图片工具】|【格式】|【调整】|【更改图片】命令。在弹出的【插入图片】对话框中，选择【来自文件】选项。

然后，在弹出的【插入图片】对话框中选择图片文件，单击【插入】按钮即可。

問題 4：如何設置藝術字的轉換效果？

解答 4：選擇藝術字，執行【繪圖工具】|【格式】|【藝術字樣式】|【文本效果】|【轉換】|【倒 V 形】命令，設置藝術字的轉換效果。

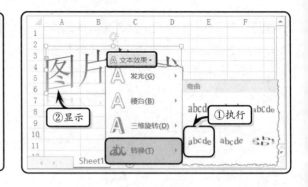

Excel 5.9 新手训练营

练习 1：裁剪图片

downloads\第 5 章\新手训练营\裁剪图片

提示：本练习中，首先执行【插入】|【插图】|【图片】命令，选择图片文件，单击【插入】按钮，插入图片。然后，选择图片，执行【图片工具】|【格式】|【大小】|【裁剪】|【裁剪】命令，裁剪图片。同时，执行【大小】|【裁剪】|【裁剪为形状】|【圆柱形】命令，将图片裁剪为圆柱形样式。最后，执行【图片工具】|【格式】|【图片样式】|【图片效果】|【映像】|【紧密映像,接触】命令，设置图片样式。

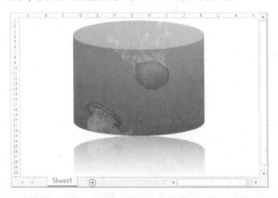

练习 2：立体相框

downloads\第 5 章\新手训练营\立体相框

提示：本练习中，首先执行【插入】|【插图】|【图片】命令，选择图片文件，单击【插入】按钮，插入图片并调整图片的大小。然后，执行【图片工具】|【格式】|【图片样式】|【双框架，黑色】命令，同时执行【图片效果】|【棱台】|【艺术装饰】命令。最后，右击图片执行【设置图片格式】命令，激活【填充线条】选项卡，展开【线条】选项组，将【颜色】设置为"黄色"，将【宽度】设置为"24.5"。同时，

激活【效果】选项卡，设置图片的三维格式。

练习 3：制作图书数目表

downloads\第 5 章\新手训练营\图书数目表

提示：本练习中，首先合并单元格区域 B1:D1，输入标题文本并设置文本的字体格式。同时，输入数目数据，并设置单元格区域的字体、对齐和边框格式。然后，执行【页面布局】|【页面设置】|【背景】命令，为工作表添加背景图片。最后，选择数据内容区域外的行和列，执行【开始】|【字体】|【填充颜色】|【白色，背景 1】命令，设置其填充效果。

第 **6** 章

使 用 形 状

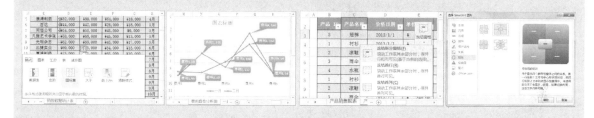

　　Excel 为用户提供了形状绘制工具，允许用户为工作表添加箭头、方框、圆角矩形等各种矢量形状，并设置这些形状的样式。通过使用形状绘制工具，不仅美化了工作表，同时也使工作表中的数据更加生动、形象，更富有说服力。在本章中，将结合 Excel 的形状绘制和编辑功能，介绍矢量形状的制作以及为形状添加文本框、设置文本框格式等技术。

Excel 6.1 绘制形状

形状是 Office 系列软件的一种特有功能,可为 Office 文档添加各种线、框、图形等元素,丰富 Office 文档的内容。在 Excel 2013 中,用户也可以方便地为工作表插入这些图形。

1．绘制直线形状

线条是最基本的图形元素,执行【插入】|【插图】|【形状】|【直线】命令,拖动鼠标即可在工作表绘制一条直线。

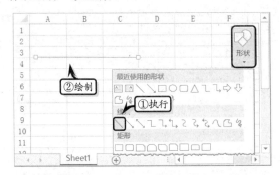

> **技巧**
>
> 在绘制直线时,按住鼠标左键的同时,再按住 Shift 键,然后拖动鼠标左键,至合适位置释放鼠标左键,完成水平或垂直直线的绘制。

2．绘制任意多边形

执行【插入】|【插图】|【形状】|【任意多边形】命令,在工作表中单击鼠标绘制起点,然后依次单击鼠标根据鼠标的落点,将其连接构成任意多边形。

另外,如用户按住鼠标拖动绘制,则【任意多边形】工具将采集鼠标运动的轨迹,构成一个曲线。

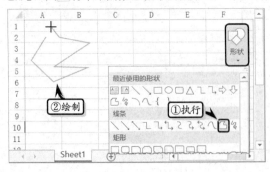

3．绘制曲线

绘制曲线的方法与绘制任意多边形的方法大体相同,执行【插入】|【插图】|【形状】|【曲线】命令,拖动鼠标在工作表中绘制一个线段,然后单击鼠标确定曲线的拐点,最后继续绘制即可。

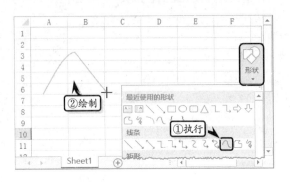

4．绘制其他形状

除了线条之外,Excel 还提供了大量的基本形状、矩形、箭头总汇、公式形状、流程图等各类形状预设,允许用户绘制更复杂的图形,将其添加到演示文稿中。

执行【插入】|【插图】|【形状】|【心形】命令,在工作表中拖动鼠标即可绘制一个心形形状。

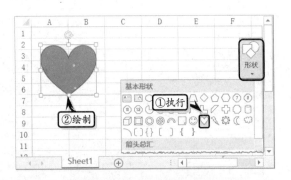

> **注意**
>
> 在绘制绝大多数基于几何图形的形状时,用户都可以按住 Shift 键之后再进行绘制,绘制圆形、正方形或等比例缩放显示的形状。

Excel

6.2 编辑形状

在工作表中绘制形状之后,还需要根据工作表的数据类型和整体布局,对形状进行调整大小、合并形状、编辑形状顶点编辑操作。

1. 调整形状大小

选择形状,在形状四周将出现 8 个控制点。此时,将光标移至控制点上,拖动鼠标即可调整形状的大小。

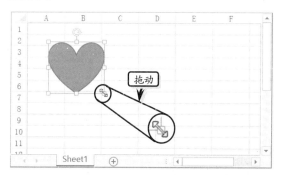

技巧

按下 Shift 键或 Alt 键的同时,拖动图形对角控制点,即可对图形进行比例缩放。

另外,选择形状,在【格式】选项卡【大小】选项组中,直接输入形状的高度与宽度值,即可精确调整形状的大小。

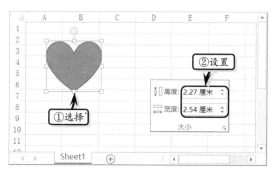

单击【格式】选项卡【大小】选项组中的【对话框启动器】按钮,在弹出的【设置形状格式】任务窗格中的【大小】选项组中,输入形状的高度与宽度值。

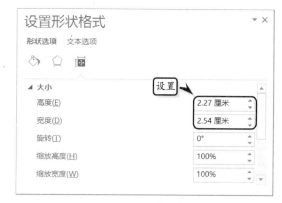

技巧

选择形状,右击鼠标执行【设置形状格式】命令,即可弹出【设置形状格式】任务窗格。

2. 编辑形状顶点

选择形状,执行【绘图工具】|【插入形状】|【编辑形状】|【编辑顶点】命令。然后,拖动鼠标调整形状顶点的位置即可。

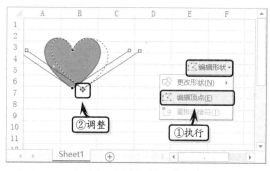

技巧

选择形状,右击鼠标执行【编辑顶点】命令,即可编辑形状的顶点。

3. 重排连接符

在 Excel 2013 中,除了可以更改形状与编辑形状顶点之外,还可以重排链接形状的连接符。首先,在工作表中绘制两个形状。然后,执行【插入】|【插图】|【形状】|【箭头】命令,移动鼠标至第 1 个形状上方,当形状四周出现圆形的连接点时,单击其中一个连接点,开始绘制形状。

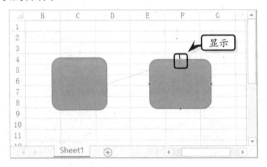

技巧

选择形状，执行【绘图工具】|【格式】|【插入形状】|【形状】命令，在其级联菜单中选择形状样式，即可在工作表中插入相应的形状。

当拖动鼠标绘制形状至第 2 个形状上方时，在该形状的四周会出现蓝色的链接点。此时，将绘制形状与该形状的链接点融合在一起即完成连接形状的操作。

此时，执行【绘图工具】|【格式】|【插入形状】|【编辑形状】|【重排连接符】命令，即可重新排列连接符的起止和终止位置。

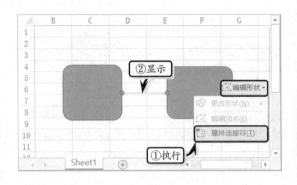

4．输入文本

除了设置形状的外观样式与格式之外，用户还需为形状添加文字，使其具有图文并茂的效果。右击形状执行【编辑文字】命令，在形状中输入文字即可。

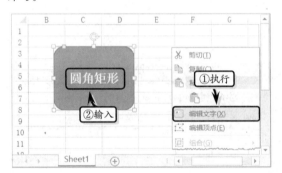

6.3 排列形状

排列形状是对形状进行组合、对齐、旋转等一系列的操作，从而可以使形状更符合工作表的整体设计需求。

1．组合形状

组合形状是将多个形状合并成一个形状，首先按住 Ctrl 键或 Shift 键的同时选择需要组合的图形。然后，执行【绘图工具】|【格式】|【排列】|【组合】|【组合】命令，组合选中的形状。

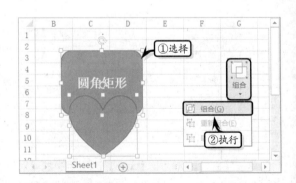

注意

用户也可以同时选择多个形状，右击形状执行【组合】|【组合】命令，组合所有的形状。

另外，对于已组合的形状，用户可通过执行【绘图工具】|【格式】|【排列】|【组合】|【取消组合】命令，取消已组合的形状。

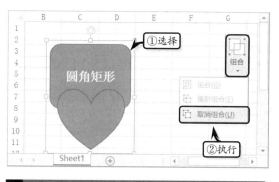

对齐方式	作 用
左对齐	以工作表的左侧边线为基点对齐
水平居中	以工作表的水平中心点为基点对齐
右对齐	以工作表的右侧边线为基点对齐
顶端对齐	以工作表的顶端边线为基点对齐
垂直居中	以工作表的垂直中心点为基点对齐
底端对齐	以工作表的底端边线为基点对齐
横向分布	在工作表的水平线上平均分布形状
纵向分布	在工作表的垂直线上平均分布形状

注意

用户也可以通过执行【开始】|【绘图】|【排列】|【取消组合】命令，取消已组合的形状。

取消已组合的形状之后，用户还可以通过【绘图工具】|【格式】|【排列】|【组合】|【重新组合】命令；重新按照最初组合方式，再次对形状进行组合。

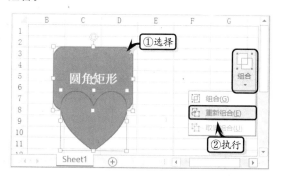

2．对齐形状

选择形状，执行【绘图工具】|【排列】|【对齐】命令，在其级联菜单中选择一种对齐方式即可。

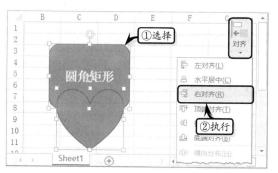

在【对齐】级联菜单中，主要包括 8 种对齐方式，其作用如下表所示。

3．设置显示层次

选择形状，执行【绘图工具】|【格式】|【排列】|【上移一层】或【下移一层】命令，在其级联菜单中选择一种选项，即可调整形状的显示层次。

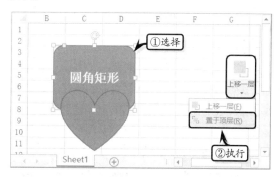

技巧

选择形状，右击鼠标执行【置于顶层】或【置于底层】命令，即可调整形状的显示层次。

4．旋转形状

选择形状，将光标移动到形状上方的旋转按钮上，按住鼠标左键，当光标变为 形状时，旋转鼠标即可旋转形状。

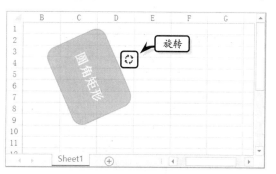

另外，选择形状，执行【绘图工具】|【格式】|【排列】|【旋转】|【向右旋转90°】命令，即可将图片向右旋转90°。

旋转选项】命令，在弹出的【设置形状格式】任务窗格中的【大小】选项卡中，输入旋转角度值，即可按指定的角度旋转形状。

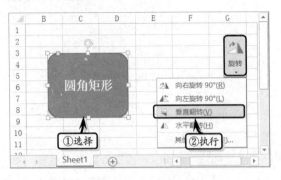

除此之外，选择形状，执行【旋转】|【其他

6.4 设置形状样式

形状格式是指形状的填充、轮廓和效果等属性。在 Excel 中，用户不仅可以为数字和图片设置样式，还可以为形状设置填充、轮廓和效果等样式。

1. 应用内置形状样式

Excel 2013 内置了 42 种形状样式，选择形状，执行【绘图工具】|【格式】|【形状样式】|【其他】下拉按钮，在其下拉列表中选择一种形状样式。

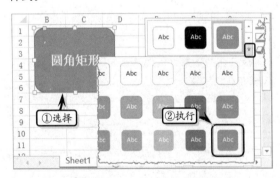

2. 设置形状填充

用户可运用 Excel 中的【形状填充】命令，来设置形状的纯色、渐变、纹理或图片填充等填充格式，从而让形状具有多彩的外观。

❑ 纯色填充

选择形状，执行【绘图工具】|【形状样式】|【形状填充】命令，在其级联菜单中选择一种色块。

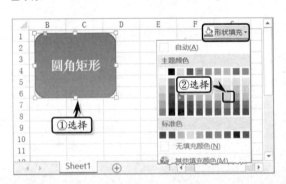

注意

用户也可以执行【形状填充】|【其他填充颜色】命令，在弹出的【颜色】对话框中自定义填充颜色。

❑ 图片填充

选择形状，执行【绘图工具】|【形状样式】|【形状填充】|【图片】命令，然后在弹出的【插入图片】对话框中，选择【来自文件】选项。

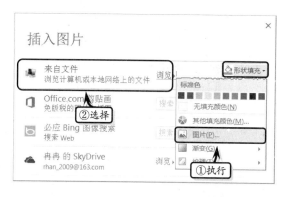

然后，在弹出的【插入图片】对话框中，选择
图片文件，单击【插入】按钮即可。

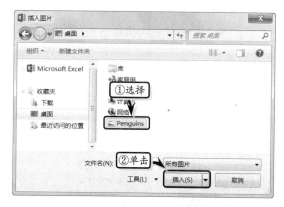

选择形状，执行【绘图工具】|【格式】|【形
状样式】|【形状填充】|【纹理】命令，在
其级联菜单中选择一种样式即可。

❑　渐变填充

选择形状，执行【绘图工具】|【格式】|【形
状样式】|【形状填充】|【渐变】命令，在其级联
菜单中选择一种渐变样式。

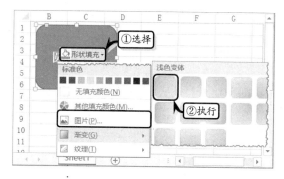

另外，以执行【形状填充】|【渐变】|【其他

渐变】命令，在弹出的【设置形状格式】任务窗格
中，设置渐变填充的预设颜色、类型、方向等渐变
选项。

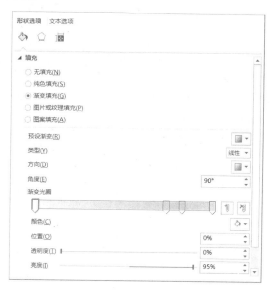

在【渐变填充】列表中，主要包括下表中的一
些选项。

选　项	说　明
预设渐变	用于设置系统内置的渐变样式，包括红日西斜、麦浪滚滚、金色年华等24种内设样式
类型	用于设置颜色的渐变方式，包括线性、射线、矩形与路径方式
方向	用于设置渐变颜色的渐变方向，一般分为对角、由内至外等不同方向。该选项根据【类型】选项的变化而改变，例如当【方向】选项为"矩形"时，【方向】选项包括从右下角、中心辐射等选项；而当【方向】选项为"线性"时，【方向】选项包括线性对角-左上到右下等选项
角度	用于设置渐变方向的具体角度，该选项只有在【类型】选项为"线性"时才可用
渐变光圈	用于增加或减少渐变颜色，可通过单击【添加渐变光圈】或【减少渐变光圈】按钮，来添加或减少渐变颜色
颜色	用于设置渐变光圈的颜色，需要先选择一个渐变光圈，然后单击其下拉按钮，选择一种色块即可

续表

选 项	说 明
位置	用于设置渐变光圈的具体位置，需要先选择一个渐变光圈，然后单击微调按钮显示百分比值
透明度	用于设置渐变光圈的透明度，选择一个渐变光圈，输入或调整百分比值即可
亮度	用于设置渐变光圈的亮度值，选择一个渐变光圈，输入亮度百分比值即可
与形状一起旋转	启用该复选框，表示渐变颜色将与形状一起旋转

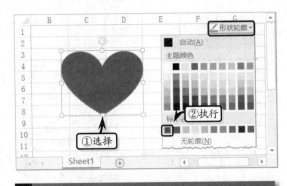

注意

用户也可以执行【形状填充】|【其他轮廓颜色】命令，在弹出的【颜色】对话框中自定义填充颜色。

❏ 图案填充

图案填充是使用重复的水平线或垂直线、点、虚线或条纹设计作为形状的一种填充方式。选择形状，右击执行【设置形状格式】命令，弹出【设置形状格式】任务窗格。在【填充】选项卡中，启用【图案填充】选项，并设置前景色和背景色。

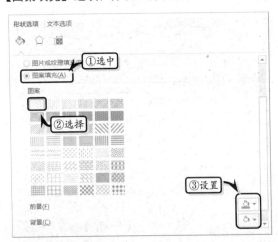

3．设置轮廓样式

设置形状的填充效果之后，为了使形状轮廓与形状轮廓的颜色、线条等相互搭配，还需要设置形状轮廓的格式。

❏ 设置轮廓颜色

选择形状，执行【绘图工具】|【格式】|【形状样式】|【轮廓填充】命令，在其级联菜单中选择一种色块即可。

❏ 设置轮廓线的线型

选择形状，执行【绘图工具】|【形状样式】|【轮廓填充】|【粗细】、【虚线】或【箭头】命令，在其级联菜单中选择一种选项即可。

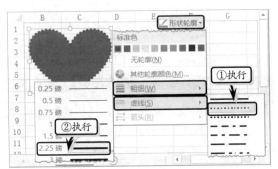

另外，用户还可以执行【形状样式】|【形状轮廓】|【粗细】|【其他线条】命令，或执行【虚线】|【其他线条】命令，在弹出的【设置形状格式】任务窗格中设置形状的轮廓格式。

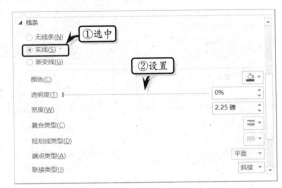

4．设置形状效果

形状效果是对 Excel 内置的一组具有特殊外观
效果的命令。选择形状，执行【绘图工具】|【格
式】|【形状样式】|【形状效果】命令，在其级联
菜单中设置相应的形状效果即可。

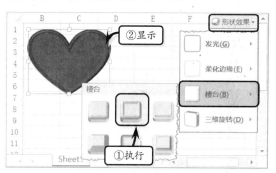

其【形状效果】下拉列表中各项效果的具体功
能如下所示。

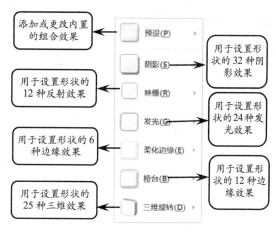

6.5 使用文本框

文本框是一种特殊的形状，其主要作用是输入
文本内容，其优点在于它是以形状的样式进行存
在，相对于单元格来讲便于移动和操作。

1．插入文本框

执行【插入】|【文本】|【文本框】|【横排文
本框】或【竖排文本框】命令，此时光标变为
"垂直箭头"形状┊，或"水平箭头"形状┈
时，拖动鼠标即可在工作表中绘制横排或竖排文
本框。

另外，执行【插入】|【插图】|【形状】命令，
在其级联菜单中选择【文本框】或【垂直文本框】

选项，也可以在工作表中绘制文本框。

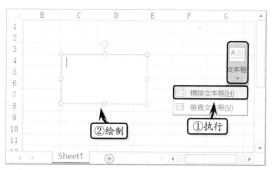

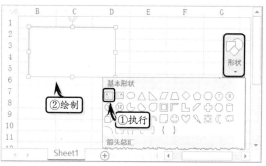

2．设置文本框属性

在 Excel 中，除了像设置形状那样设置文本框的格式之外，还可以右击文本框，执行【设置形状格式】命令，在弹出任务窗格【文本选项】中的【文本框】选项卡中，设置文本框格式。

❑ 设置文字版式

在【设置形状格式】任务窗格中，选择【垂直对齐方式】和【文字方向】下拉列表中的一种版式，即可设置文本框中的文字版式。

❑ 自动调整功能

用户可以根据文本框内容，在【自动调整】选项组中，设置文本框与内容的显示格式。

❑ 设置边距

用户可以直接在【内部边距】栏中的【左】、【右】、【上】、【下】微调框中，设置文本框的内部边距。

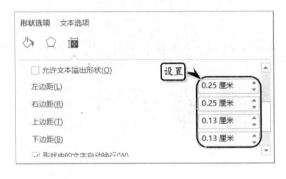

❑ 设置分栏

用户还可以设置文本框的分栏功能，将文本框中的文本按照栏数和间距进行拆分。此时，在【文本选项】中的【文本框】选项卡中，单击【分栏】按钮，在弹出的对话框中设置数量和间距即可。

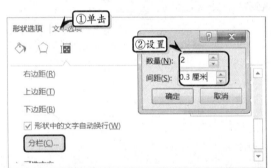

Excel 6.6 制作售后服务流程图

练习要点

- 插入形状
- 编辑文字
- 设置形状效果
- 链接形状
- 快速应用格式

流程图是一种用图形表示的一个过程的步骤图，主要用于详细了解过程的实际情况。流程图可用于从物流到产品销售及售后服务阶段等任何过程的所有领域。在本练习中，将通过插入形状及文本框，及设置其格式等操作，来制作一个售后服务流程图。

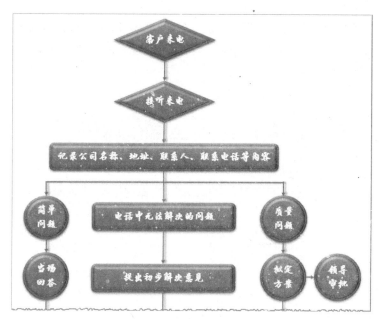

操作步骤 ▷▷▷▷

STEP|01 绘制菱形形状。执行【插入】|【形状】|【菱形】命令，在工作表中绘制菱形形状。然后，右击形状执行【编辑文字】命令，在形状中输入文本。

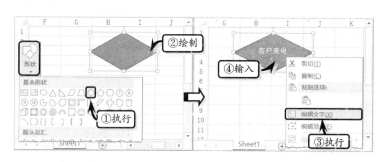

STEP|02 设置文本格式。在【开始】选项卡【字体】选项组中，设置文本的【字号】、【字体】和【加粗】格式。同时，执行【开始】|【字体】|【字体颜色】|【白色，背景 1】命令，设置字体颜色。

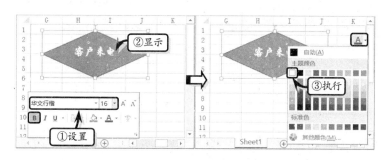

STEP|03 设置形状格式。选择形状，在【格式】选项卡【大小】选

项组中，设置形状的高度与宽度。然后，执行【绘图工具】|【格式】|【形状样式】|【其他】|【强烈效果-蓝色，强调颜色 5】命令，设置形状的样式。

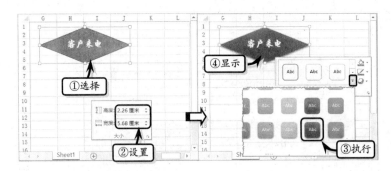

STEP|04 同时，执行【绘图工具】|【格式】|【形状样式】|【形状效果】|【棱台】|【艺术装饰】命令，设置形状效果。然后，复制多个菱形形状，排列形状并修改形状中的文本。

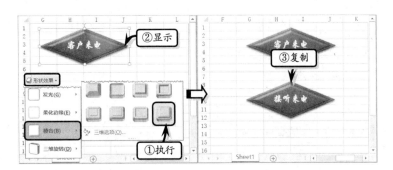

STEP|05 绘制圆角矩形形状。执行【插入】|【形状】|【圆角矩形】命令，在工作表中绘制一个圆角矩形形状。然后，选择菱形形状，执行【开始】|【剪贴板】|【格式刷】命令。同时，单击圆角矩形形状，快速应用形状样式。

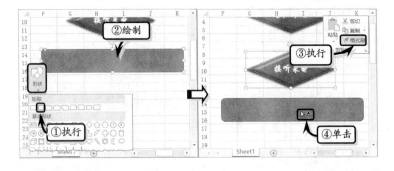

STEP|06 在圆角矩形形状中输入文本，然后复制多个圆角矩形形状，排列形状的位置并更改形状中的文本内容。使用同样的方法，绘

制椭圆形形状。

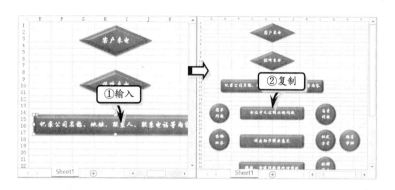

提示

在排列形状时,选择需要对齐的形状,执行【绘图工具】|【格式】|【对齐】命令,在其级联菜单中选择相应的选项,即可按照不同的方式对齐形状。

STEP|07 绘制直线形状。执行【插入】|【形状】|【直线】命令,将光标放置于工作表中的一个形状上,当形状上出现"链接块"时,绘制直线形状,连接上下两个形状。

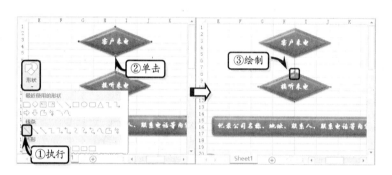

提示

选择直线形状,执行【绘图工具】|【格式】|【形状样式】|【形状轮廓】|【粗细】命令,即可设置直线的粗细度。

STEP|08 设置形状样式。选择直线形状,执行【绘图工具】|【格式】|【形状样式】|【其他】|【粗线-强调颜色 5】命令,设置形状的样式。然后,执行【形状样式】|【形状轮廓】|【箭头】|【箭头样式 5】命令,设置直线的箭头样式。使用同样方法,制作其他直线形状。

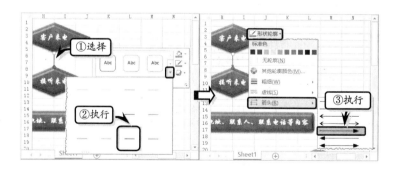

提示

当用户为形状添加阴影效果之后,可通过执行【形状样式】|【形状效果】|【阴影】|【无阴影】命令,取消阴影效果。

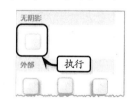

STEP|09 设置阴影效果。选择所有的直线形状,执行【绘图工具】|【格式】|【形状样式】|【形状效果】|【阴影】|【向右偏移】命令,设置形状的阴影效果。最后,在【视图】选项卡【显示】选项组中,

禁用【网格线】复选框，隐藏网格线。

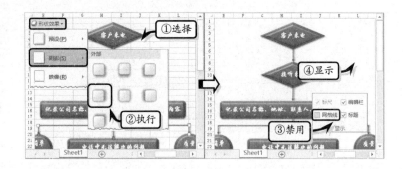

6.7 制作贷款计算器

练习要点

- 设置单元格格式
- 插入形状
- 设置形状格式
- 插入文本框
- 设置文本框格式
- 使用公式
- 使用迷你图
- 组合迷你图

随着消费水平的提高，越来越多的人为了买房、买车、创业等因素，纷纷进入了贷款行业。特别对于刚毕业的大学生，银行贷款成了创业的必备资金。在本练习中，将使用 Excel 制作一个高校贷款计算器，针对当前毕业生创业贷款进行设计。在该贷款计算机中，可根据毕业后的年薪和贷款金额，自动计算不同期限下的还款详细信息，方便用户根据具体情况进行贷款还款计划。

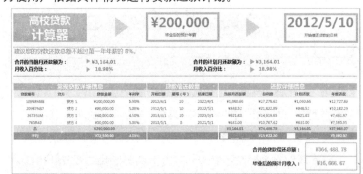

提示

新建表格之后，还需要
设置整个工作表的行
高。另外，用户还需要
拖动行标签，调整第 2
行和第 3 行的行高。

操作步骤 ▶▶▶▶

STEP|01 制作计算器名称。合并相应的单元格区域，选择单元格区域 C2:D3，执行【开始】|【字体】|【填充颜色】|【其他填充颜色】命令，自定义填充色。然后，输入计算器名称，并在【开始】选项卡【字体】选项组中设置其字体格式。

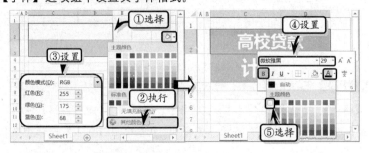

STEP|02 制作预计年薪。选择合并后的单元格 G2，输入毕业后的预计年薪值，并执行【开始】|【数字】|【数字格式】|【货币】命令，设置货币数字格式。然后，在【开始】选项卡【字体】选项组中，设置文本的字体格式，并定义字体颜色。

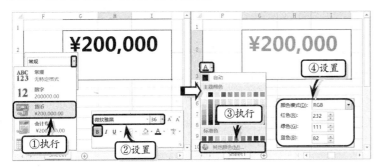

STEP|03 执行【插入】|【文本】|【文本框】|【横排文本框】命令，绘制文本框，输入文本并设置文本的字体格式。然后，选择文本框，执行【绘图工具】|【格式】|【形状填充】|【无填充】命令，同时执行【形状轮廓】|【无轮廓】命令。

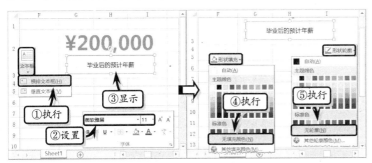

提示

在制作预计年薪时，选择单元格 G2，执行【开始】|【对齐方式】|【顶端对齐】命令，设置单元格的对齐方式。

STEP|04 执行【插入】|【插图】|【形状】|【图文框】命令，在单元格 G2 中绘制一个图文框形状。然后，执行【绘图工具】|【格式】|【形状样式】|【形状轮廓】|【无轮廓】命令，取消轮廓颜色。

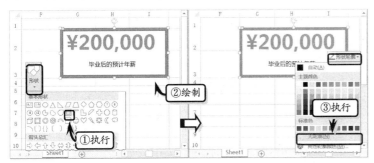

提示

在设置文本框格式时，可以右击文本框执行【设置形状格式】命令，在弹出的任务窗格中自定义文本框的填充和边框样式。

STEP|05 选择图文框形状，执行【绘图工具】|【格式】|【形状样式】|【形状填充】|【其他填充颜色】命令，自定义填充色。使用同样的方法，制作开始偿还贷款的日期内容。

在工作表中绘制图文框形状之后，将光标移动到形状左上角的黄色控制点处，拖动鼠标即可调整图文框形状边框的粗细。

用户可以同时选择两个图文框形状，右击执行【组合】命令，将形状组合在一起。

用户可将光标移动到形状上方的控制按钮处，当光标变成形状时，拖动鼠标即可旋转形状。

选择等腰三角形形状，在【格式】选项卡【大小】选项组中，可以调整形状的大小。

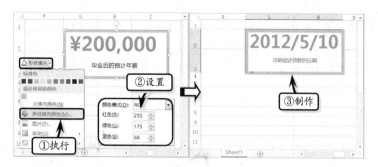

STEP|06 添加连接形状。执行【插入】|【插图】|【形状】|【等腰三角形】命令，在计算器名称后面绘制一个等腰三角形形状。然后，执行【格式】|【排列】|【旋转】|【向右旋转90°】命令，旋转形状。

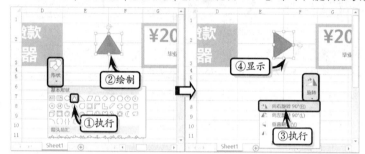

STEP|07 执行【绘图工具】|【格式】|【形状样式】|【形状填充】|【蓝-灰，文字2，淡色80%】命令，设置其填充颜色。同时，执行【形状样式】|【形状轮廓】|【无轮廓】命令，设置形状的轮廓样式。使用同样的方法，制作其他连接形状。

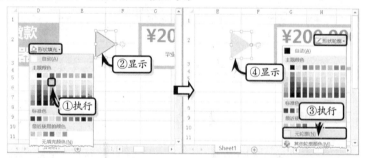

STEP|08 制作月还款额部分。在单元格 B5 中输入提示性文本，并设置文本的字体格式。然后，分别输入其他汇总文本，设置文本的字体格式并添加连接等腰三角形形状。

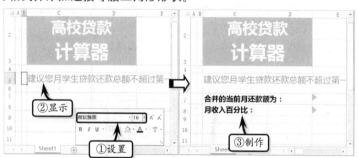

STEP|09 同时选择单元格 E7 和 K7，执行【开始】|【数字】|【数字格式】|【货币】命令，设置单元格的货币数字格式。然后，同时选择单元格 E8 和 K8，执行【开始】|【数字】|【数字格式】|【百分比】命令，设置单元格的百分比数字格式。

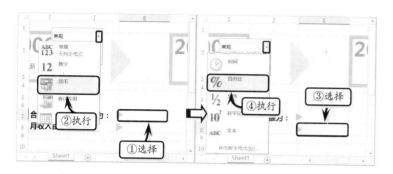

STEP|10 选择单元格区域 C5:M9，右击执行【设置单元格格式】命令，在【设置单元格格式】对话框中的【边框】选项卡中设置边框样式。然后，分别调整第 6 行和第 9 行的行高。

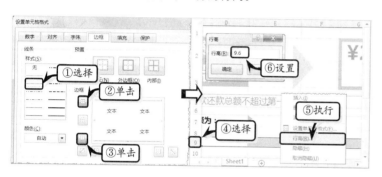

STEP|11 计算汇总数据。选择单元格 E7，在【编辑】栏中输入计算公式，按下 Enter 键返回合并的当前月还款额。然后，选择单元格 E8，在【编辑】栏中输入计算公式，按下 Enter 键返回月收入百分比。

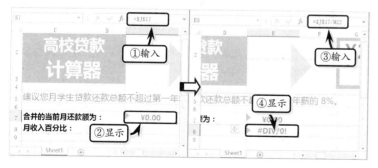

STEP|12 选择单元格 K7，在【编辑】栏中输入计算公式，按下 Enter 键返回合并的计划月还款额。然后，选择单元格 K8，在【编辑】栏中输入计算公式，按下 Enter 键返回月收入百分比。

提示

选择单元格 C7 和 C8，在【开始】选项卡【字体】选项组中，将字体格式设置为如下样式。

提示

选择单元格 E7，执行【开始】|【字体】|【字体颜色】|【其他颜色】命令，在弹出的【颜色】对话框中，自定义文本的字体颜色。

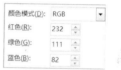

技巧

选在调整行高时，用户可以选择第 9 行，执行【开始】|【单元格】|【格式】|【行高】命令，在弹出的对话框中设置行高值。

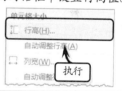

提示

公式中的"$"为绝对引用符号，在输入公式时按下 F4 键即可为整个单元格名称添加绝对引用符号。再次按下 F4 键，则只为单元格名称中的数字添加绝对引用符号，再次按下 F4 键则为单元格名称添加引用符号，再次按下 F4 键取消绝对引用符号。

输入计算公式之后，单元格 K8 中所出现的错误符号"#DIV/0!"，表示该单元格中的数值被 0 除。当用户为单元格 L17 和 M22 中输入数值时，该公式将自动进行运算，并返回结果值。

提示

AND 函数是一种常见的逻辑测试函数，所有参数的计算结果为 True 时返回 True；只要一个参数的计算结果为 False 时，则返回 False。

提示

COUNTA 函数用于计算指定区域内非空的单元格个数，该函数不能对逻辑值、文本或错误值进行计数，如果希望对上述内容进行计数，需要使用 COUNT 函数。另外，如果需要对符合某一指定条件的单元格进行计数，则需要使用 COUNTIF 函数或 COUNTIFS 函数。

提示

PMT 函数用于根据固定付款额和固定利率计算贷款的付款额。该函数包括 4 个参数，第 1 个参数表示贷款利率，第 2 个参数表示付款总数，第 3 个参数表示未来值或在最后一次付款后希望得到的现金余额，第 4 个参数以数字 0 和 1 进行表示支付时间。

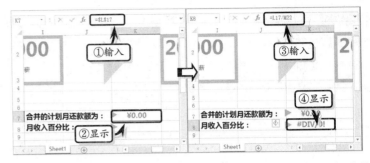

STEP|13 制作贷款详细内容。在单元格区域 C11:M18 中，根据具体情况，分别设置不同单元格区域中的填充颜色和边框格式。然后，输入贷款详细数据，并设置数据的字体格式。

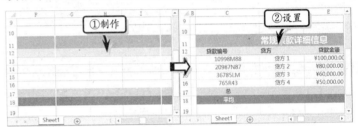

STEP|14 选择单元格 I13，在【编辑】栏中输入计算公式，按下 Enter 键返回结束日期。然后，选择单元格 J13，在【编辑】栏中输入计算公式，按下 Enter 键返回当前月还款额。使用同样方法，分别计算其他结束日期和月还款额。

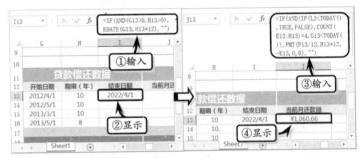

STEP|15 选择单元格 K13，在【编辑】栏中输入计算公式，按下 Enter 键返回总利息额。选择单元格 L13，在【编辑】栏中输入计算公式，按下 Enter 键返回计划还款额。使用同样的方法，分别计算其他总利息额和计划还款额。

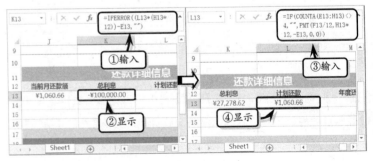

STEP|16 选择单元格 M13，在【编辑】栏中输入计算公式，按下 Enter 键返回年度还款额。选择单元格 E17，在【编辑】栏中输入计算公式，按下 Enter 键返回贷款金额的总计值。使用同样的方法，分别计算其他年度还款额和总计值。

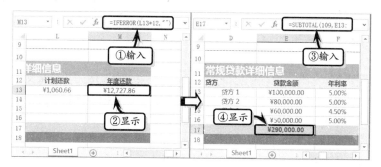

STEP|17 选择单元格 E18，在【编辑】栏中输入计算公式，按下 Enter 键返回贷款金额的平均值。使用同样的方法，计算其他金额的平均值。然后，选择单元格 F18，执行【开始】|【数字】|【数字格式】|【百分比】命令，设置其百分比数字格式。

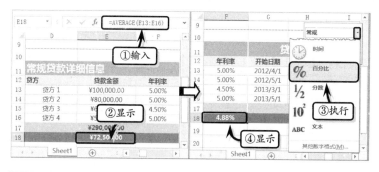

STEP|18 添加迷你图。选择单元格 J18，执行【插入】|【迷你图】|【柱形图】命令，在弹出的对话框中设置数据区域，单击【确定】按钮，添加迷你图。使用同样的方法，为单元格 L18 添加迷你图。

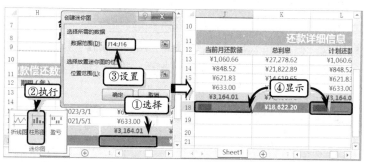

STEP|19 选择所有的迷你图，执行【迷你图工具】|【设计】|【分组】|【组合】命令，组合迷你图。然后，执行【设计】|【样式】|【迷你图颜色】|【白色，背景1】命令，设置迷你图的显示颜色。

提示

IFERROR 函数表示当公式的计算结果错误时，则返回用户指定的值；否则返回公式的结果。一般情况下，可以使用该函数捕获和处理公式中的错误。

提示

SUBTOTAL 函数主要用于返回列表或数据库中的分类汇总，该函数中的第1个参数表示从1～11或101～111之间的数字，这些数字用于指定使用何种函数在列表中进行分类汇总计算。函数中的其他参数表示需要对其进行分类汇总计算的第1～第255个命名区域或引用。

提示

AVERAGE 函数用于计算指定数值的平均值，该函数中的参数可以为数值，或包含数值的名称或单元格引用。另外，如果单元格区域中包含文本、逻辑值或空单元格，则这些值将被直接忽略。但是，包含零值的单元格将被计算在内。

提示

在单元格中插入迷你图之后，选择迷你图，执行【迷你图工具】|【设计】|【迷你图】|【编辑数据】|【编辑单个迷你图的数据】命令，即可编辑当前所选迷你图的数据区域。

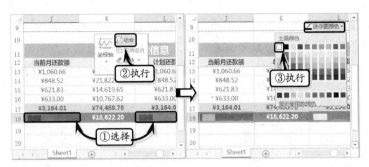

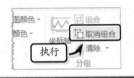

STEP|20 制作计算器的结尾部分。输入结尾部分文本，并设置文本的字体格式。选择单元格 M20，在【编辑】栏中输入计算公式，按下 Enter 键返回合并的贷款偿还总额。然后，选择单元格 M22，在【编辑】栏中输入计算公式，按下 Enter 键返回毕业后的预计月收入。

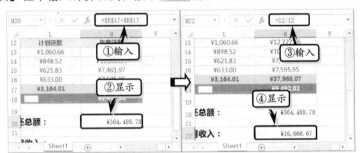

STEP|21 执行【插入】|【插图】|【形状】|【矩形】命令，绘制一个矩形形状。选择形状，执行【绘图工具】|【格式】|【形状样式】|【形状填充】|【无填充颜色】命令，取消填充效果。

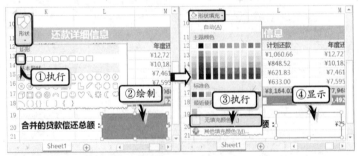

STEP|22 执行【格式】|【形状样式】|【形状轮廓】|【其他轮廓颜色】命令，自定义轮廓颜色。然后，同时，执行【形状轮廓】|【粗细】|【2.25磅】命令，设置轮廓线条的粗细。

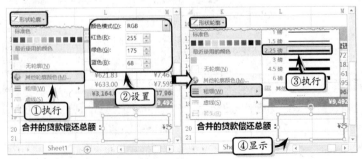

STEP|23 选择形状，在【编辑】栏中输入连接公式，按下 Enter 键显示结果值。使用同样的方法，制作另外一个矩形形状。然后，选择单元格区域 M20:M22，执行【开始】|【字体】|【字体颜色】|【白色，背景 1】命令，隐藏单元格内容。

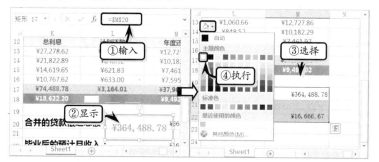

6.8 高手答疑

问题 1：如何更改形状？

解答 1：选择形状，执行【格式】|【插入形状】|【编辑形状】|【更改形状】命令，在其级联菜单中选择一种形状，即可更改已选中的形状。

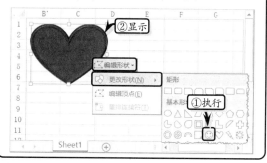

问题 2：如何为形状应用其他填充主题？

解答 2：选择形状，执行【绘图工具】|【格式】|【形状样式】|【其他】|【其他主题填充】命令，在其级联菜单中选择一种主题样式即可。

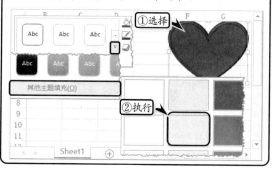

问题 3：如何为形状应用纹理填充？

解答 3：选择形状，执行【绘图工具】|【格式】|【形状样式】|【形状填充】|【纹理】命令，在其级联菜单中选择一种纹理样式即可。

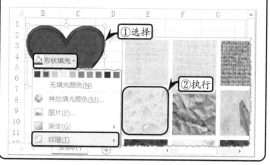

问题 4：如何设置形状的柔化边缘效果？

解答 4：选择形状，执行【绘图工具】|【格式】|【形状样式】|【形状效果】|【柔化边缘】命令，在其级联菜单中选择一种样式即可。

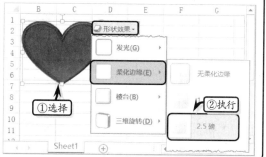

问题5：如何设置文本框中文本的艺术字样式？

解答5：选择文本框，执行【绘图工具】|【艺术字样式】|【其他】命令，在其级联菜单中选择一种艺术字样式即可。

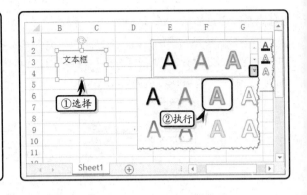

6.9 新手训练营

练习1：制作立体心形形状

downloads\第6章\新手训练营\立体心形形状

提示：本练习中，首先执行【插入】|【插图】|【形状】|【心形】命令，在文档中插入一个心形形状。然后，执行【格式】|【形状样式】|【形状轮廓】|【红色】命令，设置形状的样式。同时，执行【形状样式】|【形状效果】|【三维旋转】|【等轴右上】命令，设置形状的三维旋转效果。最后，取消填充颜色，右击形状执行【设置形状格式】命令，设置形状的三维效果参数。

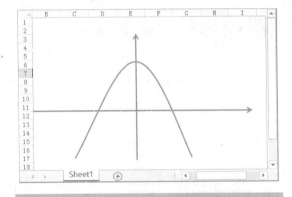

练习3：制作立体圆形

downloads\第6章\新手训练营\立体圆形

提示：本练习中，首先执行【插入】|【插图】|【形状】|【椭圆】命令，绘制椭圆形形状并设置形状的大小。同时，执行【绘图工具】|【格式】|【形状样式】|【形状填充】和【形状轮廓】命令，设置形状的填充颜色和轮廓颜色。然后，在幻灯片中绘制两个小椭圆形形状，并设置形状的大小。然后，右击小椭圆形形状，执行【设置形状格式】命令，选中【渐变填充】选项，设置形状的渐变填充效果。最后，重新排列所有的椭圆形形状。

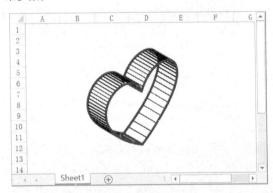

练习2：制作贝塞尔曲线

downloads\第6章\新手训练营\贝赛尔曲线

提示：本练习中，首先执行【插入】|【插图】|【形状】|【箭头】命令，分别绘制一条水平和垂直箭头形状，并调整形状的大小和位置。然后，执行【插入】|【插图】|【形状】|【曲线】命令，在箭头形状上方绘制一个曲线形状。最后，右击曲线形状执行【编辑顶点】命令，调整顶点的位置，同时调整顶点附近线段的弧度。

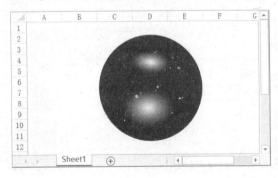

练习 4：制作竹条形

downloads\第 6 章\新手训练营\竹条形

提示：本练习中，首先执行【插入】|【插图】|【形状】|【矩形】命令，插入一个矩形形状。同时，右击形状执行【设置形状格式】命令，选中【渐变填充】选项，并设置其渐变填充颜色。然后，在幻灯片中绘制一个小矩形形状，并设置小矩形形状的渐变填充效果。最后，复制多个小矩形形状，并横向对齐形状。

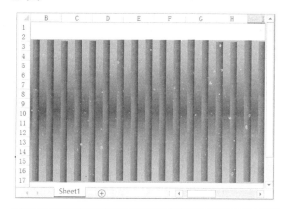

练习 5：制作步骤流程图

downloads\第 6 章\新手训练营\步骤流程图

提示：本练习中，首先，在工作表中绘制多个圆角矩形，输入文本，设置圆角矩形的样式并对齐形状。然后，在圆角矩形形状之间插入箭头形状，设置箭头形状的样式，复制与对齐形状，并旋转与复制形状。最后，在第 1 排与第 2 排矩形形状之间插入一个箭头类型的连接形状，连接上下矩形形状。

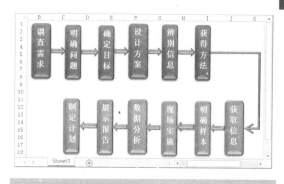

练习 6：制作组合图形

downloads\第 6 章\新手训练营\组合图形

提示：首先，在工作表中绘制两个椭圆形形状，设置形状的填充颜色与轮廓颜色，并调整形状的显示位置。然后，在椭圆形形状上方插入 4 个对角圆角矩形形状，将小椭圆形形状的叠放层次调整为位于顶层，并调整对角圆角矩形形状的对角样式。最后，分别设置 4 个对角圆角矩形的填充颜色、轮廓颜色与轮廓线条粗细，并组合所有的形状。

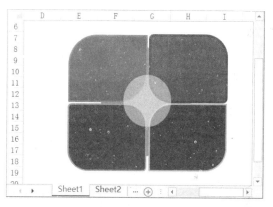

第 **7** 章

使用 SmartArt 图形

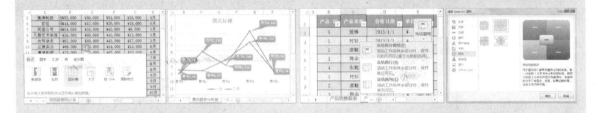

  在 Excel 中，用户可以使用 SmartArt 图形功能，以各种几何图形的位置关系来表现工作表中若干元素之间的逻辑结构关系，从而使工作表更加美观和生动。Excel 2013 为用户提供了多种类型是 SmartArt 预设，并允许用户自由地调用。在本章中，将向用户详细介绍 SmartArt 图形创建、编辑和美化的操作方法和技巧，以让用户了解并掌握这一特定功能。

7.1 创建 SmartArt 图形

SmartArt 图形本质上是 Office 系列软件内置的一些形状图形的集合，其比文本更有利于用户的理解和记忆，因此通常应用在各种富文本文档、电子邮件、数据表格中。

1．SmartArt 图形的类型

在 Excel 2013 中，对 SmartArt 图形功能进行了改进，允许用户创建的 SmartArt 类型主要包括以下几种。

类 别	说 明
列表	显示无序信息
流程	在流程或时间线中显示步骤
循环	显示连续而可重复的流程
层次结构	显示树状列表关系
关系	对连接进行图解
矩阵	以矩形阵列的方式显示并列的 4 种元素
棱锥图	以金字塔的结构显示元素之间的比例关系
图片	允许用户为 SmartArt 插入图片背景
Office.com	显示 Office.com 上可用的其他布局，该类型的布局会定期进行更新

2．SmartArt 图形布局技巧

在使用 SmartArt 显示内容时，用户需要根据其中各元素的实际关系，以及需要传达的信息的重要程度，来决定使用何种 SmartArt 布局。

❏ 信息数量

决定使用 SmartArt 图形布局的最主要因素之一就是需要显示的信息数量。通常某些特定的 SmartArt 图形的类型适合显示特定数量的信息。例如，在"矩阵"类型中，适合显示由 4 种信息组成的 SmartArt 图形，而"循环"结构则适合显示超过 3 组，且不多于 8 组的图形。

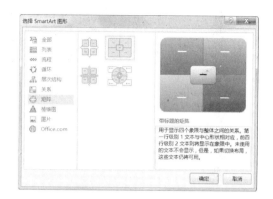

❏ 信息的文本字数

信息的文本字数也可以决定用户应选择哪种 SmartArt 图形。对于每条信息字数较少的图形，用户可选择"齿轮"、"射线群集"等类型的 SmartArt 图形布局。

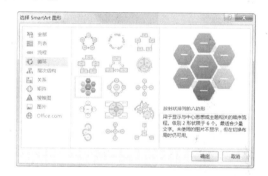

而对于文本字数较多的信息，则用户可考虑选择一些面积较大的 SmartArt 图形，防止 SmartArt 图形的自动缩放文本功能将文本内容缩小，使用户难于识别。

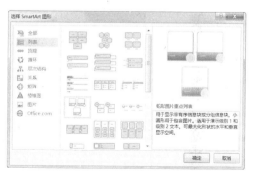

❑ 信息的逻辑关系

决定所使用 SmartArt 图形布局的因素还包括这些信息之间的逻辑关系。例如，当这些信息之间为并列关系时，用户可选择"列表"、"矩阵"类别的 SmartArt 图形。而当这些信息之间有明显的递进关系时，则应选择"流程"或"循环"类别。

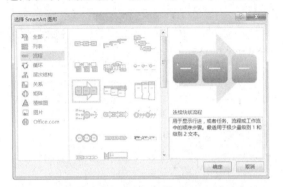

提示

在为显示的信息选择 SmartArt 图形时，应根据信息的内容，具体问题具体分析，灵活地选择多样化的 SmartArt 图形，才能达到最大限度吸引用户注意力的目的。

3. 添加 SmartArt 图形

执行【插入】|【插图】|【SmartArt】命令，在弹出的【选择 SmartArt 图形】对话框中，选择图形类型，单击【确定】按钮，即可在工作表中插入 SmartArt 图形。

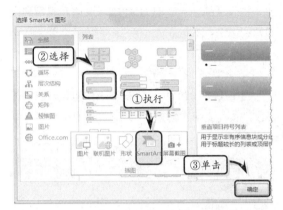

注意

在【选择 SmartArt 图形】对话框中，选择【全部】选项卡，此选项卡中包含了以下 7 个选项卡中的所有图形。

7.2 编辑 SmartArt 图形

为工作表添加完 SmartArt 图形之后，还需要对图形进行编辑，完成 SmartArt 图形的制作。

1. 输入文本

创建 SmartArt 图形之后，右击形状执行【编辑文字】命令，在形状中输入相应的文字。

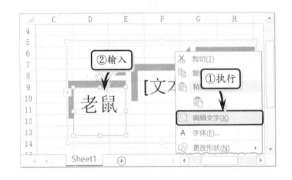

技巧

选择图形，直接单击形状内部或按两次 Enter 键，当光标定位于形状中时，输入文字即可。

另外，选择形状后，执行【SMARTART 工具】|【设计】|【创建图形】|【文本窗格】命令，在弹出的【文本】窗格中输入相应的文字。

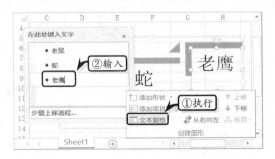

2．添加形状

执行【SMARTART 工具】|【设计】|【创建图形】|【添加形状】命令，在其级联菜单中选择相应的选项，即可为图像添加相应的形状。

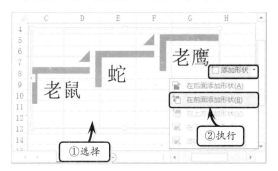

另外，选择图形中的某个形状，右击形状执行【添加形状】命令中的相应选项，即可为图形添加相应的形状。

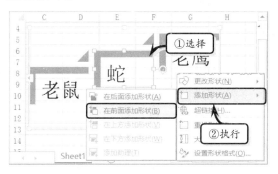

3．添加项目符号

将光标定位于形状中或放置于形状中的文本前，执行【SMARTART 工具】|【设计】|【创建图形】|【添加项目符号】命令，并在项目符号后输入文字。

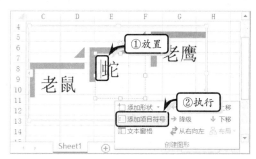

4．设置级别

选择形状，执行【SMARTART 工具】|【设计】|【创建图形】|【降级】或【升级】命令，即可减小或增大所选形状级别。

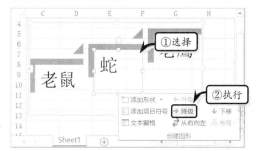

Excel **7.3** 设置布局和样式

在 Excel 中，为了美化 SmartArt 图形，还需要设置 SmartArt 图形的整体布局、单个形状的布局和整体样式。

1．设置 SmartArt 图形的整体布局

选择 SmartArt 图形，执行【SMARTART 工具】|【设计】|【布局】|【更改布局】命令，在其级联菜单中选择相应的布局样式即可。

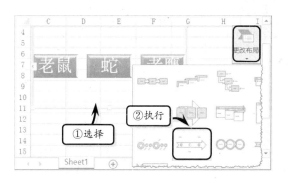

另外，执行【更改布局】|【其他布局】命令，在弹出的【选择 SmartArt 图形】对话框中，选择相应的选项，即可设置图形的布局。

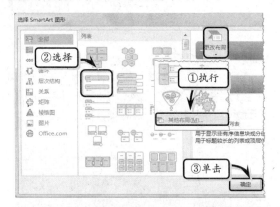

> **提示**
>
> 右击 SmartArt 图形，执行【更改布局】命令，在弹出的【选择 SmartArt 图形】对话框中选择相应的布局。

2. 设置单个形状的布局

选择图形中的某个形状，执行【SMARTART 工具】|【设计】|【创建图形】|【布局】命令，在其下拉列表中选择相应的选项，即可设置形状的布局。

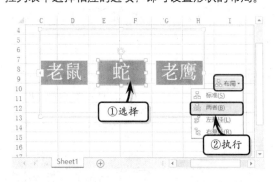

> **注意**
>
> 在 Excel 中，只有在"组织结构图"布局下，才可以设置单元格形状的布局。

3. 设置图形样式

执行【SMARTART 工具】|【设计】|【SmartArt 样式】|【快速样式】命令，在其级联菜单中选择相应的样式，即可为图像应用新的样式。

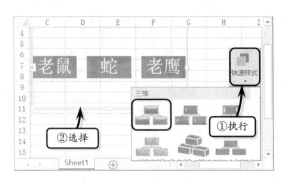

同时，执行【设计】|【SmartArt 样式】|【更改颜色】命令，在其级联菜单中选择相应的选项，即可为图形应用新的颜色。

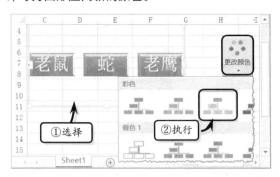

Excel 7.4 调整 SmartArt 图形

调整 SmartArt 图形主要是设置图形的大小和位置、更改图形中形状的外观，以及转换 SmartArt 图形的使用方法和技巧。

1. 调整 SmartArt 图形大小

选择 SmartArt 图形，将鼠标移至图形周围的控制点上，当鼠标变成双向箭头时，拖动鼠标即可调整图形的大小。另外，在【格式】选项卡【大小】选项组中，设置【高度】和【宽度】的数值，即可更改形状的大小。

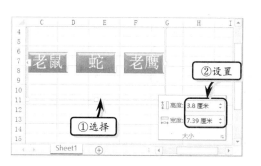

除此之外，右击 SmartArt 图形执行【大小和位置】命令，在弹出的【设置形状格式】任务窗格中的【大小】选项组中，设置【高度】与【宽度】值。

2. 调整图形中单个大小

选择 SmartArt 图形中的单个形状，执行【SmartArt 工具】|【格式】|【形状】|【减小】或【增大】命令即可。

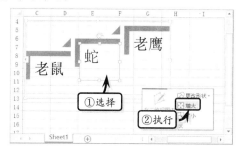

3. 更改图形形状

选择 SmartArt 图形中的某个形状，执行【SmartArt 工具】|【格式】|【形状】|【更改形状】命令，在其级联菜单中选择相应的形状。

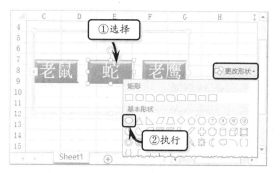

4. 将 SmartArt 图形转换为形状或文本

选择 SmartArt 图形，执行【SMARTART 工具】|【设计】|【重置】|【转换为形状】命令，即可将 SmartArt 图形转换为形状。

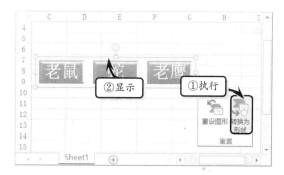

> **提示**
>
> 选择 SmartArt 图形，右击执行【转换为形状】命令，即可将图形转换为形状。

7.5　设置 SmartArt 图形格式

在 Excel 中，可通过设置 SmartArt 图形的填充颜色、形状效果、轮廓样式等方法，来增加 SmartArt 图形的可视化效果。

1. 设置艺术字样式

选择 SmartArt 图形或 SmartArt 图形中的单个形状，执行【格式】|【艺术字样式】|【其他】命令，在其级联菜单中选择相应的样式，即可将形状中的文本更改为艺术字。

> **提示**
>
> SmartArt 形状中的艺术字样式的设置方法，与直接在幻灯片中插入艺术字的设置方法相同。

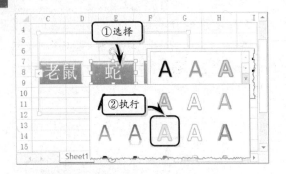

2. 设置形状样式

选择 SmartArt 图形中的某个形状，执行【SMARTART 工具】|【格式】|【形状样式】|【其他】命令，在其级联菜单中选择相应的形状样式。

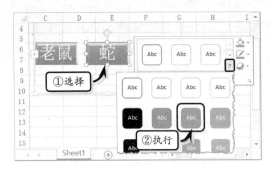

3. 自定义形状效果

选择 SmartArt 图形中的某个形状，执行【SMARTART 工具】|【格式】|【形状样式】|【形状效果】|【棱台】命令，在其级联菜单中选择相应的形状样式。

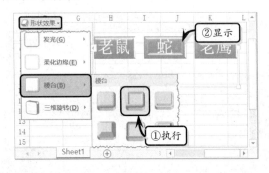

4. 隐藏图形

执行【SMARTART 工具】|【格式】|【排列】|【选择窗格】命令，在弹出的【选择】任务窗格中，单击【全部隐藏】按钮。

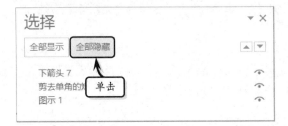

另外，按住 Ctrl 键，逐个单击图形中的其他形状，选择多个形状。然后，执行【格式】|【形状样式】|【形状填充】|【无填充颜色】命令。同时，执行【形状样式】|【轮廓填充】【无轮廓】命令，即可只隐藏所选形状。

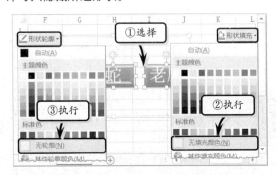

Excel 7.6 制作组织结构图

组织结构图是最常见的表现雇员、职称和群体关系的一种图表，它形象地反映了组织内各机构、岗位上下左右相互之间的关系。本练习将使用 SmartArt 图形制作某公司研发部组织结构图。

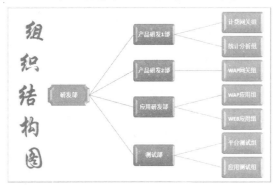

操作步骤 >>>>

STEP|01 插入图形。执行【插入】|【插图】|【SmartArt】命令，在弹出的【选择 SmartArt 图形】对话框中激活【层次结构】选项卡，选择【水平层次结构】选项，将该形状插入到工作簿。

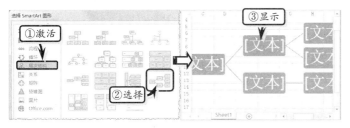

STEP|02 添加形状。选择最左侧的单个形状，执行【SMARTART 工具】|【创建图形】|【添加形状】|【在下方添加形状】命令，在该形状的下方，添加一个形状。使用同样的方法，分别添加其他形状。

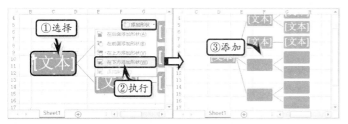

STEP|03 输入文本。单击最左侧的单个形状，输入文本，并在【开始】选项卡【字体】选项组中，设置文本的字体格式。使用同样的方法，分别为其他形状输入文本。

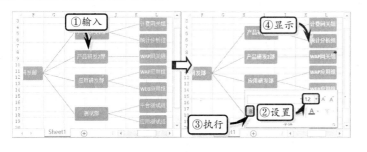

STEP|04 设置图形样式。选择 SmartArt 图形，执行【SMARTART 工具】|【SmartArt 样式】|【快速样式】|【嵌入】命令，设置图形样式。同时，执行【更改颜色】|【彩色范围，着色 4 至 5】命令，设置图形的颜色。

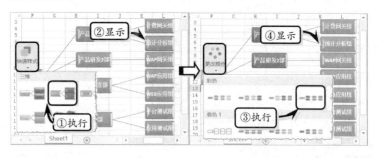

STEP|05 更改单个形状。选择最左侧的单元格形状，执行【SMARTART 工具】|【格式】|【形状样式】|【形状填充】|【浅蓝】命令，设置形状的填充颜色。同时，执行【格式】|【形状】|【更改形状】|【缺角矩形】命令，更改形状的样式。

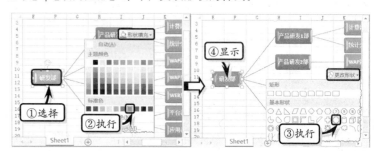

STEP|06 插入艺术字。执行【插入】|【文本】|【艺术字】|【填充-蓝色，着色，阴影】命令，输入艺术字文本并设置文本的字体格式。然后，执行【开始】|【对齐方式】|【方向】|【竖排文字】命令，更改文本方向。

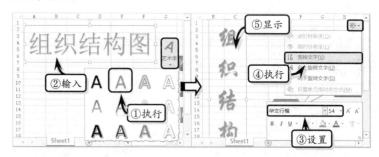

STEP|07 设置艺术字颜色。选择艺术字，执行【绘图工具】|【格式】|【艺术字样式】|【文本填充】|【紫色】命令。同时，执行【格式】|【艺术字样式】|【文本轮廓】|【紫色】命令，设置艺术字的填充和轮廓颜色。

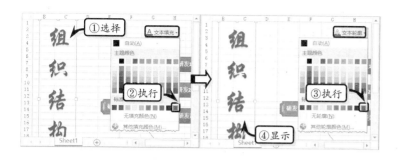

提示

在【格式】选项卡【艺术字样式】选项组中，单击【对话框启动器】按钮，可在弹出的任务窗格中自定义艺术字的格式。

STEP|08 设置艺术字的效果。执行【绘图工具】|【格式】|【艺术字样式】|【文本效果】|【转换】|【下弯弧】命令，设置艺术字的文本效果。同时，在【视图】选项卡【显示】选项组中，禁用【网格线】命令，隐藏工作表中的网格线。

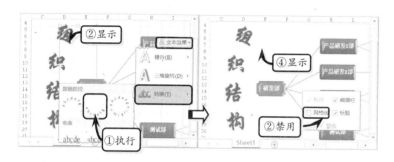

提示

用户可通过执行【文本效果】|【转换】|【无转换】命令，取消转换效果。

Excel

7.7 制作渠道营销预算表

　　渠道营销是采用渠道作为销售形势而进行的一种销售，是连接和承载产品和服务的载体，也是企业重要的资产值之一。为了管理营销渠道，也为了促进企业的产值，营销负责人需要根据实际情况或历史数据，来预测下一季度或年度的营销情况。在本练习中，将详细介绍制作渠道市场营销预算表的操作方法和技巧。

练习要点

- 应用主题
- 插入表格
- 设置形状样式
- 设置表格样式
- 插入图片
- 设置图片格式
- 使用艺术字

渠道市场营销预算表

操作步骤 ▶▶▶▶

STEP|01 设置表格标题。新建工作表，首先设置工作表的行高，并更改工作表的名称。然后，在单元格 B1 中输入标题文本，设置文本的字体格式，并调整该行的行高和列宽。

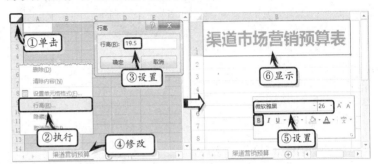

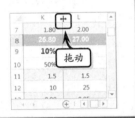
STEP|02 制作基础表格。在工作表中输入基础数据，并分别设置数据的对齐格式。然后，选择全部数据，在【开始】选项卡【字体】选项组中，设置文本的字体格式。

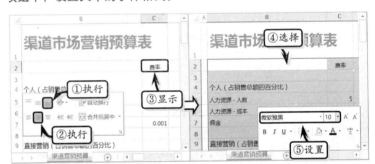

STEP|03 选择单元格区域 B3:P3，执行【开始】|【字体】|【加粗】命令，并将【字号】设置为"11"。然后，执行【字体】|【字体颜色】|【其他颜色】命令，在弹出的【颜色】对话框中，自定义文本颜色。使用同样的方法，设置其他字体格式。

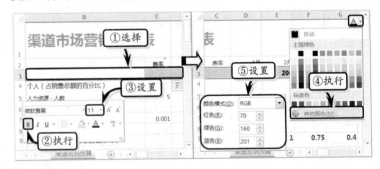

STEP|04 设置数字格式。选择单元格区域 D4:O4，右击执行【设置数字格式】命令，激活【数字】选项卡，选择【百分比】选项，并设置小数位数。使用同样的方法，设置其他单元格的数字格式。

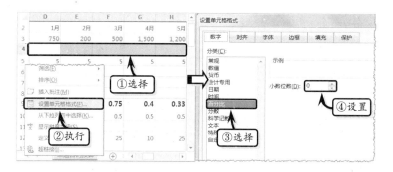

STEP|05 设置边框格式。选择单元格区域 B2:Q2，右击执行【设置单元格格式】命令，在【边框】选项卡中设置边框线条样式。然后，选择单元格区域 B8:Q8，在【边框】选项卡中设置边框线条样式。

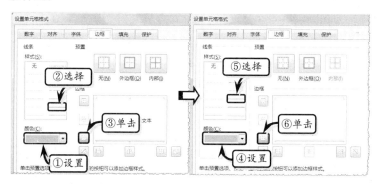

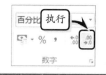

STEP|06 选择单元格区域 B4:Q4，右击执行【设置单元格格式】命令，在【边框】选项卡中设置边框线条样式。选择单元格区域 B6:Q6，右击执行【设置单元格格式】命令，在【边框】选项卡中设置边框线条样式。使用同样方法，设置其他单元格的边框样式。

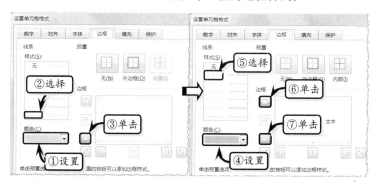

STEP|07 设置填充颜色。选择单元格区域 B2:Q2，执行【开始】|【字体】|【填充颜色】|【其他颜色】命令，在【颜色】对话框中自定义颜色值。然后，选择单元格 C3，执行【开始】|【字体】|【填充颜色】|【白色，背景 1，深色 5%】命令。使用同样的方法，分别设置其他单元格的填充颜色。

提示

在设置边框格式时，在【设置单元格格式】对话框中的【边框】选项卡中，单击【颜色】下拉按钮，选择【其他颜色】选项，在【颜色】对话框中自定义如下颜色值。

提示

单元格 B3 计算公式中的"&"符号为连接符号，该符号可以连接文本和公式，或者连接文本或单元格引用。在本公式中，主要起到连接"人员总额 ¥"文本和单元格 P8，以及左右括弧的作用。

提示

单元格 D6 公式中的"$"符号为绝对引用符号，表示无论公式如何复制或移动，包含绝对引用符号的单元格将保持不变。输入公式时，将光标定位在单元格名称前面，按下 F4 键，即可添加绝对引用符号。

提示

单元格 D8 中的 SUM 函数是求和函数，属于数学和三角函数。该函数的表达式为：=SUM(number1, number2...)，主要用于对所选区域或数值的求和计算，在计算过程中将忽略空白单元格、逻辑值或文本。

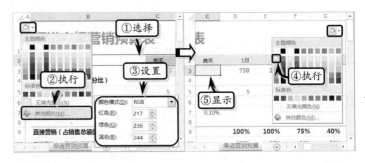

STEP|08 显示文本总额。选择单元格 B3，在【编辑】栏中输入连接公式，按下 Enter 键返回计算结果。选择单元格 B8，在【编辑】栏中输入连接公式，按下 Enter 键返回计算结果。使用同样的方法，创建其他单元格文本和数字的链接结果。

STEP|09 计算个人数据。选择单元格 D4，在【编辑】栏中输入计算公式，按下 Enter 键返回计算结果。然后，选择单元格 D6，在【编辑】栏中输入计算公式，按下 Enter 键返回人力资源-成本值。

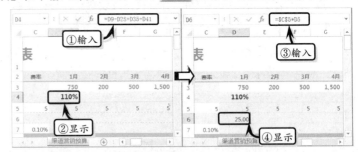

STEP|10 选择单元格 D7，在【编辑】栏中输入计算公式，按下 Enter 键返回佣金值。使用同样方法，计算其他直接营销数据。选择单元格 D8，在【编辑】栏中输入计算公式，按下 Enter 键返回直接营销总额值。使用同样的方法，计算其他个人数据。

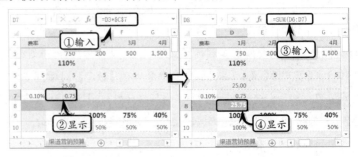

STEP|11 计算电话营销数据。选择单元格 D11，在【编辑】栏中输入计算公式，按下 Enter 键返回人力资源-人数。选择单元格 D13，在【编辑】栏中输入计算公式，按下 Enter 键返回佣金值。

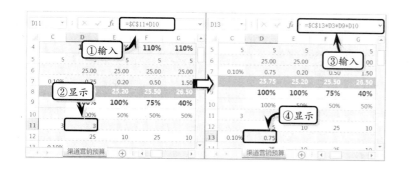

STEP|12 选择单元格 D15，在【编辑】栏中输入计算公式，按下 Enter 键返回 1 月份电话营销总额。然后，选择单元格区域 D11:O11、D13:O13 和 D15:O15，执行【开始】|【编辑】|【填充】|【向右】命令，向右填充数据。使用同样的方法，分别计算其他渠道数据。

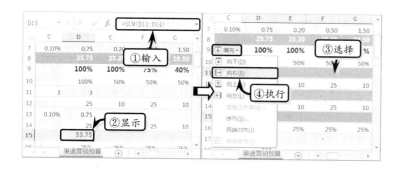

STEP|13 计算总计值。选择单元格 P3，在【编辑】栏中输入计算公式，按下 Enter 键返回预计销售总额的合计值。选择单元格 D58，在【编辑】栏中输入计算公式，按下 Enter 键返回营销预算总额。使用同样的方法，分别计算其他总计值。

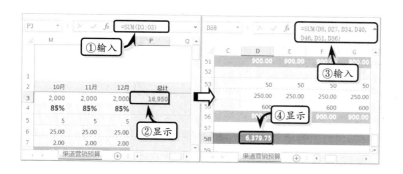

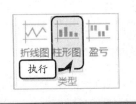

STEP|14 添加迷你图。选择单元格 Q8，执行【插入】|【迷你图】|【折线图】命令，在弹出的【创建迷你图】对话框中，设置数据范围，单击【确定】按钮即可。使用同样的方法，为其他单元格中插入折线图迷你图。

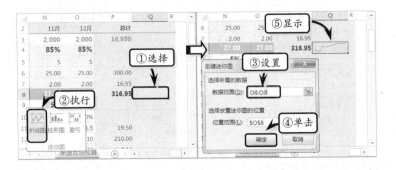

STEP|15 选择所有的迷你图，执行【迷你图工具】|【分组】|【组合】命令，组合迷你图。然后，在【显示】选项组中，同时启用【高点】和【低点】复选框。

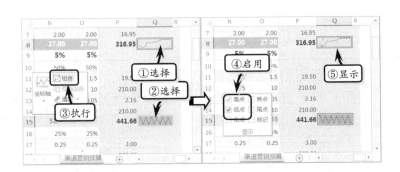

STEP|16 执行【迷你图工具】|【设计】|【样式】|【样式】|【迷你图颜色】|【黑色，文字 1，淡色 50%】命令，同时执行【标记颜色】|【高点】|【红色】命令，以及【标记颜色】|【低点】|【深蓝】命令。

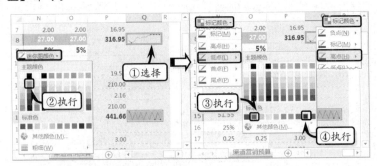

7.8 高手答疑

问题 1：如何恢复到图形的最初状态？

解答 1：重设图形是放弃对 SmartArt 图形所做的全部格式的更改。选择 SmartArt 图形，执行【设计】|【重置】|【重设图形】命令，恢复图形的最初状态。

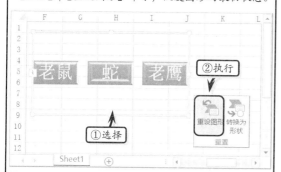

技巧

用户也可以右击图形，执行【重设图形】命令，来重设 SmartArt 图形。

问题 2：如何快速设置 SmartArt 图形的样式？

解答 2：右击 SmartArt 图形的边框，系统会自动弹出快捷菜单，执行【样式】命令，在级联菜单中选择相应的选项即可。

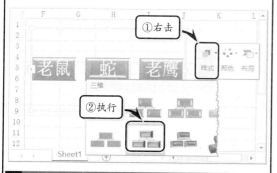

提示

使用同样的方法，还可以快速设置图形的颜色和布局样式。

问题 3：如何将 SmartArt 图形还原为形状？

解答 3：SmartArt 图形可以看成是由多个形状组合而成的。选择 SmartArt 图形，右击执行【组合】|

【取消组合】命令，将 SmartArt 图形还原为形状。

问题 4：如何更改 SmartArt 图形的方向？

解答 4：选择要更改的 SmartArt 图形，执行【SMARTART 工具】|【设计】|【创建图形】|【从右向左】命令即可。

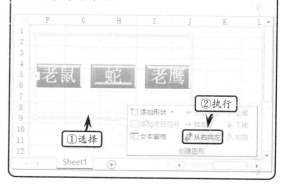

问题 5：如何更改 SmartArt 图形中形状的位置？

解答 5：选择 SmartArt 图形中的单个形状，执行【SMARTART 工具】|【设计】|【创建图形】|【上移】或【下移】命令即可。

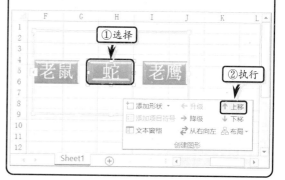

7.9 新手训练营

练习 1：制作员工素质图

downloads\第7章\新手训练营\员工素质图

提示：本练习中，首先在工作表中绘制一个椭圆形和矩形形状，设置形状的大小并设置形状的填充颜色和轮廓样式。然后，执行【插入】|【插图】|【SmartArt】命令，选择【分离射线】选项。为图形输入文本，并设置文本的字体格式。最后，执行【设计】|【SmartArt样式】|【卡通】命令，设置图形的样式，以及执行【更改颜色】命令，更改图形的颜色。

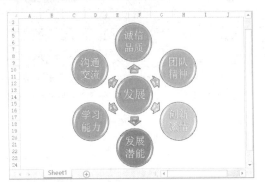

练习 2：制作薪酬设计方案内容图像

downloads\第7章\新手训练营\薪酬设计方案内容图像

提示：本练习中，首先执行【插入】|【插图】|【SmartArt】命令，选择【垂直 V 型列表】选项。然后，为图形添加文本内容，并设置文本的字体格式。最后，设置图形的"日落场景"样式和"彩色填充-着色2"颜色。

练习 3：制作资产效率分析图

downloads\第7章\新手训练营\资产效率分析图

提示：本练习中，首先在工作表中插入两个矩

形形状，调整形状的大小并设置形状的填充和轮廓颜色。然后，执行【插入】|【插图】|【SmartArt】命令，选择【分段循环】选项。输入图形文本，并设置图形的"嵌入"样式和"彩色填充-着色2"颜色。最后，在图形中插入泪滴形形状，依次设置形状的渐变填充颜色。同时，为形状输入文本并设置文本的字体格式。

练习 4：制作偿债能力分析图

downloads\第7章\新手训练营\偿债能力分析图

提示：本练习中，首先执行【插入】|【插图】|【SmartArt】命令，选择【齿轮】选项。输入图形文本，并设置图形的"嵌入"样式。然后，右击图形中的单个形状，执行【设置单元格格式】命令，设置形状的渐变填充效果。使用同样的方法，分别设置其他形状的渐变填充效果。最后，在工作表中插入"流程图：文档"形状，并设置形状的填充效果和轮廓样式。同时，输入形状文本并设置文本的字体格式。随后，在工作表中插入箭头形状，调整其具体位置，并设置箭头的轮廓样式。

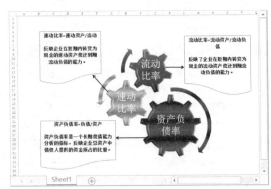

练习 5：制作步骤图

downloads\第 7 章\新手训练营\步骤图

提示：本练习中，首先执行【插入】|【插图】|【SmartArt】命令，选择【垂直流程】选项，在工作表中插入两个 SmartArt 图形。同时，为图形输入文本并设置文本的字体格式。然后，将图形样式设置为"嵌入"样式，并分别将两个图形的颜色设置为"彩色填充-着色 2"和"彩色填充-着色 1"。最后，插入一个"肘形箭头链接符"形状，链接两个 SmartArt 图形，并设置形状的轮廓样式。随后，在工作表中插入艺术字，

输入艺术字文本并设置文本的字体格式。

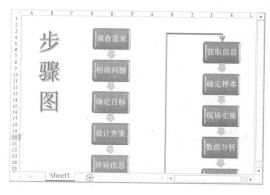

第 **8** 章

管 理 数 据

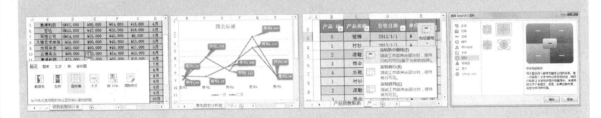

　　运用 Excel 中的数据管理功能，既可以通过数据排序、数据筛选和汇总等操作，方便、快捷地获取与整理相关数据，以便可以更好地显示工作表中的明细数据，帮助用户发现数据反映的变化规律等功能之外；还可以通过条件格式功能，以指定的颜色显示数据所在单元格，以便可以直观地查看和分析数据，帮助用户发现关键问题以及识别数据模式和发展趋势。

　　在本章中，将详细介绍管理数据的使用技巧，从而可以让用户通过灵活应用 Excel 中的一些基础管理功能，来提高工作效率与分析数据的能力。

8.1 数据排序

对数据进行排序有助于快速直观地显示、理解数据、查找所需数据等，有助于做出有效的决策。在 Excel 中，用户可以对文本、数字、时间等对象进行排序操作。

1. 默认排序次序

在对数据进行排序之前，还需要先了解一下系统默认排序数据的次序。在按升序排序时，Excel 使用如下表中的排序次序。但，当 Excel 按降序排序时，则使用相反的次序。

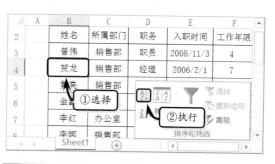

注意

在对汉字进行排序时，首先按汉字拼音的首字母进行排列。如果第一个汉字相同时，按相同汉字的第二个汉字拼音的首字母排列。

另外，如果对字母列进行排序时，即将按照英文字母的顺序排列。如从 A 到 Z 升序排列或者从 Z 到 A 降序排列。

3. 对数字进行排序

选择单元格区域中的一列数值数据，或者列中任意一个包含有数值数据的单元格。然后，执行【数据】|【排序和筛选】|【升序】或【降序】命令。

值	次　　序
数字	数字按从最小的负数到最大的正数进行排序
日期	日期按从最早的日期到最晚的日期进行排序
文本	字母按从左到右的顺序逐字符进行排序。 文本以及包含存储为文本的数字的文本按以下次序排序：0 1 2 3 4 5 6 7 8 9 （空格）! " # $ % & ( ) * , . / : ; ? @ [\ ] ^ _ ` { | } ~ + < = > A B C D E F G H I J K L M N O P Q R S T U V W X Y Z (')撇号和(-)连字符会被忽略。但例外情况是：如果两个文本字符串除了连字符不同外其余都相同，则带连字符的文本排在后面
逻辑	在逻辑值中，False 排在 True 之前
错误	所有错误值（如#NUM!和#REF!）的优先级相同
空白单元格	无论是按升序还是按降序排序，空白单元格总是放在最后

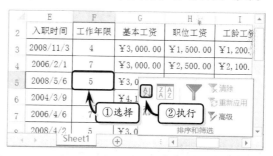

注意

在对数字列排序时，检查所有数字是否都存储为【数字】格式。如果排序结果不正确时，可能是因为该列中包含有【文本】格式（而不是数字）的数字。

2. 对文本进行排序

在工作表中，选择需要排序的单元格区域或单元格区域中的任意一个单元格，执行【数据】|【排序和筛选】|【升序】或【降序】命令。

4. 对日期或时间进行排序

选择单元格区域中的一列日期或时间，或者列

中任意一个包含有日期或时间的单元格。然后，执行【数据】|【排序和筛选】|【升序】或【降序】命令，对单元格区域中的日期按升序进行排列。

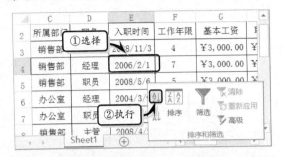

注意

注意

如果对日期或时间排序结果不正确时，可能因为该列中包含有【文本】格式（而不是日期或时间）的日期或时间格式。

5. 自定义序列进行排序

Excel 提供内置的排序顺序，也可以创建自己的自定义序列。

首先，选择单元格区域中的一列数据，或者确保活动单元格在表列中。然后，执行【数据】|【排序和筛选】|【排序】命令，打开【排序】对话框。

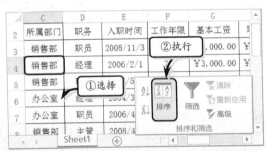

注意

用户也可以通过执行【开始】|【编辑】|【排序和筛选】|【自定义排序】命令，打开【排序】对话框。

□ 单一条件排序

在弹出的【排序】对话框中，分别设置【主要关键字】为"所属部门"字段；【排序依据】为"数值"；【次序】为"升序"。

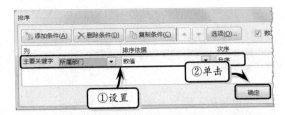

提示

在【排序】对话框中，如果禁用"数据包含标题"复选框时，【主要关键字】中的列表框中将显示列标识（如列 A、列 B 等）。并且字段名有时也将参与排序。

□ 多条件排序

用户还可以单击【添加条件】按钮，添加【次要关键字】条件，并通过设置相关排序内容的方法，来进行多条件排序。

注意

可以通过单击【删除条件】按钮，来删除当前的条件关键字；另外还可以单击【复制条件】按钮，复制当前的条件关键字。

□ 设置排序选项

在【排序】对话框中，单击【选项】按钮，在弹出的【排序选项】对话框中，设置排序的方向和方法。

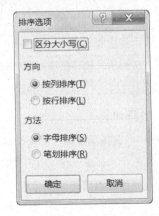

如果在【排序选项】对话框中，启用【区分大小写】复选框，则字母字符的排序次序为：aAbBcCdDeEfFgGhHiIjJkKlLmMnNoOpPqQrRsStTuUvVwWxXyYzZ。

按钮即可自定义序列的新类别。

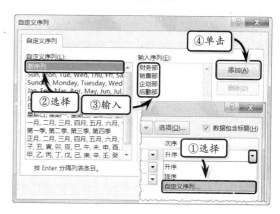

❏ 设置排序序列类型

在【排序】对话框中，单击【次序】下拉按钮，在其下拉列表中选择【自定义】选项。在弹出的【自定义序列】对话框中，选择【新序列】选项，在【输入序列】文本框中输入新序列文本，单击【添加】

Excel 8.2 数据筛选

Excel 具有较强的数据筛选功能，可以从庞杂的数据中挑选并删除无用的数据，从而保留符合条件的数据。

1. 自动筛选数据

使用自动筛选可以创建 3 种筛选类型：按列表值、按格式和按条件。对于每个单元格区域或者列表来说，这 3 种筛选类型是互斥的。

❏ 筛选文本

选择包含文本数据的单元格区域，执行【数据】|【排序与筛选】|【筛选】命令，单击【所属部门】筛选下拉按钮，在弹出的文本列表中可以取消作为筛选依据的文本值。例如，只启用【销售部】复选框，以筛选销售部部门员工的工资额。

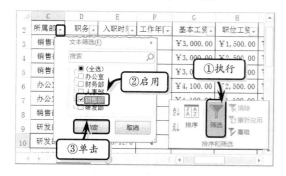

另外，单击【所属部门】下拉按钮，选择【文本筛选】级联菜单中的选项，如选择【不等于】选项，在弹出的对话框中，进行相应设置，即可对文

本数据进行相应的筛选操作。

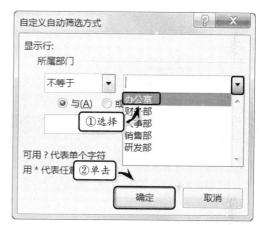

在筛选数据时，通过【自定义自动筛选方式】对话框，可以设置按照多个条件进行筛选。如果用户需要同时满足两个条件，则需选择【与】单选按钮；若用户只需满足两个条件之一，可选择【或】单选按钮。

文本值列表最多可以达到 10 000。如果列表很大，请清除顶部的"(全选)"，然后选择要作为筛选依据的特定文本值。

❏ 筛选数字

单击【基本工资】下拉按钮，在【数字筛选】

级联菜单中选择所需选项，如选择"大于"选项。

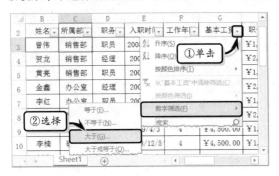

然后，在弹出的【自定义自动筛选方式】对话框中，设置筛选添加，单击【确定】按钮之后，系统将自动显示筛选后的数值。

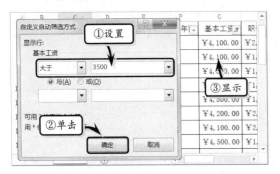

在【自定义自动筛选方式】对话框中最多可以设置两个筛选条件，筛选条件可以是数据列中的数据项，也可以为自定义筛选条件，对每个筛选条件，共有 12 种筛选方式供用户选择，其具体情况如下表所述。

方 式	含 义
等于	当数据项与筛选条件完全相同时显示
不等于	当数据项与筛选条件完全不同时显示
大于	当数据项大于筛选条件时显示
大于或等于	当数据项大于或等于筛选条件时显示
小于	当数据项小于筛选条件时显示
小于或等于	当数据项小于或等于筛选条件时显示
开头是	当数据项以筛选条件开始时显示
开头不是	当数据项不以筛选条件开始时显示
结尾是	当数据项以筛选条件结尾时显示
结尾不是	当数据项不以筛选条件结尾时显示
包含	当数据项内含有筛选条件时显示
不包含	当数据项内不含筛选条件时显示

提示

以下通配符可以用作筛选的比较条件。

- ？（问号）　任何单个字符；
- ＊（星号）　任何多个字符。

2. 高级筛选

当用户需要按照指定的多个条件筛选数据时，可以使用 Excel 中的高级筛选功能。在进行高级筛选数据之前，还需要按照系统对数据筛选的规律，制作筛选条件区域。

一般情况下，为了清晰地查看工作表中的筛选条件，需要在表格的上方或下方制作筛选条件和筛选结果区域。

	D	E	F	G	H	I
22	职员	2007/4/5	6	￥4,200.00	￥1,500.00	￥1,800.00
23	职员	2010/3/1	3	￥4,200.00	￥1,500.00	￥900.00
24	总监	2006/3/9	7	￥3,000.00	￥4,000.00	￥2,100.00
25	主管	2005/4/3	8	￥4,300.00	￥2,000.00	￥2,400.00
26			筛选条件			
27	职务	入职时间	工作年限	基本工资	职位工资	工龄工资
28			>5			
29						
30			筛选结果			

提示

在制作筛选条件区域时，其列标题必须与需要筛选的表格数据的列标题一致。

然后，执行【排序和筛选】|【高级】命令，在弹出的【高级筛选】对话框中，选中【将筛选结果复制到其他位置】选项，并设置【列表区域】、【条件区域】和【复制到】选项。

在【高级筛选】对话框中，单击【确定】按钮之后，系统将自动在指定的筛选结果区域，显示筛

选结果值。

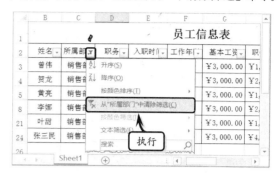

在同一行输入两个条件进行筛选时，则筛选的结果必须同时满足这两个条件；如果在不同行输入了两个条件进行筛选时，则筛选结果只需满足其中任意一个条件。

另外，在【高级筛选】对话框中，主要包括下列表格中的一些选项。

选 项	说 明
在原有区域筛选结果	表示筛选结果显示在原数据清单位置，且原有数据区域被覆盖
将筛选结果复制到其他位置	表示筛选后的结果将显示在其他单元格区域，与原表单并存，但需要指定单元格区域
列表区域	表示要进行筛选的单元格区域
条件区域	表示包含指定筛选数据条件的单元格区域
复制到	表示放置筛选结果的单元格区域
选择不重复的记录	启用该选项，表示将取消筛选结果中的重复值

3．清除筛选

当用户不需要显示筛选结果时，可通过下列 3 种方法来清除筛选状态。

❏ 使用命令

单击字段名后面的筛选按钮，执行【清除筛选】

命令。例如，单击【所属部门】字段名后面的筛选下拉按钮，执行【从"所属部门"中清除筛选】命令。

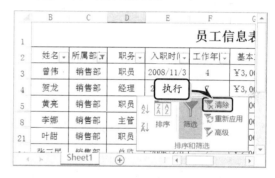

❏ 使用选项组

执行【数据】|【排序和筛选】|【清除】命令，即可清除已设置的筛选效果。

❏ 使用【排序和筛选】命令

另外，还可以执行【开始】|【编辑】|【排序和筛选】|【清除】命令，来清除工作表中的筛选状态。

Excel

8.3 分类汇总数据

在 Excel 中，用户可以通过分类汇总功能对数据进行统计汇总操作。其中，分类汇总是数据处理的另一种重要工具，它可以在数据清单中轻松快速地汇总数据。

1. 创建分类汇总

选择列中的任意单元格，执行【数据】|【排序和筛选】|【升序】或【降序】命令，排序数据。然后，执行【数据】|【分组显示】|【分类汇总】命令。

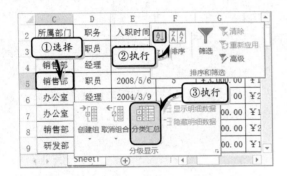

在弹出的【分类汇总】对话框中，将【分类字段】设置为"所属部门"。然后，启用【选定汇总项】列表框中的【基本工资】与【合计】选项。

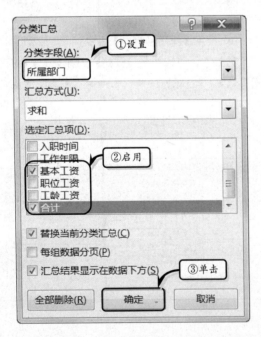

单击【确定】按钮之后，工作表中的数据将以部门为基准进行汇总计算。

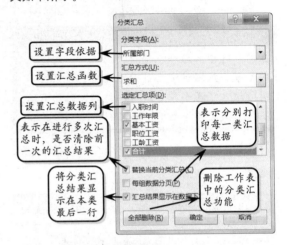

其中，【分类汇总】对话框中的各项选项的含义如下所示。

2. 展开或折叠数据细节

在显示分类汇总结果的同时，分类汇总表的左侧自动显示一些分级显示按钮。

图标	名 称	功 能
+	展开细节	单击此按钮可以显示分级显示信息
-	折叠细节	单击此按钮可以隐藏分级显示信息
1	级别	单击此按钮只显示总的汇总结果，即总计数据
2	级别	单击此按钮则显示部分数据及其汇总结果
3	级别	单击此按钮显示全部数据
|	级别条	单击此按钮可以隐藏分级显示信息

3. 复制汇总数据

首先，选择单元格区域，执行【开始】|【编辑】|【查找和选择】|【定位条件】命令。在弹出的【定位条件】对话框中，启用【可见单元格】选

项，并单击【确定】按钮。

然后，右击鼠标执行【复制】命令，复制数据。

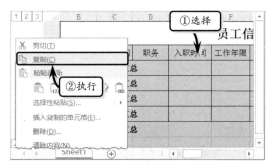

最后，选择需要复制的位置，右击执行【复制】|【粘贴】命令，粘贴汇总结果值。

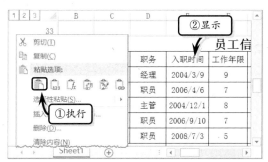

4．创分级显示

在 Excel 中，用户还可以通过【创建组】功能分别创建行分级显示和列分级显示。

❏ 创建行分级显示

选择需要分级显示的行，执行【数据】|【分级显示】|【创建组】|【创建组】命令。

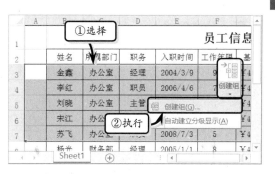

此时，系统会自动显示所创建的行分级。使用同样的方法，可以为其他行创建分级功能。

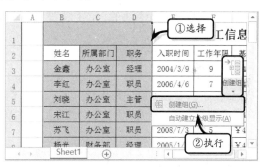

❏ 创建列分级显示

列分级显示与行分级显示操作方法相同。选择需要创建的列，执行【分级显示】|【创建组】|【创建组】命令即可。

此时，系统会自动显示所创建的行分级。使用同样的方法，可以为其他列创建分级功能。

5. 取消分类汇总

创建分类汇总之后，执行【数据】|【分级显示】|【取消组合】|【清除分级显示】命令，来取消已设置的分类汇总效果。

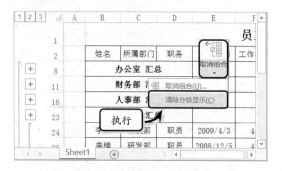

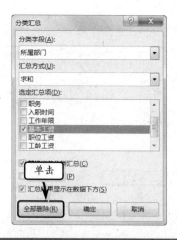

另外，还可以执行【数据】|【分类显示】|【分类汇总】命令。在弹出的【分类汇总】对话框中，单击【全部删除】按钮，即可取消已设置的分类汇总效果。

> **提示**
>
> 如果用户需要取消行或列的分级显示，可先选择需要取消组的行或列中任意单元格。然后，执行【分级显示】|【取消组合】|【取消组合】命令。在弹出的【取消组合】对话框中，选择行或列选项即可。

Excel 8.4 设置数据验证

数据验证是指定向单元格中输入数据的权限范围，该功能可以避免数据输入中的重复、类型错误、小数位数过多等错误情况。

1. 设置整数或小数类型

选择单元格或单元格区域，执行【数据工具】|【数据验证】|【数据验证】命令。在弹出的【数据验证】对话框中，选择【允许】列表中的【整数】或【小数】选项，并设置其相应的选项。

另外，用户还可在【数据】、【最小值】、【最大

值】文本框中详细设置数据的有效性条件。

> **提示**
>
> 设置数据的有效性权限是（A1>=1,<=9）的整数，当在 A1 单元格中输入权限范围以外的数据时，系统自动显示提示对话框。

2. 设置序列类型

选择单元格或单元格区域，在【数据验证】对话框的【允许】列表中选择【序列】选项，并在【来源】文本框中设置数据来源。

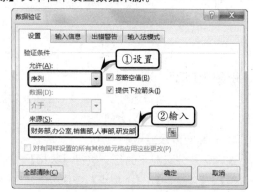

用户也可以在【允许】列表中选择【自定义】选项，通过在【来源】文本框中输入公式的方法，来达到高级限制数据的功效。

3．设置日期或时间类型

在【数据验证】对话框中的【允许】列表中，选择【日期】或【时间】选项，再设置其相应的选项。

如果指定设置数验证的单元格为空白单元格，启用【数据验证】对话框中的【忽略空值】复选框即可。

4．设置长数据样式

选择单元格或单元格区域，在【数据验证】对话框中，将【允许】设置为"文本长度"，将【数据】设置为"等于"，将【长度】设置为"11"，即只能设置在单元格中输入长度为 11 位的数据。

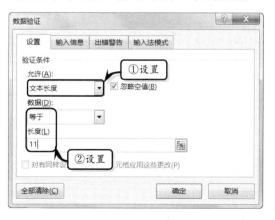

5．设置出错警告与输入信息

在【数据验证】对话框中，选择【出错警告】选项卡，设置在输入无效数据时系统所显示的警告样式与错误信息。

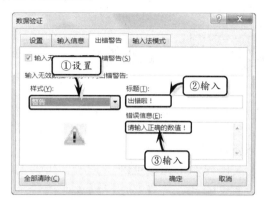

另外，激活【输入信息】选项卡，在【输入信息】文本框中输入需要显示的文本信息即可。

6．圈释无效数据

无效数据是相对于已设置数据验证的单元格区域，来显示没有设置数据验证的单元格该区域。

首先，为单元格区域 F3:F6 设置验证条件。然后，选择单元格区域 E3:G7，执行【数据】|【数据工具】|【数据验证】|【圈释无效数据】命令，此时系统将自动显示没有设置数据验证功能的单元格。

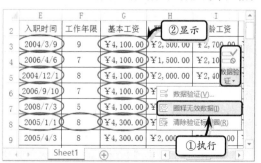

Excel 8.5 使用条件格式

条件格式可以凸显单元格中的一些规则，除此
之外条件格式中的数据条、色阶和图标集还可以区
别显示数据的不同范围。

1．突出显示单元格规则

突出显示单元格规则是运用 Excel 中的条件格
式，来突出显示单元格中指定范围段的等数据规则。

❏ 突出显示大于值

选择单元格区域，执行【开始】|【样式】|【条
件格式】|【突出显示单元格规则】|【大于】命令。

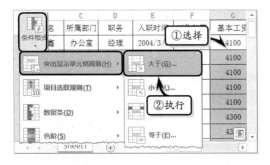

在弹出的【大于】对话框中，可以直接修改数
值。或者单击文本框后面的【折叠】按钮，来选择
单元格。同时，单击【设置为】下拉按钮，在其下
拉列表中选择【绿填充色深绿色文本】选项。

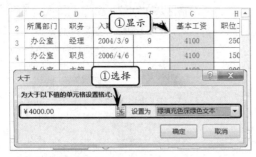

❏ 突出显示重复值

选择单元格区域，执行【开始】|【样式】|【条
件格式】|【突出显示单元格规则】|【重复值】命令。

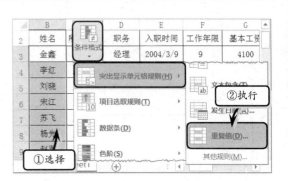

在弹出的【重复值】对话框中，单击【值】下
拉按钮，选择【重复】选项。并单击【设置为】下
拉按钮，选择【黄填充色深黄色文本】选项。

2．项目选取规则

在 Excel 中，可以使用条件格式中的项目选取
规则，来分析数据区域中的最大值、最小值与平均值。

选择单元格区域，执行【开始】|【样式】|【条
件格式】|【项目选取规则】|【前 10 项】命令。

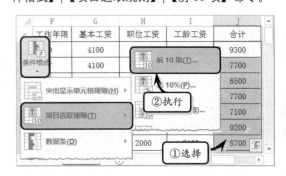

在弹出的【前 10 项】对话框中，设置最大项数，以及单元格显示的格式。单击【确定】按钮，即可查看所突出显示的单元格。

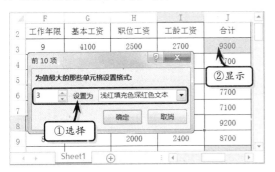

3．数据条

条件格式中的数据条，是以不同的渐变颜色或填充颜色的条形形状，形象地显示数值的大小。

选择单元格区域，执行【开始】|【样式】|【条件格式】|【数据条】命令，并在级联菜单中选择相应的数据条样式即可。

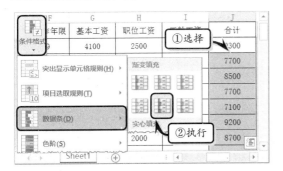

提示

数据条可以方便用户查看单元格中数据的大小。因为带颜色的数据条的长度表示单元格中值的大小。数据条越长，则所表示的数值越大。

4．色阶

条件格式中色阶，是以不同的颜色条显示不同区域段内的数据。

选择单元格区域，执行【样式】|【条件格式】|【色阶】命令，在级联菜单中选择相应的色阶样式。

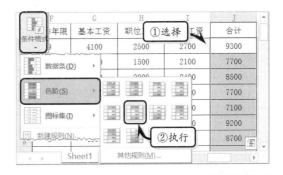

提示

颜色刻度作为一种直观的指示，可以帮助用户了解数据分布和数据变化。双色刻度通过两种颜色的深浅程度来比较某个区域的单元格。颜色的深浅表示值的高低。

5．图标集

使用图标集可以对数据进行注释，并可以按阈值将数据分为三到五个类别。每个图标代表一个值的范围。

选择单元格区域，执行【开始】|【样式】|【条件格式】|【图标集】命令，并在级联菜单中选择相应的图标样式即可。

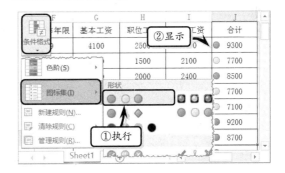

Excel 8.6 应用条件规则

规则是用户在条件格式查看数据、分析数据时的准则，主要用于筛选并突出显示所选单元格区域中的数据。在 Excel 中用户除了可以自己定义所需要的规则，也可以清除所应用的规则，以及管理规则。

1. 新建规则

选择单元格区域，执行【开始】|【样式】|【条件格式】|【新建规则】命令。在弹出的【新建格式规则】对话框中，选择【选择规则类型】列表中的【基于各自值设置所有单元格的格式】选项，并在【编辑规则说明】栏中，设置各项选项。

单击【确定】按钮，即可在工作表中使用红色和绿色，来突出显示符合规则的单元格。

> **提示**
>
> 在【选择规则类型】列表框中，可以选择不同类型创建其规则。而创建的规则其样式与默认条件格式（如"突出显示单元格规则"、"项目选取规则"、"数据条"等）样式大同小异。

2. 清除规则

选择包含条件规则的单元格区域，执行【开始】|【样式】|【条件格式】|【清除规则】|【清除所选

单元格的规则】命令，即可清除单元格区域的条件格式。

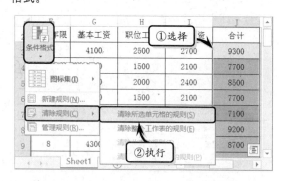

另外，当工作表中应用多个条件格式时，执行【清除规则】|【清除整个工作表的规则】命令，来清除整个工作表中的条件规则。

3. 管理规则

执行【开始】|【样式】|【条件格式】|【管理规则】命令，在弹出的【条件格式规则管理器】对话框中，可新建规则、编辑规则和删除规则。

8.7 制作家庭月预算规划器

家庭预算规划器主要用于规划家庭收入和支出事项，以确保月度支出在用户的控制计划内浮动，避免超支或无收入情况的出现。在家庭预算规划器中，不仅可以通过表格数据显示月度收入和支出的详

细信息，而且还可以以图表的形式形象地显示总收入、总支出和总现金流。在本练习中，将运用 Excel 强大的数据计算和图表功能，制作一份家庭月预算规划器。

练习要点

- 设置字体格式
- 设置边框格式
- 设置填充颜色
- 使用图表
- 设置图表格式
- 使用形状
- 设置形状格式
- 使用条件格式

提示

在制作列表之前，还需要选择整个工作表，右击执行【行高】命令，设置工作表的行高。

操作步骤 >>>>>

STEP|01 制作现金流列表。在单元格区域 C13:F15 中，输入现金流列表的基础数据，并设置其字体格式、对齐格式和数字格式。

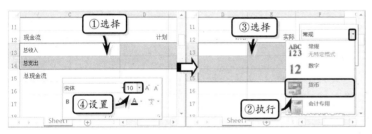

提示

在制作现金流列表时，还需要选择单元格区域 D13:F12，执行【开始】|【对齐方式】|【右对齐】命令，设置其对齐格式。

STEP|02 选择单元格区域 C12:F12，执行【开始】|【字体】|【字体颜色】|【绿色，着色 6】命令，设置其填充颜色。然后，选择单元格区域 C15:F15，执行【开始】|【样式】|【单元格样式】|【着色 6】命令，设置单元格区域的填充颜色。

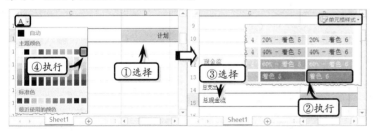

提示

设置单元格区域 C12:F12 的字体颜色之后，还需要执行【开始】|【字体】|【加粗】命令，设置其加粗格式。

STEP|03 选择单元格 D13，在【编辑】栏中输入计算公式，按下 Enter 键返回总收入的计划额。然后，选择单元格 D14，在【编辑】栏中输入计算公式，按下 Enter 键返回总支出的计划额。使用同样的方法，计算总收入和总支出的其他数值。

在填充公式时，可以选择单元格区域D13:D15，将光标放置于单元格区域的右下角，当光标变成"十"字形状时，向右拖动鼠标即可填充公式。

在设置单元格格式时，单击【颜色】下拉按钮，选择【绿色,着色6】选项，设置边框颜色。

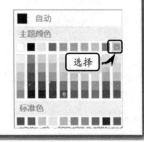

选择单元格区域，右击执行【设置单元格格式】命令，激活【数字】选项卡，选择【货币】选项，即可设置单元格区域的货币数字格式。

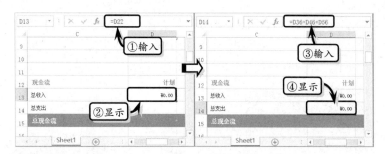

STEP|04 选择单元格 D15，在【编辑】栏中输入计算公式，按下 Enter 键返回总现金流的计划额。选择单元格区域 D13:F15，执行【开始】|【编辑】|【填充】|【向右】命令，向右填充公式。

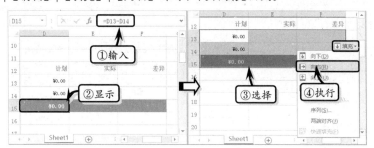

STEP|05 选择单元格区域 C12:F15，右击执行【设置单元格格式】命令，在【边框】选项卡中设置相应的边框样式。然后，选择单元格区域 C12:F12，右击执行【设置单元格格式】命令，在【边框】选项卡中设置相应的边框样式。

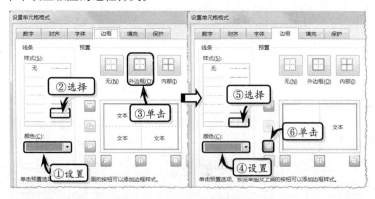

STEP|06 制作月收入列表。在单元格区域 C18:F22 中，输入月收入列表的基础数据，并设置其字体格式、对齐格式和数字格式。

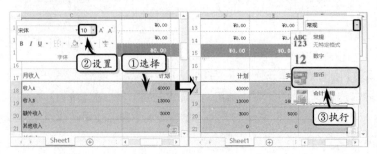

STEP|07 选择单元格区域 C17:F17，执行【开始】|【字体】|【字体颜色】|【蓝色】命令，设置其填充颜色。然后，选择单元格区域 C22:F22，执行【开始】|【样式】|【单元格样式】|【着色 5】命令，设置单元格区域的填充颜色。

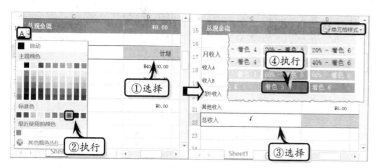

STEP|08 选择单元格 F18，在【编辑】栏中输入计算公式，按下 Enter 键返回差异值。然后，选择单元格 D22，在【编辑】栏中输入计算公式，按下 Enter 键返回总收入值。使用同样的方法，计算其他差异值和总收入值。

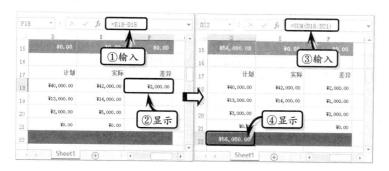

提示

SUM 函数是求和函数，主要用于计算指定区域数值之和。另外，选择单元格区域，执行【开始】|【编辑】|【自动求和】命令，也可对单元格区域进行求和。

STEP|09 选择单元格区域 C17:F22，右击执行【设置单元格格式】命令，在【边框】选项卡中设置相应的边框样式。然后，选择单元格区域 C17:F17，右击执行【设置单元格格式】命令，在【边框】选项卡中设置相应的边框样式。使用同样的方法，制作月支出列表。

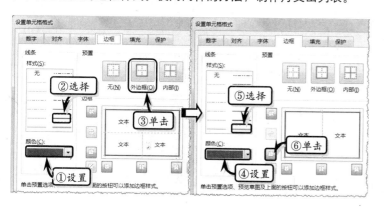

提示

在设置单元格边框格式时，在【设置单元格格式】对话框中单击【颜色】下拉按钮，在其列表中选择【蓝色】选项，设置边框样式。

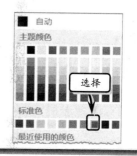

技巧

为单元格区域添加条件格式之后，执行【条件格式】|【清除规则】|【清除整个工作表的规则】命令，即可清除工作表中的所有条件格式。

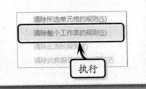

STEP|10 使用条件格式。同时选择所有的"差异"数据单元格，执行【开始】|【样式】|【条件格式】|【新建规则】命令。在弹出的【新建格式规则】对话框中，将【格式样式】设置为"图标集"，分别设置图标值和类型，并单击【确定】按钮。

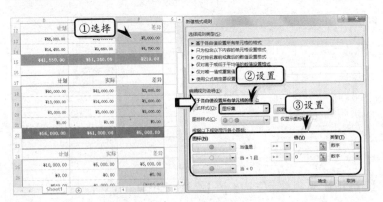

提示

绘制矩形形状之后，在【格式】选项卡【大小】选项组中，将大矩形形状的【高度】设置为"2.46 厘米"，将【宽度】设置为"5.32 厘米"；将小矩形形状的【高度】设置为"2.15 厘米"，将【宽度】设置为"5 厘米"。

STEP|11 制作列表标题形状。执行【插入】|【插图】|【形状】|【矩形形状】命令，在工作表中绘制两个矩形形状，并分别调整形状的大小、位置和显示层次。

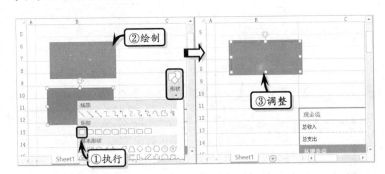

提示

小矩形形状的填充颜色和形状轮廓样式的设置方法，正好与大矩形形状相反。即，执行【格式】|【形状样式】|【形状轮廓】|【无轮廓】命令，取消其轮廓样式。同样，执行【形状填充】|【绿色,着色6】命令，设置形状的填充颜色。

STEP|12 选择大矩形形状，执行【绘图工具】|【格式】|【形状样式】|【形状填充】|【无填充颜色】命令，设置其填充效果。同时，执行【形状样式】|【形状轮廓】|【绿色，着色6】命令，并执行【粗细】|【3磅】命令。

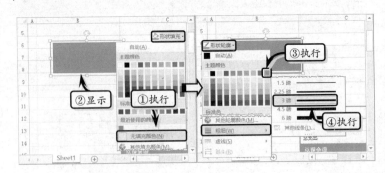

STEP|13 使用同样的方法，设置小矩形形状样式。然后，在小矩形形状中输入文本，并设置文本的字体格式。同时，选择大小两个矩形形状，右击执行【组合】|【组合】命令，组合矩形形状。使用同样的方法，分别制作其他列表标题形状。

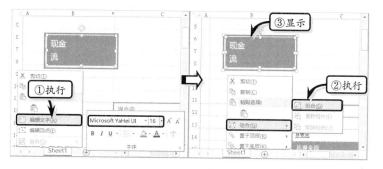

STEP|14 制作总标题形状。执行【插入】|【插图】|【形状】|【矩形形状】命令，在工作表中绘制两个矩形形状，调整形状的大小、位置和显示层次。然后，分别设置形状的填充样式和轮廓样式。

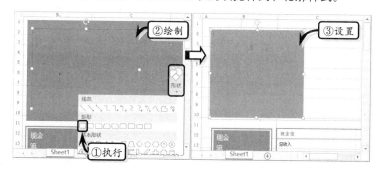

STEP|15 执行【插入】|【插图】|【形状】|【直线】命令，在工作表中绘制 3 条直线形状。同时选择两个直线形状，执行【绘图工具】|【格式】|【形状样式】|【形状轮廓】|【白色,背景1】命令，设置其轮廓颜色。

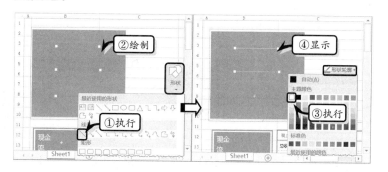

STEP|16 选择上面两条直线形状，执行【绘图工具】|【格式】|【形状样式】|【形状轮廓】|【粗细】|【1 磅】命令，同时执行【虚线】|【方点】命令，设置直线的轮廓样式。使用同样的方法，设置第 3 条

直线形状的轮廓样式。

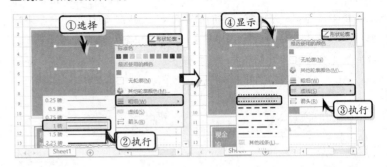

STEP|17 执行【插入】|【文本】|【文本框】|【横排文本框】命令，插入3个文本框。选择所有的文本框，执行【绘图工具】|【格式】|【形状样式】|【形状填充】|【无填充颜色】命令。同时，执行【形状轮廓】|【无轮廓】命令。然后，分别输入文本并设置文本的字体格式。

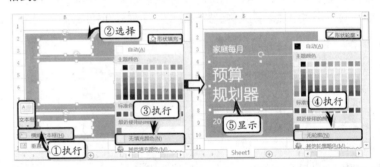

STEP|18 插入图表。选择单元格区域 C13:E15，执行【插入】|【图表】|【插入柱形图】|【簇状柱形图】命令。同时，执行【图表工具】|【设计】|【图表布局】|【添加图表元素】|【图表标题】|【无】命令，取消图表标题。

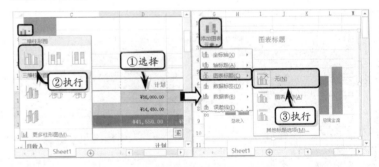

STEP|19 执行【图表工具】|【设计】|【图表布局】|【添加图表元素】|【网格线】|【主轴主要水平网格线】命令，取消网格线。同时，执行【添加图表元素】|【图例】|【右侧】命令，设置图例的显示位置。

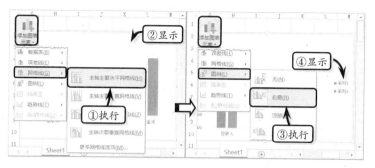

STEP|20 执行【图表工具】|【设计】|【数据】|【选择数据】命令，在弹出的【选择数据源】对话框中，选择列表框中的第 1 个系列，单击【编辑】按钮，编辑系列名称。使用同样的方法，编辑第 2 个系列的名称。

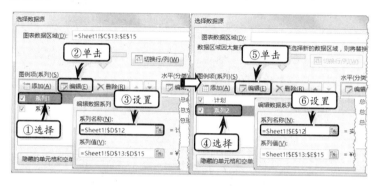

STEP|21 选择图表，执行【绘图工具】|【格式】|【形状样式】|【形状填充】|【无填充颜色】命令，同时执行【形状样式】|【形状轮廓】|【无轮廓】命令，取消图表的轮廓样式。最后，执行【设计】|【图表样式】|【更改颜色】|【颜色 3】命令，设置图表的样式。

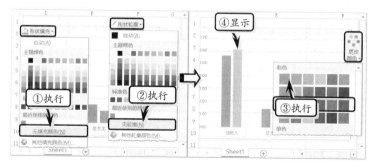

8.8 制作薪酬表

薪酬表是用于统计员工基本工资、工资总额与应付工资等工资信息的表格，它不仅反映了员工在一定时期内的考勤、提成等工作情况，而且还为发放工资与制作工资条提供了重要依据。在本练习中，

- 设置对齐格式
- 设置边框格式
- 套用表格格式
- 设置数据格式
- 使用函数
- 引用数据

将利用 Excel 自带的函数功能，计算员工的工资额、应扣税额，以及利用函数引用工资表中的数据来制作工资条。

薪 资 表

工牌号	姓名	所属部门	职务	工资总额	考勤应扣额	业绩奖金	应扣应额	应付工资	扣个税	实付工资
001	杨光	财务部	经理	￥ 9,200.0	￥ 419.0	￥ -	￥1,748.0	￥ 7,033.0	￥ 248.3	￥ 6,784.7
002	刘晓	办公室	主管	￥ 8,500.0	￥ 50.0	￥ -	￥1,615.0	￥ 6,835.0	￥ 228.5	￥ 6,606.5
003	贺龙	销售部	经理	￥ 7,600.0	￥ 20.0	￥ 1,500.0	￥1,444.0	￥ 7,636.0	￥ 308.6	￥ 7,327.4
004	冉然	研发部	职员	￥ 8,400.0	￥ 1,000.0	￥ 500.0	￥1,596.0	￥ 6,304.0	￥ 175.4	￥ 6,128.6
005	刘娟	人事部	经理	￥ 9,400.0	￥ -	￥ -	￥1,786.0	￥ 7,614.0	￥ 306.4	￥ 7,307.6
006	金鑫	办公室	经理	￥ 9,300.0	￥ -	￥ -	￥1,767.0	￥ 7,533.0	￥ 298.3	￥ 7,234.7
007	李娜	销售部	主管	￥ 6,500.0	￥ 220.0	￥ 8,000.0	￥1,235.0	￥ 13,045.0	￥1,381.3	￥11,663.8
008	李娜	研发部	职员	￥ 7,200.0	￥ -	￥ -	￥1,368.0	￥ 5,832.0	￥ 128.2	￥ 5,703.8
009	张冉	人事部	职员	￥ 6,600.0	￥ 900.0	￥ -	￥1,254.0	￥ 4,446.0	￥ 28.4	￥ 4,417.6
010	赵军	财务部	主管	￥ 8,700.0	￥ 600.0	￥ -	￥1,653.0	￥ 6,447.0	￥ 189.7	￥ 6,257.3
011	苏飞	办公室	职员	￥ 7,100.0	￥ -	￥ -	￥1,349.0	￥ 5,751.0	￥ 120.1	￥ 5,630.9
012	黄亮	销售部	职员	￥ 6,000.0	￥ -	￥ 6,000.0	￥1,140.0	￥ 10,860.0	￥ 917.0	￥ 9,943.0
013	王夏	研发部	经理	￥ 9,700.0	￥ 300.0	￥ -	￥1,843.0	￥ 7,557.0	￥ 300.7	￥ 7,256.3

在重命名工作表时，可以直接双击工作表标签，然后输入工作表名称，单击其他位置或按下 Enter 键即可。

用户也可以按下 Ctrl+A 键选择整个工作表，然后执行【开始】|【单元格】|【格式】|【行高】命令，来设置工作表的行高。

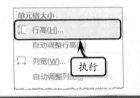

在设置单元格区域的自定义数据格式时，还可以选择【自定义】选项，在【类型】文本框中输入 "00#" 代码，来显示前置 0 的数字格式。其中，该自定义代码表示将在一位数字签名显示两个 0。

操作步骤 ⟫⟫⟫

STEP|01 设置工作表。新建工作簿，右击工作表标签，执行【重命名】命令，重命名工作表。然后，单击【全选】按钮，右击执行【行高】命令，设置工作表的行高。

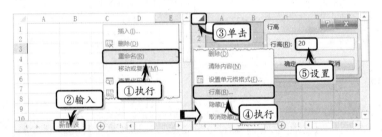

STEP|02 制作表格标题。选择单元格区域 A1:K1，执行【开始】|【对齐方式】|【合并后居中】命令，合并单元格区域。然后，输入标题文本，并设置文本的字体格式。

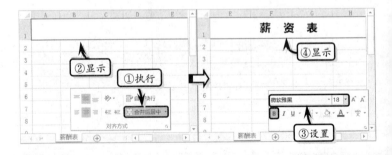

STEP|03 制作数据格式。在工作表中输入列标题，同时选择单元格区域 A3:A25，右击执行【设置单元格格式】命令，选择【自定义】选项，并在【类型】文本框中输入自定义代码。然后，选择单元格区域 E3:K25，执行【开始】|【数字】|【数字格式】|【会计专用】命令，设置其数字格式。

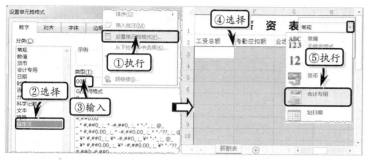

STEP|04 设置边框格式。在表格中输入基础数据，选择单元格区域
A2:K25，执行【开始】|【对齐方式】|【居中】命令，设置其对齐格
式。然后，执行【开始】|【字体】|【边框】|【所有框线】命令，设
置单元格区域的边框样式。

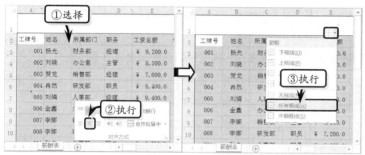

STEP|05 计算数据。选择单元格 I3，在【编辑】栏中输入计算公式，
按下 Enter 键返回应付工资额。然后，选择单元格 J3，在【编辑】栏
中输入计算公式，按下 Enter 键返回扣个税额。

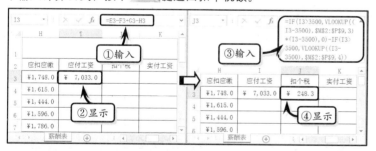

STEP|06 选择单元格 K3，在【编辑】栏中输入计算公式，按下 Enter
键返回实付工资额。然后，选择单元格区域 I3:K25，执行【开始】|
【编辑】|【填充】|【向下】命令，向下填充公式。

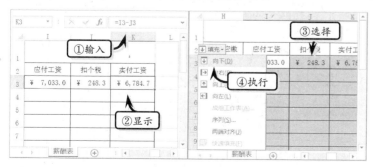

提示

为单元格区域 E3:K25
设置会计专用数字格式
之后，还需要执行【开
始】|【数字】|【减少小
数位数】命令，减少一
个小数位数。

提示

在设置单元格边框格式
时，用户可通过执行【开
始】|【字体】|【边框】
|【线条颜色】命令，来
设置边框的线条颜色。

提示

在输入函数时，用户可
以执行【公式】|【函数
库】|【插入函数】命令，
在弹出的【插入函数】
对话框中，选择函数名
称，避免输入错误。

提示

在计算"扣个税"金额时，
用户还需要在单元格区
域 M1:P9 中，输入"个税
标准"内容，以用来计算
薪酬表中的个税应扣额。

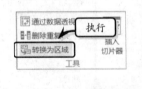
STEP|07 套用表格格式。选择单元格区域 A2:K25，执行【开始】|【样式】|【套用表格格式】|【表样式中等深浅 7】命令。然后，在弹出的【套用表格格式】对话框中，启用【表包含标题】复选框，单击【确定】按钮即可。

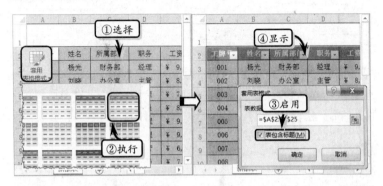

STEP|08 制作工资条。新建工作表并重命名工作表，合并单元格区域 A1:K1，输入标题文本并设置文本的字体格式。然后，输入工资条基础数据，并设置其对齐和边框格式。

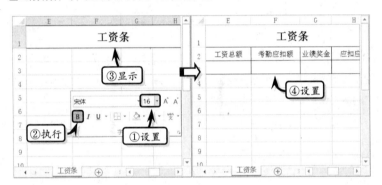

STEP|09 选择单元格 A3，右击执行【设置单元格格式】命令，选择【自定义】选项，并在【类型】文本框中输入自定义代码。然后，选择单元格 B3，在【编辑】栏中输入计算公式，按下 Enter 键返回员工姓名。

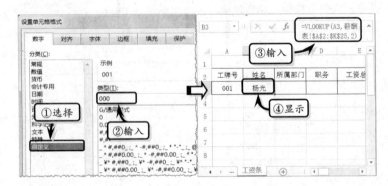

STEP|10 选择单元格 C3，在【编辑】栏中输入计算公式，按下 Enter 键返回所属部门。然后单元格 D3，在【编辑】栏中输入计算公式，按下 Enter 键返回职务时用同样的方法，计算其他数据。

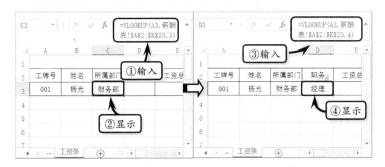

STEP|11 选择单元格区域 A1:K3，将光标移动到单元格右下角，当鼠标变成"十"字形状时，向下拖动鼠标按照员工工牌号填充工资条。最后，在【视图】选项卡【显示】选项组中，禁用【网格线】复选框，隐藏工作表中的网格线。

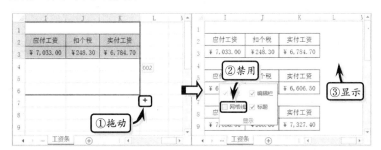

> **提示**
>
> VLOOKUP 函数的功能是在数组的首列查找指定的值，并由此返回表格数据当前行中其他列的值。其表达式是=VLOOKUP（lookup_Value,table_array,col_index_num,range_lookup）。参数 lookup_value 为表格数组第一列中查找的数据。table_array 为两列或多列数据。col_index_num 为 table_array 中待返回的匹配值列序号。range_lookup 为逻辑值。

> **提示**
>
> 在复制"工资条"工作表中的数据时，工牌号是按照固定顺序进行显示的，也就是说工资表中的工牌号也需要按照一定的顺序进行显示。

8.9　高手答疑

问题 1：如何按颜色进行排序？

解答 1：选择需要排序的单元格区域，执行【数据】|【排序和筛选】|【排序】命令。单击【选项】按钮，启用【按行排序】选项，并单击【确定】按钮。

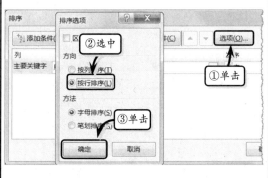

然后，将【主要关键字】设置为"行 2"，将

【排序依据】设置为"单元格颜色"，将【次序】设置为"自动"，单击【确定】按钮即可。

问题 2：如何按标识进行排序？

解答 2：选择单元格区域，执行【排序】命令，设置【主要关键字】选项，并将【排序依据】设置为"单元格图标"，单击【次序】下拉按钮，在下拉列表中选择相应的选项，单击【确定】按钮即可。

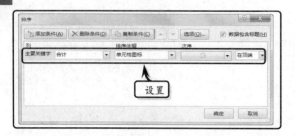

设置

问题 3：如何进行嵌套分类汇总？

解答 3：所谓嵌套汇总是对某项指标汇总，然后再将汇总后的数据作进一步的细化。或者在保存前一次分类汇总数据的基础上，对数据进行再一次的分类汇总，并且新的汇总数据不会替换上一次汇总数据。

首先，对数据进行分类汇总操作。然后，再次执行【分类汇总】命令，在【分类汇总】对话框中，设置分类汇总选项，禁用【替换当前分类汇总】复选框，单击【确定】按钮即可。

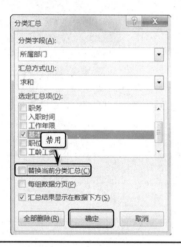

禁用

问题 4：在对数据进行排序时，对于经常遇到的问题应该如何处理？

解答 4：在使用 Excel 中的排序工具处理工作表数据时，经常会因操作不当，遇到意想不到的问题。排序的常见问题及其解决方法如下：

排序后，公式返回的值更改：如果排序后的数据包含一个或多个公式，那么在工作表重新计算后，这些公式的返回值可能会更改。在这种情况下，应确保重新应用排序或再次进行排序以获得最新结果。

不能移动隐藏的行或列：对列进行排序时，工作表中隐藏的列不会移动；对行进行排序时，隐藏的行也不会移动。因此，在对数据进行排序之前，应先取消对隐藏列和行的隐藏。

标题值的设置：在对列进行排序时，标题行可以帮助用户理解工作表中数据的含义。

Excel 8.10 新手训练营

练习1：制作访客登记表

⊙downloads\第8章\新手训练营\访客登记表

提示：本练习中，首先制作表格标题，输入基础数据并设置数据的对齐、数字和边框格式。同时，选择表格区域，执行【样式】|【套用表格格式】|【表样式中等深浅 11】命令，设置表样式。然后，选择单元格区域 H3:H12，执行【样式】|【条件格式】|【数据条】|【橙色数据条】命令。最后，选择单元格区域 G3:G12，执行【条件格式】|【新建规则】命令，自定义条件规则。

姓名	性别	单位	联系部门	进厂时间	出厂时间
张丽	女	上海铃点电脑有限公司	销售部	7:23	12:00
宋玉	男	西安木安有限责任公司	市场部	9:00	11:25
任芳	女	一国路服饰有限公司	公关部	7:00	12:00
肖丹	女	上海铃点电脑有限公司	市场部	13:45	16:55
王岚	男	西安木安有限责任公司	销售部	14:00	17:00
刘小飞	男	西安木安有限公司	市场部	15:00	16:50
何波	男	国路服饰有限公司	销售部	8:00	11:25
王宏亮	男	上海铃点电脑有限公司	销售部	8:10	10:45
牛小江	男	西安木安有限责任公司	市场部	9:00	11:45
闻小西	女	国路服饰有限公司	市场部	15:00	17:10

访客登记表

Sheet1

练习 2：制作漂亮的背景色

downloads\第 8 章\新手训练营\漂亮的背景色

提示：本练习中，首先在工作表中输入基础数据，并设置数据的对齐格式。然后，选择单元格区域 B2:K31，执行【样式】|【条件格式】|【新建规则】命令。选择【使用公式确定要设置格式的单元格】选项，并在【为符合此公式的值设置格式】文本框中输入公式，随后设置条件格式。最后，使用同样的方法，新建另外一个条件规则。

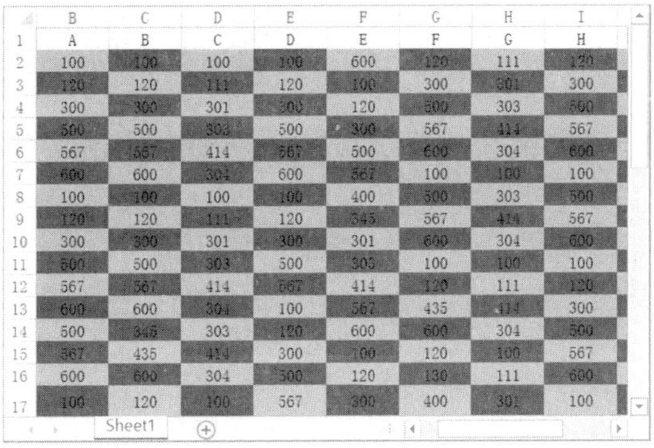

练习 3：制作深浅间隔的条纹

downloads\第 8 章\新手训练营\深浅间隔的条纹

提示：本练习中，首先在工作表中输入基础数据，并设置数据的对齐格式。然后，选择单元格区域 B2:K31，在执行【条件格式】|【新建规则】命令。选择【使用公式确定要设置格式的单元格】选项，并在【为符合此公式的值设置格式】文本框中输入公式，随后设置条件规则的格式。最后，使用同样的方法，新建另外一种条件规则。

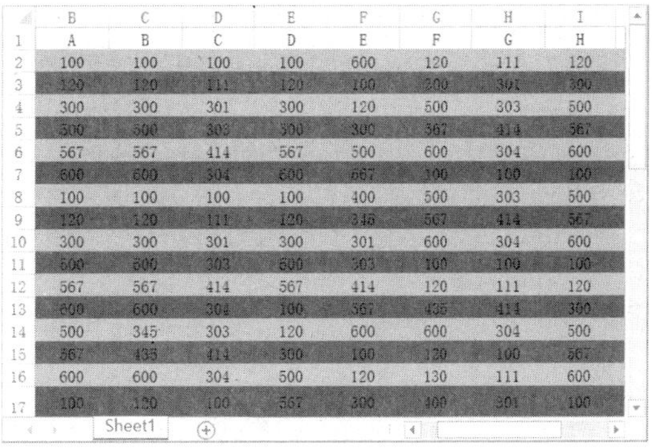

第**9**章

使 用 公 式

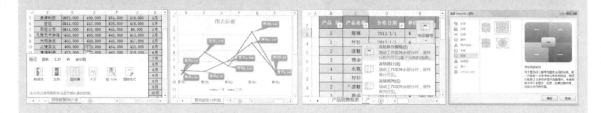

Excel 是办公室自动化中非常重要的一款软件，不仅可以创建、存储与分析数据，而且还可以使用公式，通过调用 Excel 中的数据，辅以各种数学运算符号对数据进行处理，从而可以充分体现 Excel 的动态特性。

本章将详细介绍 Excel 的公式编辑、数学计算以及数组公式、循环引用等公式功能，帮助用户通过使用 Excel 2013 来处理复杂的数据，并研究数据之间的关联性。另外，在本章中还将介绍如何使用公式审核工具来查找工作表中的公式错误，以确保工作表运算的正确性。

9.1　公式的应用

公式是在数学中引入的一种概念。公式的狭义概念为数据之间的数学关系或逻辑关系,其广义概念则涵盖了对数据、字符的处理方法。使用公式,用户可方便地对数据进行各种数学和逻辑运算。

1．公式概述

公式是一个包含了运算符、常量、函数以及单元格引用等元素的数学方程式,也是单个或多个函数的结合运用,可以对数值进行加、减、乘、除等各种运算。

一个完整的公式,通常由运算符和参与计算的数据组成。其中,数据可以是具体的常数数值,也可以是由各种字符指代的变量;运算符是一类特殊的符号,其可以表示数据之间的关系,也可以对数据进行处理。

在日常的办公、教学和科研工作中会遇到很多的公式,例如:

$$E = MC^2$$
$$sin2\alpha + cos2\alpha = 1$$

在上面的两个公式中,E、M、C、$sin\alpha$、$cos\alpha$以及数字 1 均为公式中的数值。而等号"="、加号"+"和以上标数字 2 显示的平方运算符号等则是公式的运算符。

2．公式与 Excel

传统的数学公式通常只能在纸张上运算使用,如需要在计算机中使用这些公式,则需要对公式进行一些改造,通过更改公式的格式来帮助计算机识别和理解。

因此,在 Excel 中使用公式时,需要遵循 Excel 的规则,将传统的数学公式翻译为 Excel 程序可以理解的语言。这种翻译后的公式就是 Excel 公式。Excel 公式的主要特点如下。

❏ 全部公式以等号开始

Excel 将单元格中显示的内容作为等式的值,因此,在 Excel 单元格中输入公式时,只需要输入等号"="和另一侧的算式即可。在输入等号"="

后,Excel 将自动转入公式运算状态。

❏ 以单元格名称为变量

如用户需要对某个单元格的数据进行运算,则可以直接输入等号"=",然后输入单元格的名称,再输入运算符和常量进行运算。

例如,将单元格 A2 中的数据视为圆的半径,则可以在其他的单元格中输入以下公式来计算圆的周长。

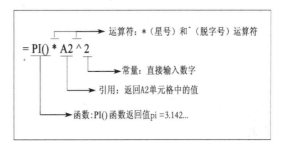

在上面的公式中,单元格的名称 A2 也被称作"引用"。

> **提示**
>
> PI()是 Excel 预置的一种函数,其作用是返回圆周率 π 的值。关于函数的使用方法,可参考之后相关的章节。

在输入上面的公式后,用户即可按 Enter 键退出公式编辑状态。此时,Excel 将自动计算公式的值,将其显示到单元格中。

3．公式中的常量

常量是在公式中恒定不发生改变、无须计算直接引用的数据。Excel 2010 中的常量分为 4 种,即数字常量、日期常量、字符串常量和逻辑常量。

❏ 数字常量

数字常量是最基本的一种常量,其包括整数和小数等两种,通常显示为阿拉伯数字。例如 3.14、25、0 等数字都属于数字常量。

❏ 日期与时间常量

日期与时间常量是一种特殊的转换常量,其本身是由 5 位整数和若干位小数构成的数据，包括日期常量和时间常量两种。

日期常量可以显示为多种格式，例如，"2010年 12 月 26 日"、"2010/12/26"、"2010-12-26"以及"12/26/2010"等。将"2010 年 12 月 26 日"转换为常规数字后，将显示一组 5 位整数 40538。

时间常量与日期常量类似，也可以显示为多种格式，例如，"12:25:39"、"12:25:39 PM"、"12 时25 分 39 秒"等。将其转换为常规数字后，将显示一组小数 0.5178125。

> **提示**
>
> 日期与时间常量也可以结合在一起使用。例如，数值 40538.5178125，就可以表示"2010年 12 月 26 日 12 时 25 分 39 秒"。

❑ **字符串常量**

字符串常量也是一种常用的常量，其可以包含所有英文、汉字及特殊符号等字符。例如，字母 A、单词 Excel、汉字"表"、日文片假名"せす"以及实心五角星"★"等。

❑ **逻辑常量**

逻辑常量是一种特殊的常量，其表示逻辑学中的真和假等概念。逻辑常量只有两种，即全大写的英文单词 True 和 False。逻辑常量通常应用于逻辑运算中，通过比较运算符计算出最终的逻辑结果。

> **提示**
>
> 有时 Excel 也可以通过数字来表示逻辑常量，用数字 0 表示逻辑假（False），用数字1 表示逻辑真（True）。

4．公式中的运算符

运算符是 Excel 中的一组特殊符号，其作用是对常量、单元格的值进行运算。Excel 中的运算符大体可分为如下 4 种。

❑ **算术运算符**

算术运算符是最基本的运算符，其用于对各种数值进行常规的数学运算，包括如下 6 种。

算术运算符	含义	解释及示例
+	加	计算两个数值之和，如 6=2+4
−	减	计算两个数值之差，如 3=7-4
*	乘	计算两个数值的乘积，如 4*4=16 等同于 4×4=16
/	除	计算两个数值的商，如 6/2=3 等同于 6÷2=3
%	百分比	将数值转换成百分比格式。，如 10+20）%
^	乘方	数值乘方计算，如 2^3=8 等同于 23=8

❑ **比较运算符**

比较运算符的作用是对数据进行逻辑比较，以获取这些数据之间的大小关系，其包括如下 6 种。

比较运算符	含 义	示 例
=	相等	A5=10
<	小于	5<10
>	大于	12>10
>=	大于或等于	A6>=3
<=	小于或等于	A7<=10
<>	小于或等于	8<>10

❑ **文本连接符**

文本运算符只有一个连接符&，使用连接符"&"运算两个相邻的常量时，Excel 会自动把常量转换为字符串型常量，再将两个常量连接在一起。

例如，数字 1 和 2，如使用加号"+"进行计算，其值为 3，而使用连接符"&"进行运算，其值为 12。

❑ **引用运算符**

引用运算符是一种特殊的运算符，其作用是将不同的单元格区域合并计算，包括如下 3 种类型。

引用运算符	名 称	含 义
:	区域运算符	包括在两个引用之间的所有单元格的引用
,	联合运算符	将多个引用合并为一个引用
	交叉运算符	对两个引用共有的单元格的引用

5．公式中的运算顺序

在使用单一种类的运算符时，Excel 将默认以自左至右的顺序进行运算。

而在使用多种运算符时，Excel 就会根据运算符的优先级决定计算的顺序。下表以从上到下的顺序排列优先级从高到低的各种运算符。

运 算 符	说 明
：（冒号）	引用运算符
（空格）	
，（逗号）	
—（负号）	负号（负数）
％（百分比号）	数字百分比
^（幂运算符）	乘幂
*(乘号)和/（除号）	乘法与除法运算
+(加号)和 −（减号）	加法与减法
&（文本连接符）	连接两个字符串
＝(等于号)<(小于号)>（大于号)<=(小于或等于号)>=（大于或等于号)<>（不等于号）	比较运算符

若要更改求值的顺序，可以将公式中先计算的部分用括号括起来。例如，在单元格中输入如下算式：

    =5+2*3

由于 Excel 先进行乘法运算后进行加法运算，因此上面的公式结果为 11。

如在 "5+2" 的算式两侧加上括号 "()"，则 Excel 将先求出 5 加 2 之和，再用结果乘以 3 得 21：

    ＝(5+2)*3

9.2 创建公式

在了解了 Excel 公式的各种组成部分以及运算符的优先级后，即可使用公式、常量进行计算。

1．输入公式

在输入公式时，首先将光标置于该单元格中，输入 "＝" 号，然后再输入公式的其他元素，或者在【编辑】栏中输入公式，单击其他任意单元格或按 Enter 键确认输入。此时，系统会在单元格中显示计算结果。

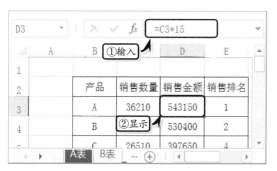

2．显示公式

在默认状态下，Excel 2013 只会在单元格中显示公式运算的结果。如用户需要查看当前工作表中所有的公式，则可以执行【公式】|【公式审核】|【显示公式】命令，显示公式内容。

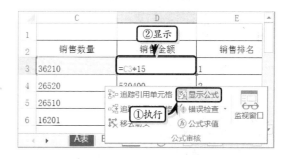

再次单击【公式审核】组中的【显示公式】按钮，将其被选中的状态解除，然后 Excel 又会重新显示公式计算的结果。

3. 复制与移动公式

如果多个单元格中,所使用的表达式相同时,可以通过移动和复制公式的方法,来达到快速输入公式的目的。

选择包含公式的单元格,按 `Ctrl+C` 键,复制公式。然后,选择需要放置公式的单元格,按 `Ctrl+V` 键,复制公式即可。

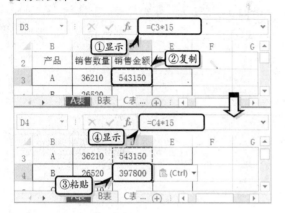

用户在复制公式时,其单元格引用将根据所用引用类型而变化。但当用户移动公式时,而公式内的单元格引用不会更改。例如,选择单元格 D3,按 `Ctrl+X` 键剪切公式。然后,选择需要放置公式的单元格,按 `Ctrl+V` 键,复制公式,即可发现公式没有变化。

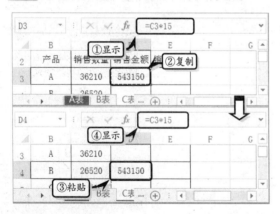

4. 快速填充公式

在之前的章节中,已介绍过 Excel 的自动填充功能。在针对批量公式进行运算时,自动填充功能是很实用的提高工作效率的功能。

通常情况下,在对包含有多行或多列内容的表格数据进行有规律的计算时,可以使用自动填充功能快速填充公式。

例如,已知单元格 D3 中包含公式,选择单元格区域 D3:D8,执行【开始】|【编辑】|【填充】|【向下】命令,即可向下填充相同类型的公式。

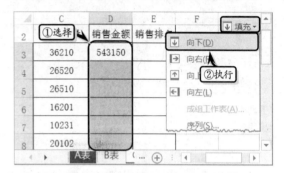

提示

用户也将鼠标移至单元格 D3 的右下角,当鼠标变成"十"字形状时,向下拖动鼠标即可快速填充公式。

Excel 9.3 单元格的引用

单元格的引用是在编辑 Excel 公式时描述某个或某些特定单元格中数据的一种指代方法,其通常以单元格的名称或一些基于单元格名称的字符作为指向单元格数据的标记。

1. 基本引用规则

在引用 Excel 的单元格时,如以字母 C 表示列标记,以字母 R 表示行标记,则常用的引用规则如下。

引　用	规　则	示　例
单个单元格	CR	A1，B15，H256
列中的连续行	CR1:CR2	A1:A16，E5:E8
行中的连续列	C1R:C2R	C8:F8，G5:M5
整行单元格	R1:R2	6:6，8:22，72:99
整列单元格	C1:C2	A:A，H:G，S:AF
矩形区域	C1R1:C2R2	A6:B15，C37:AA22

根据上表中的规则可以得知，如需要引用 A 列中的第 1 行到第 16 行之间的单元格，可输入"A1:A16"的引用标记，而需要引用第 5 行到第 8 行之间所有的单元格，则可使用"5:8"的引用标记。

在下面的发展佣金计算表中，需要对每行 C 列与 D 列、E 列与 F 列、G 列与 H 列三组数据先求积，再将 3 个积相加得到最终的佣金金额。此时，用户即可通过单元格的引用来进行计算。例如，计算第 2 行中的结果。

2．相对单元格引用

相对引用是 Excel 默认的单元格引用方式。相对引用方式所引用的对象不是具体的某一个固定单元格，而是与当前输入公式的单元格相对的位置。

例如，在 D3 的单元格中输入公式，使用"C3"的标记进行引用，将 D3 单元格中的公式复制到 E3 单元格时，该引用将被自动转换为 D3。

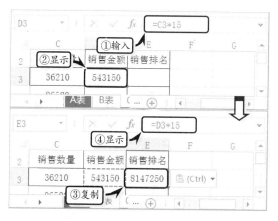

提示

相对引用的特点是将相应的计算公式复制填充到其他单元格时，其中的单元格引用会自动随着移动的位置相对变化。

3．绝对单元格引用

绝对引用方式与相对引用方式的区别在于，使用绝对引用方式引用某个单元格之后，如复制该引用并粘贴到其他单元格，被引用单元格不变。

在使用绝对引用时，需要用户在引用的行标记和列标记之前添加一个美元符号"$"。例如，在引用 A1 单元格时，使用相对引用方式时可直接输入"A1"标记，而使用绝对引用方式时，则需要输入"$A$1"。

以绝对引用方式编写的公式，在进行自动填充时，公式中的引用不会随当前单元格变化而改变。例如，在单元格 D3 中输入计算公式，则无论将公式复制在任何位置，最终计算的结果都是和源单元格的结果完全相同。

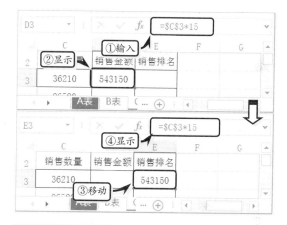

提示

将光标定位在引用单元格名称之前，按 F4 键可为整个单元格引用添加绝对引用符号。再次按 F4 键，则只为行标记添加，第三次按 F4 键为列标记添加，再次按 F4 键则取消标记添加。

4．混合单元格引用

在引用单元格时，用户不仅可以使用绝对引用与相对引用，还可以同时使用两种引用方式。例如，设置某个单元格引用中的行标记为绝对引用、列标记为相对引用等。这种混合了绝对引用与相对引用的引用方式就被称作混合引用。

5．R1C1 引用样式

R1C1 引用样式用于计算位于宏内的行和列很方便。在 R1C1 样式中，Excel 指出了行号在 R 后而列号在 C 后的单元格位置。在录制宏时，Excel 将使用 R1C1 引用样式录制命令。

引　用	含　义
R[-2]C	对在同一列、上面两行的单元格的相对引用
R[2]C[2]	对在下面两行、右面两列的单元格的相对引用
R2C2	对在工作表的第二行、第二列的单元格的绝对引用
R[-1]	对活动单元格整个上面一行单元格区域的相对引用
R	对当前行的绝对引用

6．循环引用

如果公式引用了本身所在的单元格，则无论是直接引用还是间接引用，都被称为循环引用。当工作簿中包含循环引用时，Excel 都将无法自动计算。此时，用户可以取消循环引用，或让 Excel 利用先前的迭代计算结果计算循环引用中涉及的每个单元格一次，除非更改默认的迭代设置，否则系统将在 100 次迭代或者循环引用中的所有值在两次相邻迭代之间的差异小于 0.001 时，停止运算。

在用户使用函数与公式计算数据时，Excel 会自动判断函数或公式中是否使用了循环引用。当 Excel 发现发生循环引用时，会自动弹出警告提示。

直接循环引用是引用了公式本身所在的单元格，而间接循环引用是由一个公式引用了另外一个公式，并且最后一个公式又引用了前面的公式。由于间接循环引用包含两个以上的单元格，所以比较隐蔽，一般情况下很难察觉。

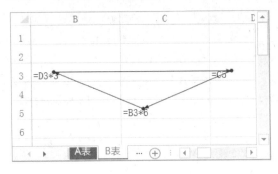

7．三维地址引用样式

所谓三维地址引用就是指在一个工作簿中，从不同的工作表中引用单元格。三维引用的一般格式为"工作表名!:单元格地址"。例如，选择"A 表"工作表中的 F3 单元格，在【编辑】栏中输入"=D3+B 表!D3+C 表!D3"公式，表示将当前工作表中数值、"B 表"和"C 表"工作表中的数值相加。

Excel 9.4 数组公式

数组是计算机程序语言中非常重要的一部分，主要用来缩短和简化程序。运用这一特性不仅可以帮助用户创建非常雅致的公式，而且还可以帮助用户运用 Excel 完成非凡的计算操作。

1．理解数组

数组是由文本、数值、日期、逻辑、错误值等元素组成的集合。这些元素是按照行和列的形式进行显示，并可以共同参与或个别参与运算。元素是数组的基础，结构是数组的形式。在数组中，各种数据元素可以共同出现在同一个数组中。例如，下列 4 个数组。

{1 2 3 4 5 6 7 8 9}

$$\begin{cases} 星期一 \\ 星期二 \\ 星期三 \\ 星期四 \\ 星期五 \end{cases}$$

$$\begin{cases} 111\ 112\ 113\ 111\ 115 \\ 211\ 212\ 213\ 211\ 215 \\ 311\ 312\ 313\ 311\ 315 \\ 411\ 412\ 413\ 411\ 415 \end{cases}$$

$$\begin{cases} 1 \quad 2 \quad 3 \quad 4 \quad 5 \quad 6 \\ 壹 \ 贰 \ 叁 \ 肆 \ 伍 \ 陆 \end{cases}$$

而常数数组是由一组数值、文本值、逻辑值与错误值组合成的数据集合。其中，数值可以为整数、小数与科学计数法格式的数字；但不能包含货币符号、括号与百分号。而文本值，必须使用英文状态下的双引号进行标记，文本值可以在同一个常数数组中并存不同的类型。另外，常数数组中不可以包含公式、函数或另一个数组作为数组元素。例如下列中的常数数组，便是一个错误的常数数组。

{1 2 3 4 5 6% 7% 8% 9% 10%}

2．输入数组

在 Excel 中输入数组时，需要先输入数组元素，然后用大括号括起来即可。数组中的横向元素需要用英文状态下的 "，" 号进行分割，数组中的纵向元素需要运用英文状态下的 "；" 号进行分割。例如，数组 {1 2 3 4 5 6 7 8 9} 表示为 {1,2,3,4,5,6,7,8,9}。数组 $\begin{cases} 1 \ 2 \ 3 \ 4 \ 5 \ 6 \\ 壹 \ 贰 \ 叁 \ 肆 \ 伍 \ 陆 \end{cases}$ 表示为 {1,2,3,4,5,6;"壹","贰","叁","肆","伍","陆"}。

横向选择放置数组的单元格区域，在【编辑】栏中输入 "=" 与数组，按下 Ctrl+Shift+Enter 键即可。

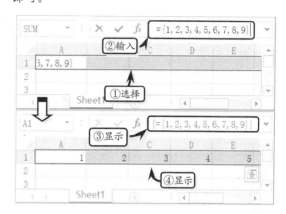

纵向选择单元格区域，用来输入纵向数组。然后，在【编辑】栏中输入 "=" 与纵向数组。按下 Ctrl+Shift+Enter 键，即可在单元格区域中显示数组。

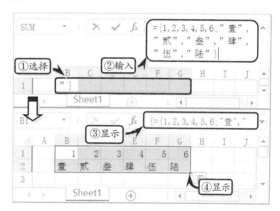

3．理解数组维数

通常情况下，数组以一维与二维的形式存在。

❑ 一维数组

数组中的维数与 Excel 中的行或列是相对应的，一维数组即数组是以一行或一列进行显示。另外，一维数组又分为一维横向数组与一维纵向数组。

其中，一维横向数组是以 Excel 中的行为基准进行显示的数据集合。一维横向数组中的元素需要用英文状态下的逗号分隔。例如，下列数组便是一维横向数组。

一维横向数值数组：{1,2,3,4,5,6}

一维横向文本值数组: {"优","良","中","差"}

另外，一维纵向数组是以 Excel 中的列为基准进行显示的数据集合。一维纵向数组中的元素需要用英文状态下的分号分开。例如，数组{1;2;3;4;5}便是一维纵向数组。

❑ **二维数组**

二维数组是以多行或多列共同显示的数据集合，二维数组显示的单元格区域为矩形形状，用户需要用逗号分隔横向元素，用分号分隔纵向元素。例如，数组{1,2,3,4;5,6,7,8}便是一个二维数组。

4．使用数组公式

一般情况下，数组公式分为多个单元格数组公式与单个单元格数组公式两种类型。

❑ **多单元格数组公式**

当多个单元格使用相同类型的计算公式时，一般公式的计算方法则需要输入多个相同的计算公式。而运用数组公式，一步便可以计算出多个单元格中相同公式类型的结果值。

选择单元格区域 E3:E8，在【编辑】栏中输入数组公式，按下 `Ctrl+Shift+Enter` 键即可。

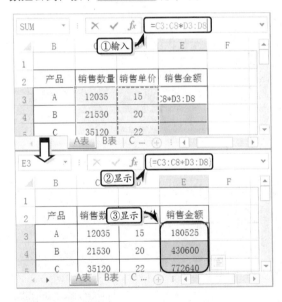

提示

使用数组公式，不仅可以保证指定单元格区域内具有相同的公式，而且还可以完全防止新手篡改公式，从而达到包含公式的目的。

❑ **单个单元格数组公式**

单个单元格数组公式即是数组公式占据一个单元格，用户可以将单个单元格数组输入任意一个单元格中，并在输入数组公式后按下 `Ctrl+Shift+Enter` 键，完成数组公式的输入。

例如，选择单元格 E9，在【编辑】栏中输入计算公式，按下 `Ctrl+Shift+Enter` 键，即可显示合计额。

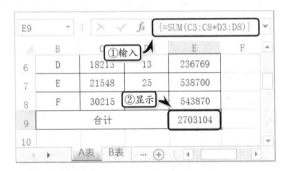

提示

使用数组公式时，可以选择包含数组公式的单元格或单元格区域，按下 `F2` 键进入编辑状态。然后，再按下 `Ctrl+Shift+Enter` 键完成编辑。

Excel 9.5 公式审核

Excel 中提供了公式审核的功能，其作用是跟踪选定单位内公式的引用或从属单元格，同时也可以追踪公式中的错误信息。

1．审核工具按钮

用户可以运用【公式】选项卡【公式审核】选项组中的各项命令，来检查公式与单元格之间的相互关系性。其中，【公式审核】选项组中各命令的功能如下表所示。

按钮	名 称	功 能
	追踪引用单元格	追踪引用单元格，并在工作表上显示追踪箭头，表明追踪的结果
	追踪从属单元格	追踪从属单元格（包含引用其他单元格的公式），并在工作表上显示追踪箭头，表明追踪的结果
	移去箭头	删除工作表上的所有追踪箭头
	显示公式	显示工作表中的所有公式
	错误检查	检查公式中的常见错误
	追踪错误	显示指向出错源的追踪箭头
	公式求值	启动【公式求值】对话框，对公式每个部分单独求值以调试公式

2．查找与公式相关的单元格

如果需要查找为公式提供数据的单元格（即引用单元格），则用户可以执行【公式】|【公式审核】|【追踪引用单元格】命令。

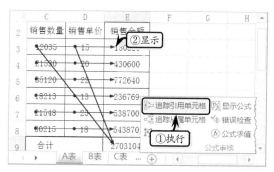

追踪从属单元格时显示箭头，指向受当前所选单元格影响的单元格。执行【公式】|【公式审核】|【追踪从属单元格】命令即可。

3．在【监视窗口】中添加单元格

使用【监视窗口】功能，可以方便地在大型工作表中检查、审核或确认公式计算及其结果。

首先，选择需要监视的单元格，执行【公式审核】|【监视窗口】命令。在弹出的【监视窗口】

对话框中单击【添加监视】按钮。

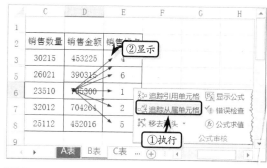

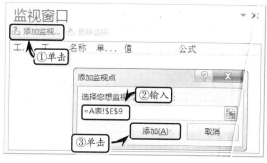

另外，在【监视窗口】中，选择需要删除的单元格，单击【删除监视】即可。

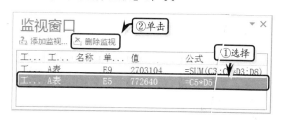

4．错误检查

选择包含错误的单元格，执行【公式审核】|【错误检查】命令，在弹出的【错误检查】对话框中将显示公式错误的原因。

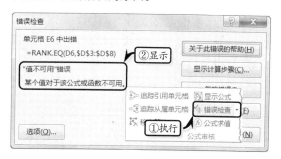

选择包含错误信息的单元格，执行【公式审核】|【错误检查】|【追踪错误】命令，系统会自动指出公式中引用的所有单元格。

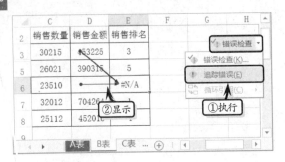

5．显示计算步骤

在包含多个公式的单元格中，可以运用【公式求值】功能，来检查公式计算步骤的正确性。

首先，选择单元格，执行【公式】|【公式审核】|【公式求值】命令。在弹出的【公式求值】对话框中，将自动显示指定单元格中的公式与引用单元格。

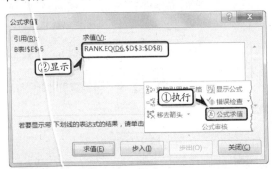

单击【求值】按钮，系统将自动显示第一步的求值结果。

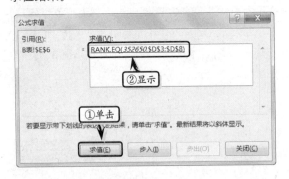

继续单击【求值】按钮，系统将自动显示最终求值结果。

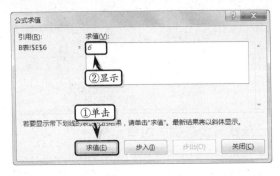

9.6 销售业绩统计表

练习要点

- 设置行高
- 设置对齐格式
- 设置边框格式
- 设置文本格式
- 应用统计函数
- 应用 IF 嵌套函数
- 使用数组公式

技巧

在设置工作表的行高时，用户也可以按下 `Ctrl+A` 键，选择整个工作表。

一般情况下，公司通常会制定一系列的销售制作，来刺激销售人员的积极性。也就是针对不同销售人员业绩按照累积额百分比情况，给予一定的额外奖励。在本练习中，将运用统计函数，对全部销售员的销售业绩的排名、占总额的百分比排位、最高业绩与最低业绩额等数值进行统计分析。

销售业绩统计表

销售员	销售业绩		业绩排名		占总额的百分比排名		提成额	判断奖励资格	分布段数值	分布段个数
	本月	累计	本月	累计	本月	累计				
刘能	90000	602938	5	3	0.64	0.82	18000	奖	60000	1
赵四	87459	559382	8	5	0.36	0.64	8746	奖	70000	1
张昕	83928	538728	9	8	0.27	0.36	8393		80000	1
陈秉	91283	502938	3	9	0.82	0.27	18257		90000	5
王亮	78382	459284	10	10	0.18	0.18	7838		100000	4
冉静	58728	369834	12	12	0.00	0.00	2936		分析业绩	
陆飞	69283	387546	11	11	0.09	0.09	6928		本月最高业绩	93874
洪兆	89837	539283	6	6	0.55	0.55	8984		本月最低业绩	58728
金鑫	92837	658294	2	1	0.91	1.00	18567	奖	本月平均业绩	84475
刘菲	87694	539238	7	7	0.45	0.45	8769	奖	累计最高业绩	658294
杨阳	90392	598732	4	4	0.73	0.73	18078	奖	累计最低业绩	369834
冯圆	93874	629384	1	2	1.00	0.91	18775	奖	中位数	88766

操作步骤 ▶▶▶▶

STEP|01 制作表格标题。首先，分别设置工作表的行高与第 1 行的行高。然后，合并单元格区域 B1:L1，输入标题文本，并在【字体】选项组中设置文本的字体格式。

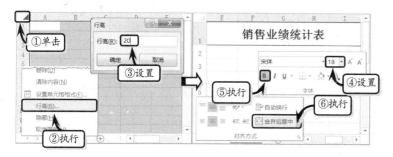

STEP|02 制作列标题。在工作表中的第 2 行中，合并相应的单元格区域，并输入列标题字段。然后，在工作表中输入销售数据。

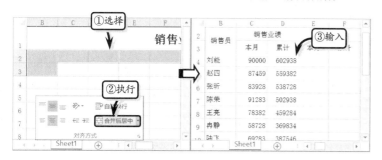

STEP|03 设置单元格格式。选择单元格区域 B2:L15，执行【开始】|【字体】|【边框】|【所有框线】命令，设置单元格区域的边框样式。同时，选择单元格区域 B4:L15，执行【开始】|【对齐方式】|【居中】命令，设置单元格区域的对齐格式。

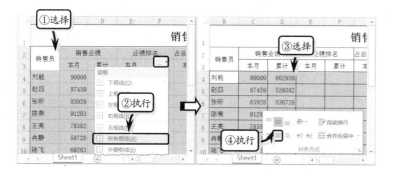

STEP|04 计算业绩排名。选择单元格 E4，在【编辑】栏中输入计算本月销售额排名的公式，按下 Enter 键完成公式的输入。同时，选择单元格 F4，在【编辑】栏中输入计算累计销售额排名的公式，按下 Enter 键完成公式的输入。

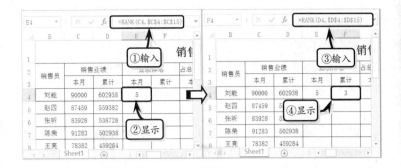

STEP|05 计算百分比排名。选择单元格 G4，在【编辑】栏中输入计算本月销售额百分比排名的公式，按下 Enter 键完成公式的输入。同时，选择单元格 H4，在【编辑】栏中输入计算累计销售额百分比排名的公式，按下 Enter 键完成公式的输入。

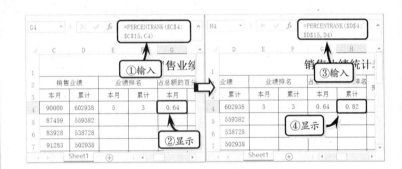

STEP|06 计算提成与奖励额。选择单元格 I4，在【编辑】栏中输入计算提成额的公式，按下 Enter 键完成公式的输入。选择单元格 J4，在【编辑】栏中输入判断是否获得奖励的公式，按下 Enter 键完成公式的输入。

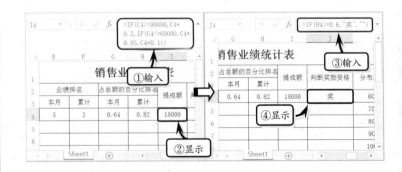

STEP|07 计算分布段个数。选择单元格区域 E4:J15，执行【开始】|【编辑】|【填充】|【向下】命令，向下填充公式。然后，选择单元格区域 L4:L8，在【编辑】栏中输入计算分布段个数的公式，按下 Ctrl+Shift+Enter 键，返回数组值。

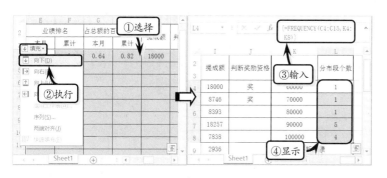

FREQUENCY 函数用于计算指定数值在指定数据区域内出现的频率，并返回一个垂直数组。该函数的第 1 个参数表示需要对频率进行计算的一组数值或对这组数值的引用，函数中的第 2 个参数表示需要进行频率计算的数值。

STEP|08 分析业绩。选择单元格 L10，在【编辑】栏中输入计算本月最高业绩的公式，按下 Enter 键完成公式的输入。然后，选择单元格 L11，在【编辑】栏中输入计算本月最低业绩的公式，按下 Enter 键完成公式的输入。

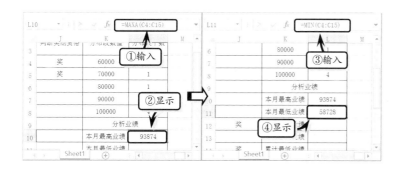

提示

当用户运用函数计算出数组值时，在编辑公式后也需要按下 Ctrl+Shift+Enter 键，才可以完成公式的编辑操作。

另外，用户也不可用删除数组中的单个数值，只能删除整个数组。

STEP|09 选择单元格 L12，在【编辑】栏中输入计算本月平均业绩的公式，按下 Enter 键完成公式的输入。然后，选择单元格 L13，在【编辑】栏中输入计算累计最高业绩的公式，按下 Enter 键完成公式的输入。

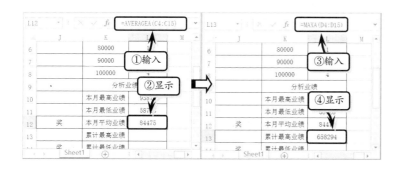

提示

MEDIAN 函数是计算中位数的函数，该函数可以返回一组数值中的中值，其中值是该数组中的中间数。如果参数结合中包含偶数个数字，则函数将返回位于中间两个数值的平均值。

STEP|10 选择单元格 L14，在【编辑】栏中输入计算累计最低业绩的公式，按下 Enter 键完成公式的输入。然后，选择单元格 L15，在【编辑】栏中输入计算中位数的公式，按下 Enter 键完成公式的输入。

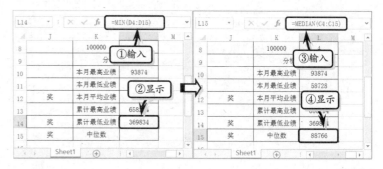

STEP|11 设置外边框样式。选择单元格区域 B2:B15，执行【开始】|【字体】|【边框】|【粗匣框线】命令，使用同样的方法，分别设置其他单元格区域的外边框样式。然后，在【视图】选项卡【显示】选项组中，禁用【网格线】复选框，隐藏网格线。

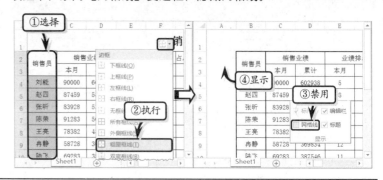

9.7 时间安排表

随着物质生活的提高，工作节奏的加快，其健康而高效的工作时间越来越受到用户的重视。而一个与时俱进的时间安排表，将成为用户管理时间的有力助手。工作时间的有效管理是从每天的工作安排开始，在本练习中将运用 Excel 强大的图表功能，制作一个时间安排表，帮助用户合理安排每天的工作时间。

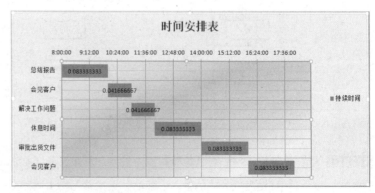

操作步骤 ▷▷▷▷

STEP|01 制作基础内容。新建工作表，选择单元格区域 B1:E1，执

行【开始】|【对齐方式】|【合并后居中】命令，合并单元格区域。
同时，输入表格标题和表格基础数据，并分别设置文本的字体格式和
对齐格式。

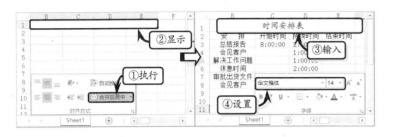

STEP|02 设置数据格式。选择单元格区域 C3:E8，右击执行【设置
单元格格式】命令，在【数字】选项卡中选择【自定义】选项，并在
【类型】文本框中输入自定义代码 "h:mm:ss"，单击【确定】按钮，
并输入时间数据。

STEP|03 计算时间数据。选择单元格 E3，在【编辑】栏中输入公
式 "=C3+D3"，按 Enter 键返回结束时间。同时，选择单元格 C4，在
【编辑】栏中输入计算公式，按下 Enter 键返回开始时间。使用同样
的方法，计算其他结束和开始时间。

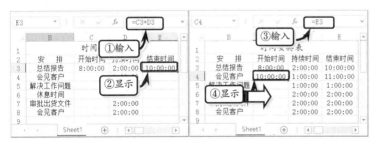

STEP|04 设置边框格式。选择单元格区域 B2:E8，执行【开始】|
【字体】|【边框】|【所有框线】命令，设置其所有边框格式。同时，
执行【开始】|【字体】|【边框】|【粗匣框线】命令，设置单元格区
域的外边框格式。

STEP|05 插入图表。选择单元格区域 B2:E8，执行【插入】|【图表】|【插入条形图】|【堆积条形图】命令，插入堆积条形图图表。同时，执行【图表工具】|【设计】|【图表布局】|【快速布局】|【布局1】命令，设置图表的布局样式。

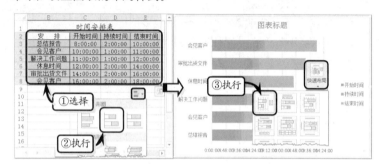

STEP|06 设置坐标轴。双击垂直坐标轴，在【设置坐标轴格式】任务窗格中启用【逆序类别】复选框。双击水平坐标轴，在【设置坐标轴格式】窗口中，将【最小值】设置为"0.333333"，【最大值】设置为"0.78"。

STEP|07 添加网格线。双击图表标题，在文本框中输入"时间安排表"文本，并设置文本字体格式。选择图表，执行【图表工具】|【设计】|【图表布局】|【添加图表元素】|【网格线】|【主轴主要水平网格线】命令，给图表添加主轴主要水平网格线。使用同样的方法，添加主轴次要水平网格线。

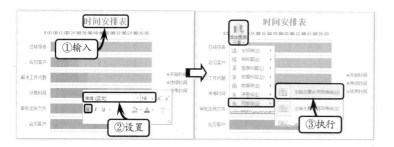

STEP|08 设置网格线颜色。双击垂直(类别)轴主要网格线,在【设置主要网格线格式】任务窗格中,激活【填充线条】选项卡,在【线条】选项组中选中【实线】选项,并自定义线条颜色。使用同样的方法,设置其他网格线。

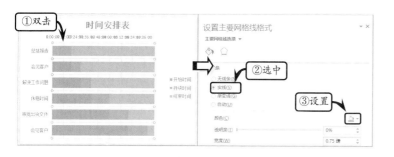

STEP|09 设置绘图区格式。双击绘图区,选中【渐变填充】选项,设置【类型】和【角度】选项。然后选择左侧的渐变光圈,单击【颜色】下拉按钮,选择【其他颜色】选项,自定义填充颜色。使用同样的方法,设置其他渐变光圈的颜色。

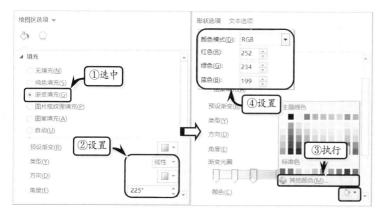

STEP|10 设置数据系列格式。右击"开始时间"系列数据执行【设置数据系列格式】命令,在【设置数据系列格式】任务窗格中的【填充】选项组选中【无填充】选项,在【边框】选项组选中【无线条】选项。使用同样的方法设置"结束时间"系列数据。

提示

设置绘图区的渐变填充效果之后，还需要在【边框】选项组中设置绘图区的边框样式。

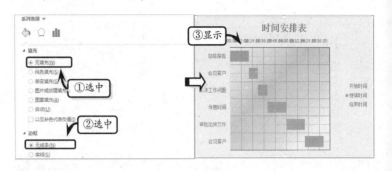

STEP|11 添加数据标签。选择"持续时间"系列数据，执行【格式】|【形状样式】|【形状填充】|【其他填充颜色】命令，自定义填充色。然后，执行【设计】|【图表布局】|【添加图表元素】|【数据标签】|【居中】命令，显示数据标签。

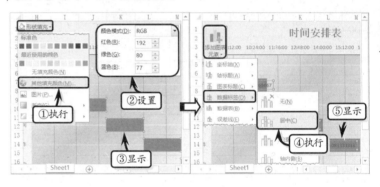

9.8 高手答疑

问题 1：在使用多个单元格数组公式时，需要注意哪些事项？

解答 1： 在使用多单个元格数组公式时，用户还需要注意以下两点事项：

- ❏ **数组公式** 不能修改、移动或删除包含数组公式单元格区域中任何单元格内的公式。
- ❏ **插入行、列或单元格** 不能向数组范围内插入一个新的行、列或单元格。

问题 2：公式中的错误值有哪些？

解答 2： 用户在输入公式之后，经常会由于输入错误，使 Excel 无法识别，从而造成在单元格中显示错误信息的情况。其中，最常见的错误信息与解决方法如下表所述。

错误信息	错误原因	解决方法
#####	数值太长或公式产生的结果太长	增加列的宽度即可
#DIV/O!	公式被 0(零)除	修改单元格引用，或者在用作除数的单元格中输入不为零的值
#N/A	在函数或公式中没有可用的数值	当用户在没有数值的单元格中输入#N/A 时，公式在引用该单元格时将不进行数值计算，而是返回#N/A

续表

错误信息	错误原因	解决方法
#NAME	在公式中使用了 Microsoft Excel 不能识别的文本	确认使用的名称确实存在。如果所需的名称没有被列出，则添加相应的名称。如果名称存在拼写错误，则修改拼写错误
#NULL!	试图为两个并不相交的区域指定交叉点	如果要引用两个不相交的区域，使用联合运算符(逗号)
#VALUE!	使用错误的参数或运算对象类型	确认公式或者函数所需的参数或者运算符是否正确

问题 3：如何在工作表中隐藏所输入的零值？

解答 3：在工作表中，用户可以通过设置来显示或者隐藏所有零值。执行【文件】|【选项】命令，在弹出的【Excel 选项】对话框，激活【高级】选项卡，禁用【在具有零值的单元格中显示零】复选框，并单击【确定】按钮。

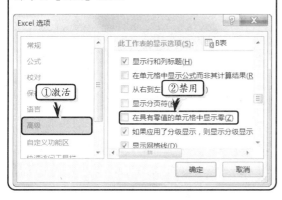

问题 4：如何输入一维横向数组？

解答 4：要在 Excel 中输入一维横向数组，需要在同一行上选择多个连续的单元格，然后输入"="与数组，按下 Ctrl+Shift+Enter 键即可。

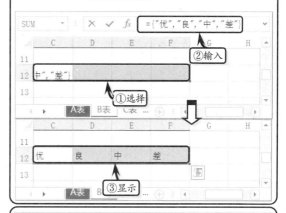

问题 5：如何输入二维数组？

解答 5：要在 Excel 中输入二维数组，需要根据数组的横向与纵向元素的个数选择单元格区域，然后输入"="与数组，按下 Ctrl+Shift+Enter 键即可。

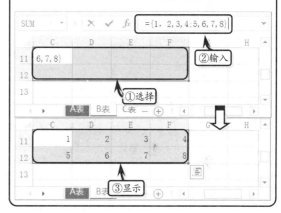

9.9 新手训练营

练习 1：制作比赛评分表

⊙downloads\第 9 章\新手训练营\比赛评分表

提示：本练习中，首先制作标题文本，并设置文本的字体格式。同时，在表格中输入基础数据，并设置基础数据区域的对齐、数字和边框格式。然后，在单元格 I6 中输入计算最高分的公式，在单元格 J6 中输入计算最低分的公式，在单元格 K6 中输入计算总得分的工作，在单元格 L6 中输入计算排名的公式。最后，选择单元格区域 I6:L13，执行【开始】|【编辑】|【填充】|【向下】命令，向下填充公式。

练习 2：制作加班统计表

⊙downloads\第 9 章\新手训练营\加班统计表

提示：本练习中，首先制作基础表格，并设置表格的对齐、数字和边框格式。然后，在单元格 I3 中输

入计算加班时间的公式，在单元格 J3 输入计算加班费的公式。随后，选择单元格区域 I3:J25，执行【开始】|【编辑】|【填充】|【向下】命令，向下填充公式。最后，选择表格区域，执行【开始】|【样式】|【套用表格格式】|【表样式中等深浅 11】命令。

练习 3：制作企业新进员工培训表

downloads\第 9 章\新手训练营\企业新进员工培训表

提示：本练习中，首先制作表格标题，输入表格内容，并设置数据区域的对齐、字体和边框格式。然后，在单元格 K6 中输入计算平均成绩的公式，在单元格 L6 中输入计算总成绩的公式。最后，选择单元格 K6:L16，执行【开始】|【编辑】|【填充】|【向下】命令，向下填充公式。

练习 4：制作医疗费用统计表

downloads\第 9 章\新手训练营\医疗费用统计表

提示：本练习中，首先制作表格标题，输入表格基础数据，并设置表格对齐、字体和数字格式。然后，在单元格 F4 中输入计算养老保险的公式，在单元格 G4 中输入计算总工资的公式，在单元格 I4 中输入计算企业报销金额的公式。最后，同时选择单元格区域 F4:G11 和 I4:I11，执行【开始】|【编辑】|【填充】|【向下】命令，向下填充公式。随后，自定义表格区域的边框格式。

练习 5：基于条件求和

downloads\第 9 章\新手训练营\基于条件求和

提示：本练习中，首先制作表格标题，输入表格基础数据并设置数据区域的对齐格式、边框格式和单元格样式。然后，选择单元格区域 B4:B12，执行【公式】|【定义的名称】|【定义名称】命令，定义单元格区域的名称。最后，分别在单元格 C4、D4 和 E4 中输入计算指定条件之和的数组公式即可。

练习 6：解递归方程

downloads\第 9 章\新手训练营\解递归方程

提示：本练习中，首先制作表格标题，输入基础内容，并设置基础内容区域的对齐、边框和单元格样式。然后，在单元格区域 C3:C5 中，使用普通计算方法计算递归方程式的结果值。最后，在单元格区域 C8:C10 中，使用 IFERROR 函数计算递归方程式的结果值。

	普通法	
	递归方程式	解
	X=1/（X-1）	0.618033989
	X=COS（X）	0.739085133
	X=SQRT（X+5）	2.791287847
	IFERROR函数法	
	递归方程式	方程解
	X=1/（X-1）	0.618033989
	X=COS（X）	0.739085134
	X=SQRT（X+5）	2.791287847

Sheet1

第 **10** 章

使 用 函 数

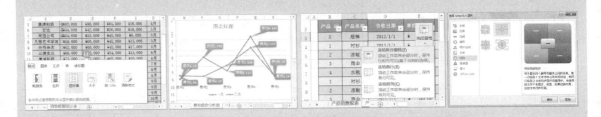

　　Excel 除了具有电子表格的格式化功能外，还具有强大的数学运算功能，该功能广泛应用于各种科学计算、统计分析领域中。在使用 Excel 进行数学运算时，用户不仅可以使用表达式与运算符，还可以使用封装好的函数进行运算，并通过名称将数据打包成数组应用到算式中。本章将介绍 Excel 函数的使用方法，以及名称的管理与应用。

10.1 函数概述

函数是一种由数学和解析几何学引入的概念，其意义在于封装一种公式或运算算法，根据用户引入的参数数值返回运算结果。

1. 函数的概念

函数表示每个输入值（或若干输入值的组合）与唯一输出值（或唯一输出值的组合）之间的对应关系。例如，用 f 代表函数，x 代表输入值或输入值的组合，A 代表输出的返回值。

$$f(x) = A$$

在上面的公式中，x 被称作参数，A 被称作函数的值，由 x 的值组成的集合被称作函数 $f(x)$ 的定义域，由 A 的值组成的集合被称作函数 $f(x)$ 的值域。下图中的两个集合，就展示了函数定义域和值域之间的对应映射关系。

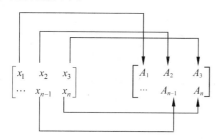

函数在数学和解析几何学中应用十分广泛。例如，常见的计算三角形角和边的关系所使用的三角函数，就是典型的函数。

2. 函数在 Excel 中的应用

在日常的财务统计、报表分析和科学计算中，函数的应用也非常广泛，尤其在 Excel 这类支持函数的软件中，往往提供大量的预置函数，辅助用户

快速计算。

典型的 Excel 函数通常由 3 个部分组成，即函数名、括号和函数的参数/参数集合。以求和的 SUM 函数为例，假设需要求得 A1 到 A10 之间 10 个单元格数值之和，可以通过单元格引用功能，结合求和函数，具体如下。

```
SUM(A1,A2,A3,A4,A5,A6,A7,A8,A9,
A10)
```

> **提示**
> 如函数允许使用多个参数，则用户可以在函数的括号中输入多个参数，并以逗号"，"将这些参数隔开。

在上面的代码中，SUM 即函数的名称，括号内的就是所有求和的参数。用户也可以使用复合引用的方式，将连续的单元格缩写为一个参数添加到函数中，具体如下。

```
SUM(A1:A10)
```

> **提示**
> 如只需要为函数指定一个参数，则无须输入逗号"，"。

用户可将函数作为公式中的一个数值来使用，对该数值进行各种运算。例如，需要运算 A1 到 A10 之间所有单元格的和，再将结果除以 20，可使用如下的公式：

```
=SUM(A1:A10)/20
```

10.2 了解 Excel 函数

Excel 提供了多种类型的函数供用户使用。本节将介绍 Excel 函数的类型以及常用的 Excel 函数。

1. Excel 函数分类

Excel 2010 预置了数百种函数，根据函数的类

型,可将其分为如下几类。

函数类型	作 用
财务	对数值进行各种财务运算
逻辑	进行真假值判断或者进行复合检验
文本	用于在公式中处理文字串
日期和时间	在公式中分析处理日期值和时间值
查找与引用	对指定的单元格、单元格区域进行查找、检索和比对运算
数学和三角函数	处理各种数学运算
统计	对数据区域进行统计分析
工程	对数值进行各种工程运算和分析
多维数据集	用于数组和集合运算与检索
信息	确定保存在单元格中的数据类型
兼容性	之前版本 Excel 中的函数(不推荐使用)
Web	用于获取 Web 中数据的 Web 服务函数

❑ 财务函数

财务函数是指财务数据统计分析时所使用到的函数。Excel 提供了大量实用的财务函数,可用于计算投资、本金和利息、报酬率等相关财务数据。

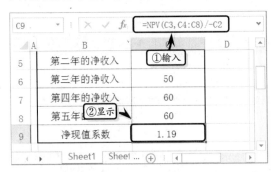

❑ 逻辑函数

逻辑函数的作用是对某些单元格中的值或条件进行判断,并返回逻辑值(True 或 False)。

逻辑函数经常与其他类型的函数综合应用,处理带条件分析的复杂问题,其用途与条件格式异曲同工。Excel 中的逻辑函数主要包括以下 7 种。

名 称	含 义
AND	将多个条件式一起进行判断
FALSE	返回 False 的逻辑值
IF	将参数的逻辑值取反

续表

名 称	含 义
IFERROR	如果公式计算出错误值,则返回指定的值;否则返回公式的结果
NOT	将参数的逻辑值取反
OR	如果任一参数为 True,则返回 True
TRUE	返回逻辑值 True

例如:使用 IF 函数来判断销售额的完成情况。选择单元格 E3,在【编辑】栏中输入函数公式,即可根据判定条件显示销售完成情况。

❑ 文本函数

文本函数可在公式中对字符串进行处理,进行改变字符的大小写、获取字符串长度以及替换字符等操作。例如,使用 ASC 函数,可以将单元格中的全角字符转换为半角字符。

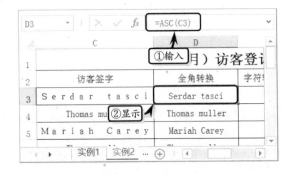

❑ 日期和时间函数

在进行数据处理时,经常需要处理日期格式的单元格数据,此时,就需要使用到日期和时间函数。日期和时间函数可以对日期和时间类对象进行各种复杂的运算,或获取某些特定的日期和时间信息。

例如,需要获取当前日期信息,就可使用 NOW 函数实现。

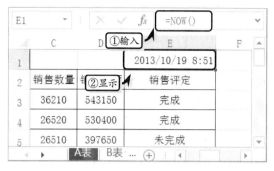

❑ **查找与引用函数**

查找与引用函数的主要功能是在工作表中检索特定的数值，或查找某一特别引用的函数，因此经常应用于资料的管理以及数据的比对等工作中。

例如，LOOKUP 函数可以根据一个现有的值，检索某一列单元格，找出与已有值相等的单元格，并根据该单元格所处的行，显示另外一列中该行的内容。

例如，用户可以使用查找与引用函数中的 INDEX 函数，根据指定条件查找相符合要求的数值。

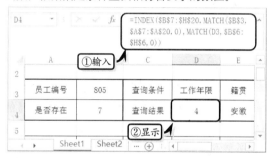

❑ **数学和三角函数**

数学运算是 Excel 公式和函数的基本功能，Excel 提供了大量数学与三角函数，辅助用户计算基本的数学问题。例如，最常用的 SUM 求和函数就是一种典型的数学和三角函数类型的函数。

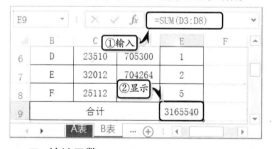

❑ **统计函数**

统计函数主要用于对数据区域进行统计分析，其提供了很多属于统计学范畴的函数，同时也提供了许多应用于日常生活和工作的函数。

例如，统计函数中最常使用的排位函数

RANK.EQ，可以根据指定的数据列，对当前的数据进行排位计算。

❑ **其他函数**

除了之前介绍的 7 种主要函数外，Excel 还提供了用于工业与科学计算的工程函数、用于计算数组内容的多维数据集函数、用于检验单元格数据类型的信息函数以及用于兼容早期 Excel 版本的兼容性函数等函数。

2．Excel 常用函数

在了解了 Excel 函数的类型之后，还有必要了解一些常用 Excel 函数的作用及使用方法。在日常工作中，以下 Excel 函数的应用比较广泛。

函 数	格 式	功 能
SUM	=SUM（number1，number2…）	返回单元格区域中所有数字的和
AVERAGE	=AVERAGE（number1，number2…）	计算所有参数的平均数
IF	=IF（logical_tset,value_if_true,value_if_false）	执行真假值判断，根据对指定条件进行逻辑评价的真假，而返回不同的结果
COUNT	=COUNT（value1,value2…）	计算参数表中的参数和包含数字参数的单元格个数
MAX	=MAX（number1，number2…）	返回一组参数的最大值，忽略逻辑值及文本字符
MIN	=MIN（number1，number2…）	返回一组参数的最小值，忽略逻辑值及文本字符
SUMIF	=SUMIF（range,criteria,sum_range）	根据指定条件对若干单元格求和
PMT	=PMT（rate,nper,fv,type）	返回在固定利率下，投资或贷款的等额分期偿还额
STDEV	=STDEV（number1，number2…）	估算基于给定样本的标准方差

10.3 使用函数

在 Excel 中，用户可通过下列 3 种方法，来使用函数计算各类复杂的数据。

1. 直接输入函数

当用户对一些函数非常熟悉时，便可以直接输入函数，从而达到快速计算数据的目的。首先，选择需要输入函数的单元格或单元格区域。然后，直接在单元格中输入函数公式或在【编辑】栏中输入即可。

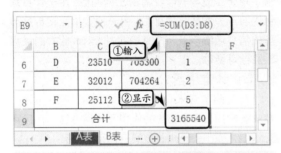

提示

在单元格、单元格区域或【编辑】栏中输入函数后，按 Enter 键或单击【编辑】栏左侧的【输入】按钮完成输入。

2. 使用【函数库】选项组输入

选择单元格，执行【公式】|【函数库】|【数学和三角函数】命令，在展开的级联菜单中选择【SUM】函数。

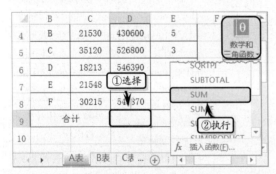

然后，在弹出的【函数参数】对话框中，设置函数参数，单击【确定】按钮，在单元格中即可显示计算结果值。

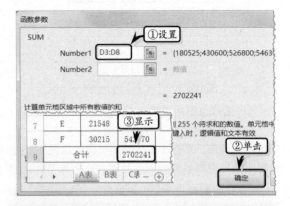

提示

在设置函数参数时，可以单击参数后面的 ■ 按钮，来选择工作表中的单元格。

3. 插入函数

Excel 为用户提供了直接插入函数功能，方便用户应用各种函数。

❑ **命令法**

选择单元格，执行【公式】|【函数库】|【插入函数】命令，在弹出的【插入函数】对话框中，选择函数选项，并单击【确定】按钮。

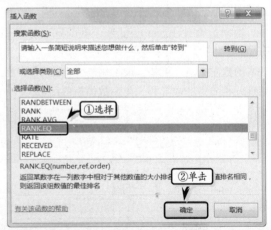

提示

在【插入函数】对话框中，用户可以在【搜索函数】文本框中输入函数名称，单击【转到】按钮，即可搜索指定的函数。

然后，在弹出的【函数参数】对话框中，依次输入各个参数，并单击【确定】按钮。

提示

用户也可以直接单击【编辑】栏中的【插入函数】按钮，在弹出的【插入函数】对话框中，选择函数类型。

4．使用函数列表

选择需要插入函数的单元格或单元格区域，在【编辑】栏中输入"＝"号，然后单击【编辑】栏左侧的下拉按钮 ▼，在该列表中选择相应的函数，并输入函数参数即可。

10.4 求和计算

一般情况下，求和计算是计算相邻单元格中数值的和，是 Excel 函数中最常用的一种计算方法。除此之外，Excel 还为用户提供了计算规定数值范围内的条件求和，以及可以同时计算多组数据的数组求和。

注意

在自动求和时，Excel 将自动显示出求和的数据区域，将鼠标移到数据区域边框处，当鼠标变成双向箭头时，拖动鼠标即可改变数据区域。

1．自动求和

选择单元格，执行【开始】|【编辑】|【求和】命令，即可对活动单元格上方或左侧的数据进行求和计算。

另外，还可以执行【公式】|【函数库】|【自动求和】|【求和】命令，对数据进行求和计算。

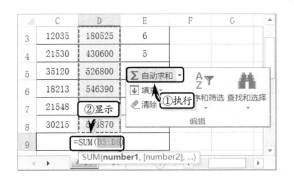

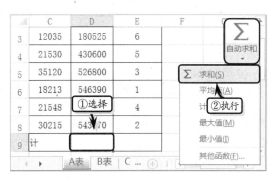

2．条件求和

条件求和是根据一个或多个条件对单元格区域进行求和计算。选择需要进行条件求和的单元格或单元格区域，执行【公式】|【插入函数】命令。在弹出的【插入函数】对话框中，选择【数学和三角函数】类别中的 SUMIF 函数，并单击【确定】按钮。

然后，在弹出的【函数参数】对话框中，设置函数参数，单击【确定】按钮即可。

3．数组求和

数组求和是运用数组公式，对一组或多组数值进行求和计算，包括计算单个结果和多个结果两种情况。

❑ **计算单个结果**

数组公式可以对一组或多组数值执行多重计算，返回一个或多个结果。其中，当用户通过使用 1 个数组公式来代替多个公式时，表示计算单个结果。

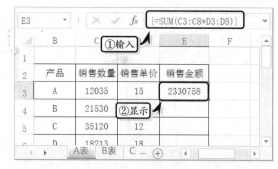

> **提示**
>
> 用户在输入数组公式时，需要注意在合并的单元格中无法输入数组公式。

❑ **计算多个结果**

用户将数组公式显示在多个单元格中，将返回的结果也分别显示在多个单元格中时，表示计算多个结果。

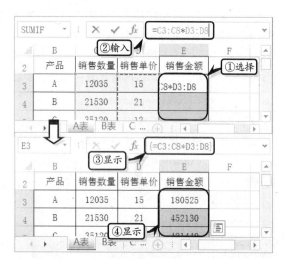

> **注意**
>
> 利用数组计算多个结果值时，用户只能删除数组中的所有的结果值，而无法删除单个结果值。

Excel 10.5 应用名称

在 Excel 中，除允许使用单元格列号+行号的标记外，还允许用户为单元格或某个矩形单元格区域定义特殊的标记，这种标记就是名称。

1．创建名称

一般情况下，用户可通过下列 3 种方法，来创建名称。

❑ 直接创建

选择需要创建名称的单元格或单元格区域，执行【公式】|【定义的名称】|【定义名称】|【定义名称】命令，在弹出的对话框中设置相应的选项即可。

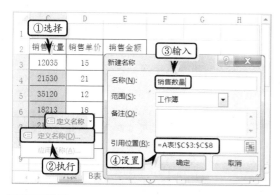

> **注意**
>
> 在创建名称时，名称的第一个字符必须是以字母或下划线（_）开始。

另外，也可以执行【公式】|【定义的名称】|【名称管理器】命令。在弹出的【名称管理器】对话框中，单击【新建】按钮，设置相应的选项即可。

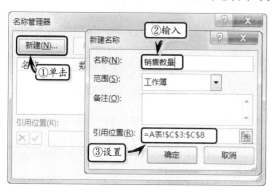

❑ 使用行列标志创建名称

选择单元格，执行【公式】|【定义的名称】|【定义名称】命令，输入列标标志作为名称。

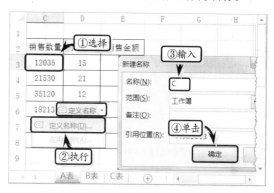

> **注意**
>
> 在创建名称时，用户也可以使用行号作为所创建名称的名称。例如，选择第 2 行中的哪一个，使用"_2"作为定义名称的名称。

❑ 根据所选内容创建

选择需要创建名称的单元格区域，执行【定义的名称】|【根据所选内容创建】命令，设置相应的选项即可。

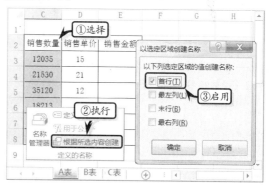

2．使用名称

首先选择单元格或单元格区域，通过【新建名称】对话框创建定义名称。然后在输入公式时，直接执行【公式】|【定义的名称】|【用于公式】命令，并在该下拉列表中选择定义名称，即可在公式

中应用名称。

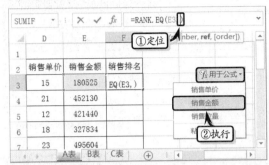

提示

在公式中如果含有多个定义名称，用户在输入公式时，依次单击【用于公式】列表中的定义名称即可。

3．管理名称

执行【定义的名称】|【名称管理器】命令，在弹出的【名称管理器】对话框中，选择需要编辑的名称。单击【编辑】选项，即可重新设置各项选项。

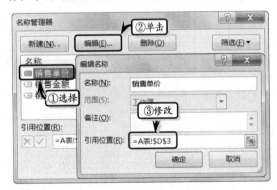

另外，在【名称管理器】对话框中，选择具体的名称，单击【删除】命令。在弹出的提示框中，单击【是】按钮，即可删除该名称。

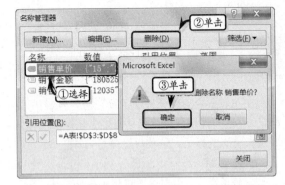

在【名称管理器】对话框中，各选项的具体功能如下表所述。

选 项	功 能
新建	单击该按钮，可以在【新建名称】对话框中新建单元格或单元格区域的名称
编辑	单击该按钮，可以在【编辑名称】对话框中修改选中的名称
删除	单击该按钮，可以删除列边框中选中的名称
列表框	主要用于显示所有定义了的单元格或单元格区域的名称、数值、引用位置、范围及备注内容
筛选	该选项主要用于显示符合条件的名称
引用位置	主要用于显示选择定义名称的引用表与单元格

另外，在【筛选】选项中主要包括下列 7 种筛选条件。

筛 选 条 件	功 能
清除筛选	可以清除定义名称中的筛选结果
名称扩展到工作表范围	用于显示工作表中的定义的名称
名称扩展到工作簿范围	用于显示整个工作簿中定义的名称
有错误的名称	用于显示定义的有错误的名称
没有错误的名称	用于显示定义的没有错误的名称
定义的名称	用于显示定义的所有名称
表名称	用于显示定义的工作表的名称

Excel 10.6 分析生产成本

在企业的实际运作过程中，生产成本直接影响到企业的利益。

为了更好地控制生产成本，提高净利润，企业管理者需要根据一定期间内的生产成本额，查看与分析各项成本额以及成本结构的变化情况。在本练习中，将详细介绍制作生产成本分析表的操作方法和技巧。

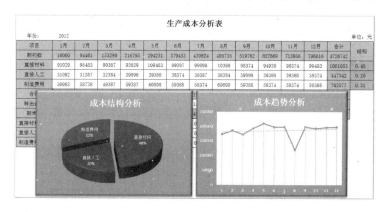

练习要点

● 设置单元格格式
● 设置背景色
● 使用函数
● 使用图表
● 设置图表格式

注意

在设置工作表的行高时，可以单击【全选】按钮，选择整个工作表。然后，右击行标签处，执行【行高】命令，在弹出的对话框中输入行高值即可。

操作步骤 》》》》

STEP|01 制作表格标题。首先，设置工作表的行高，合并单元格区域 A1:O1，输入标题文本并设置文本的字体格式。然后，输入表格基础数据，并设置其对齐格式。

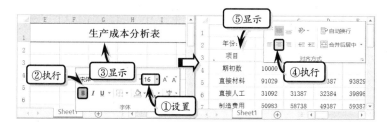

STEP|02 美化表格。选择单元格区域 A3:O4，执行【开始】|【字体】|【边框】|【所有框线】命令，设置边框格式。然后，执行【字体】|【填充颜色】|【橙色】命令，设置其填充色。使用同样的方法，设置其他单元格区域的边框样式和填充颜色。

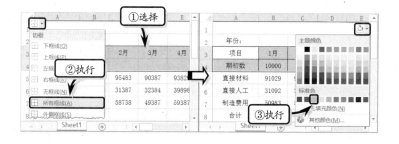

注意

在制作表格标题时，合并完单元格并输完标题文本后，还需要先选择其他单元格，然后再选择包含标题的单元格，才能进行字体格式设置的操作。另外，输入完标题文本后，用户也可以单纯地选择单元格中的文本，然后再设置文本的字体格式。

STEP|03 计算合计值。选择单元格 B2，在编辑栏中输入计算公式，按下 Enter 键，返回年份值。选择单元格 B8，在编辑栏中输入计算公式，按下 Enter 键完成合计额。使用同样方法，计算其他合计额。

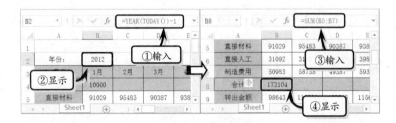

STEP|04 计算期末和期初数。选择单元格 B10，在编辑栏中输入计算公式，按下 Enter 键返回期末数。选择单元格 C4，在编辑栏中输入计算公式，按下 Enter 键返回期初数。使用同样的方法，计算其他期末和期初数。

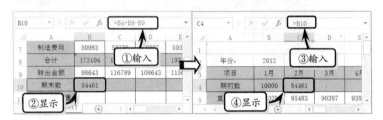

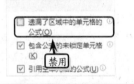
STEP|05 计算合计额和结构值。选择单元格 N4，在编辑栏中输入计算公式，按下 Enter 键返回合计额。然后，选择单元格 O5，在编辑栏中输入计算公式，按下 Enter 键返回结构值。使用同样的方法，分别计算其他合计额和结构值。

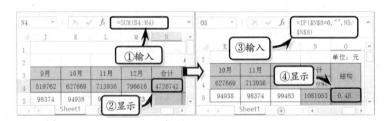

STEP|06 计算比重值。选择单元格 B11，在编辑栏中输入计算公式，按下 Enter 键返回直接材料比重值。选择单元格 B12，在编辑栏中输入计算公式，按下 Enter 键返回直接人工比重值。

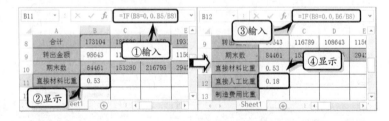

STEP|07 选择单元格 B13，在编辑栏中输入计算公式，按下 Enter 键返回制造费用比重值。然后，选择单元格区域 B11:M13，执行【开始】|【编辑】|【填充】|【向右】命令，向右填充公式。

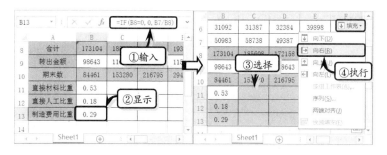

注意

在计算各期的期初数时，需要注意每期的各期数为上一期的期末数，第 1 个月的期初数为上年的期末数。

STEP|08 成本趋势分析。选择单元格区域 B8:M8，执行【插入】|【图表】|【插入折线图】|【带数据标记的折线图】命令，创建折线图图表。执行【图表工具】|【设计】|【图表布局】|【添加图表元素】|【格线】|【主轴主要水平网格线】命令，取消图表中的网格线。

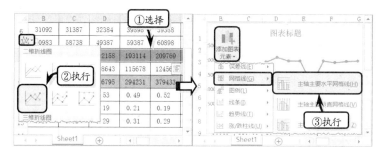

注意

结构比重是每个生产成本的合计值与总生产成本值的比率，编辑栏中的公式表示：当总生产成本值为 0 时，返回空值，否则按比率值显示。

STEP|09 选择图表，执行【图表工具】|【格式】|【形状样式】|【其他】命令，在其级联菜单中选择一种样式。同时，执行【格式】|【形状样式】|【形状效果】|【棱台】|【圆】命令，设置图表的棱台效果。

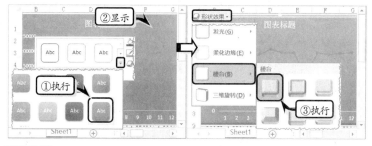

注意

每个生产成本的比重，是每个生产成本的本期发生额占本期总生产成本额的比率。例如，直接材料比重的公式表示"直接材料比重=直接材料本期发生额/本期生产成本合计额"。

STEP|10 选择绘图区，执行【格式】|【形状样式】|【形状填充】|【白色，背景 1】命令。然后，选择图表，更改图表标题，并设置标题文本的字体格式。

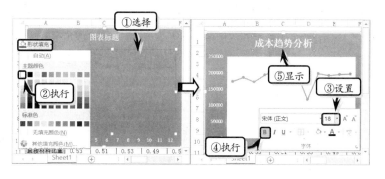

提示

在插入图表时，也可以在【图表】选项组中，执行【插入折线图】|【更多折线图】命令，在弹出的【插入图表】对话框中选择相应的选项即可。

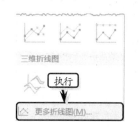

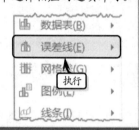

STEP|11 执行【图表工具】|【设计】|【图表布局】|【添加图表元素】|【趋势线】|【线性】命令，添加趋势线。然后，执行【添加图表元素】|【线条】|【垂直线】命令，添加垂直分析线。

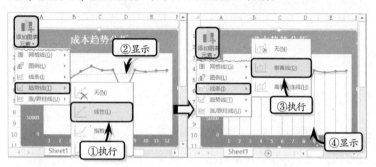

STEP|12 成本结构分析。同时选择单元格区域 A5:A7 与 O5:O7，执行【插入】|【图表】|【插入饼图或圆环图】|【三维饼图】命令。同时，执行【图表工具】|【设计】|【图表布局】|【快速布局】|【布局1】命令，设置图表的布局。

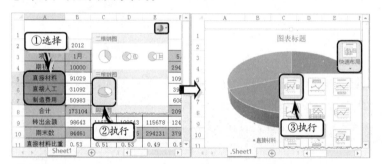

STEP|13 选择图表，执行【图表工具】|【格式】|【形状样式】|【其他】命令，在其级联菜单中选择一种形状样式。同时，执行【格式】|【形状样式】|【形状效果】|【棱台】|【圆】命令，设置图表的棱台效果。

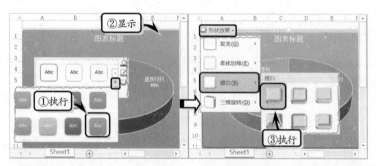

STEP|14 选择图表中的单个数据系列，执行【格式】|【形状样式】|【形状填充】|【蓝色】命令。然后，选择所有的数据系列，执行【形状样式】|【形状效果】|【棱台】|【圆】命令。使用同样的方法，设置其他数据系列的填充颜色和棱台效果。

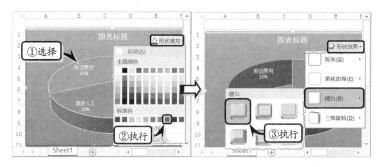

STEP|15 依次选择图表中的不同数据系列，向外拖动鼠标调整数据系列的分离效果。然后，输入图表标题，并设置标题文本的字体格式。

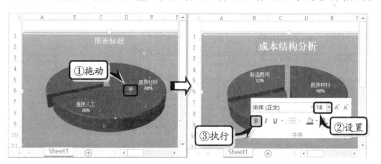

Excel 10.7　制作企业月度预算表

　　企业月度预算表，是形象地显示企业一个月内的收入、人事费用和运营费用的具体信息的电子表格。在该电子表格中，用户不仅可以通过详细数据分析月收入和支出的具体数据，而且还可以以图表的形式分析总收入和总支出的比例关系和发展趋势。除此之外，用户还可以通过图标集一目了然地观察小于零的数据，以帮助用户调整预算计划。在本练习中，将运用 Excel 强大的计算和分析功能，来制作一份企业月度预算表。

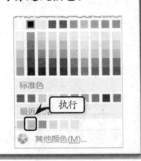

操作步骤 ❯❯❯❯

STEP|01 制作表格标题。新建工作簿，设置工作表的行高，并调整其列宽。同时，在单元格 B2 中输入公司名称，并设置其字体格式。然后，在单元格 B3 中输入表格标题，并设置其字体格式。

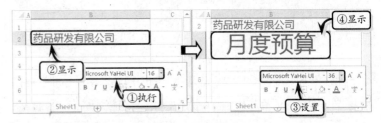

STEP|02 设置填充颜色。选择单元格区域 A4:F32，执行【开始】|【字体】|【填充颜色】|【白色，背景 1，深色 5%】命令，设置单元格区域的填充颜色。然后，选择单元格区域 G4:F32，执行【开始】|【字体】|【填充颜色】|【其他填充颜色】命令，在弹出的【颜色】对话框中自定义填充色。

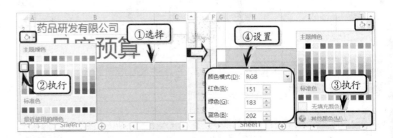

STEP|03 制作分类列表。在单元格区域 H5:K9 中，输入"收入"列表基础数据，并在【开始】选项卡【字体】选项组中，设置数据的字体格式。然后，选择单元格区域 I6:K9，执行【开始】|【数字】|【数字格式】|【货币】命令，设置货币数据格式。

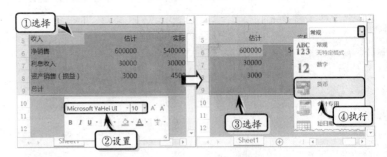

STEP|04 选择单元格区域 H5:K5，执行【开始】|【字体】|【填充颜色】命令，在【颜色】对话框中自定义填充色。然后，选择单元格区域 H6:K8，执行【开始】|【字体】|【填充颜色】命令，在【颜色】对话框中自定义填充色。使用同样的方法，制作列表的其他填充色。

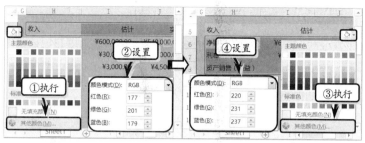

STEP|05 选择单元格区域 H5:K9，右击执行【设置单元格格式】命令。激活【边框】选项卡，设置边框线条的颜色、样式和位置。重复上述步骤，制作"预算总计"、"人事费用"和"运营费用"等列表。

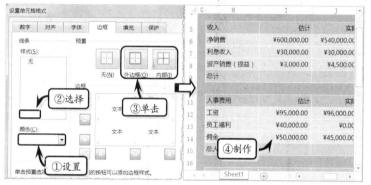

STEP|06 计算收入数据。选择单元格 K6，在【编辑】栏中输入计算公式，按下 Enter 键返回净销售的差额。选择单元格 I9，在【编辑】栏中输入计算公式，按下 Enter 键返回估计的总计额。使用同样的方法，计算其他差额和总计额。

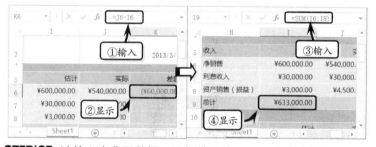

STEP|07 计算人事费用数据。选择单元格 K12，在【编辑】栏中输入计算公式，按下 Enter 键返回工资的差额。选择单元格 I15，在【编辑】栏中输入计算公式，按下 Enter 键返回估计的总计额。使用同样的方法，计算其他差额和总计额。

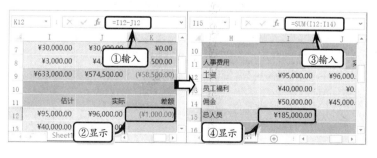

提示

用户也可以单击【字体】选项组中的【对话框启动器】按钮，来打开【设置单元格格式】对话框。

提示

在单元格中输入函数时，可以先在【编辑】栏中输入"="，然后单击【名称框】下拉按钮，在其列表中选择所需使用的函数即可。

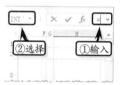

提示

用户也可以执行【公式】|【函数库】|【数学和三角函数】命令，在其级联菜单中选择"SUM"函数。

提示

为单元格输入公式之后，可以执行【公式】|【公式审核】|【显示公式】命令，显示单元格中的公式，便于查看公式的正确性。

提示

LARGE 函数用于返回指定数据区域中第 K 个最大值，该函数中的第 1 个参数表示确定需要进行第 K 个最大值计算的单元格区域或数组，第 2 个参数表示返回值在数组或数据区域中的位置。

STEP|08 计算运营话费数据。选择单元格 K18，在【编辑】栏中输入计算公式，按下 Enter 键返回广告的差额。选择单元格 I31，在【编辑】栏中输入计算公式，按下 Enter 键返回估计的总计额。使用同样的方法，计算其他差额和总计额。

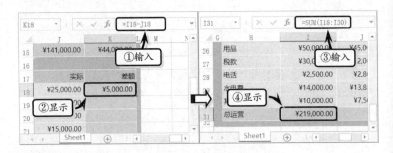

提示

INDEX 函数用于在给定的单元格区域中，返回特定行列交叉处单元格的值或引用。该函数中的第 1 个参数表示单元格区域或数组常量，第 2 个参数表示数组或引用中要返回值的行序号，第 3 个参数表示数组或引用中要返回的列序号。

STEP|09 计算前 5 个运营费用。选择单元格 C26，在【编辑】栏中输入计算公式，按下 Enter 键返回第 1 名的金额。选择单元格 C27，在【编辑】栏中输入计算公式，按下 Enter 键返回第 2 名的金额。使用同样的方法，计算其他名次的金额。

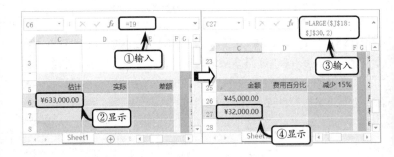

提示

MATCH 函数用于返回符合特定值特定顺序的项在数组中的相对位置，该函数中的第 1 个参数表示需要在数组中查找的值，第 2 个参数表示包含要查找值的连续单元格区域，第 3 个参数表示数值-1、0 或 2，其默认数值为 1。

STEP|10 选择单元格 B26，在【编辑】栏中输入计算公式，按下 Enter 键返回第 1 名的费用名次。选择单元格 D26，在【编辑】栏中输入计算公式，按下 Enter 键返回费用百分比值。使用同样的方法，计算其他费用名次和百分比值。

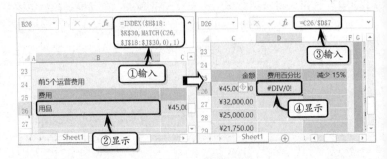

STEP|11 选择单元格 E26，在【编辑】栏中输入计算公式，按下 Enter 键返回减少 15% 额。选择单元格 C31，在【编辑】栏中输入计算公式，

按下 Enter 键返回金额的总计额。使用同样的方法，计算其他费用的减少 15% 额和总计额。

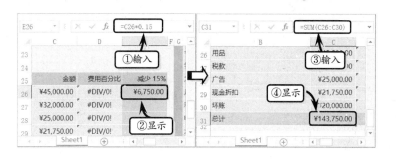

STEP|12 计算预算总计数据。选择单元格 C6，在【编辑】栏中输入计算公式，按下 Enter 键返回估计收入的总计值。选择单元格 C7，在【编辑】栏中输入计算公式，按下 Enter 键返回支出的估计值。使用同样的方法，计算收入和支出的实际值。

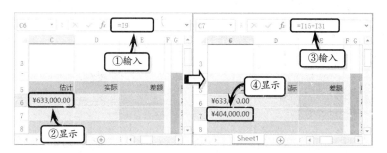

STEP|13 选择单元格 E6，在【编辑】栏中输入计算公式，按下 Enter 键返回收入的差额值。选择单元格 C8，在【编辑】栏中输入计算公式，按下 Enter 键返回估计的余额值。使用同样的方法，计算其他差额和余额值。

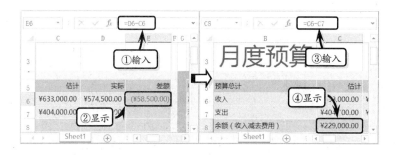

STEP|14 使用条件格式。选择所有列表中的"差额"单元格，执行【开始】|【样式】|【条件格式】|【新建规则】命令。在弹出的【新建格式规则】对话框中，将【格式样式】设置为"图标集"，并设置图表类型和值类型。

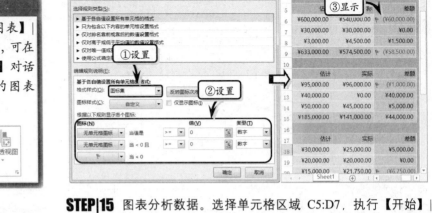

STEP|15 图表分析数据。选择单元格区域 C5:D7，执行【开始】|
【插入】|【图表】|【插入柱形图】|【簇状柱形图】命令，插入图表。
然后，选择图表标题，更改标题文本，设置文本的字体格式并调整标
题位置。

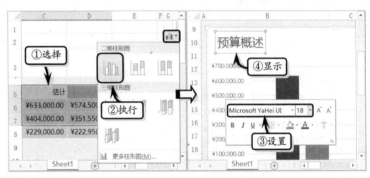

STEP|16 调整整个图表的大小，同时调整图例的位置，并设置图例
文本的字体格式。然后，执行【绘图工具】|【设计】|【数据】|【选
择数据】命令，在列表框中选择第 1 个系列，单击【编辑】按钮，编
辑系列名称。使用同样的方法，编辑其他系列的名称。

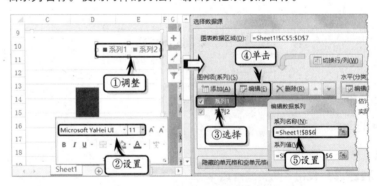

STEP|17 执行【设计】|【图表样式】|【更改颜色】|【颜色 8】命令，
设置图表颜色。然后，选择数据系列，执行【绘图工具】|【格式】|
【形状样式】|【形状效果】|【棱台】|【圆】命令，设置数据系列的
棱台效果。

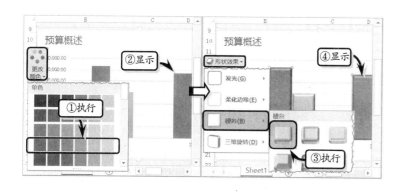

Excel

10.8 高手答疑

问题 1：什么是嵌套函数？

解答 1：嵌套函数是使用一个函数作为另一个函数的参数，最多可以嵌套 64 个级别的函数。例如，"=DATE(YEAR(TODAY()),MONTH(TODAY()),1)"公式中，YEAR 函数与 MONTH 函数都是 DATE 函数的嵌套函数，为二级函数。而 TODAY 则分别是 YEAR 函数与 MONTH 函数的嵌套函数，为三级函数。在使用该嵌套函数时，需要注意嵌套函数所返回的数值类型必须与参数使用的数据类型相同，否则将返回#VALUE!错误值。

问题 2：如何避免在创建和编辑公式时，将键入错误和语法错误减到最少？

解答 2：用户可以使用"公式记忆式键入"在键入=（等号）和前几个字母或某个显示触发器之后，Excel 会在单元格下方显示一个与这些字母或触发器匹配的有效函数、名称和文本字符串的动态下拉列表，用户可以使用 Insert 触发器将下拉列表中的项目插入公式中。

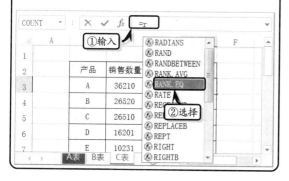

问题 3：如何在个别单元格中显示公式？

解答 3：在默认状态下，Excel 将运算所有单元格中的公式，并显示运算结果，或设置整个工作表只显示公式，不显示运算结果。

如只需要工作表中个别的单元格显示公式而非运算结果，则可以通过在公式等号"="前加一个单引号"'"的方式，暂时将公式转换为字符串。然后，即可完整显示公式内容。

问题 4：如何显示当前月份值？

解答 4：选择单元格，在【编辑】栏中输入计算公式，按下 Enter 键即可。

其中，公式中的函数为嵌套函数，MONTH 函数表示返回当前指定日期的月份值，而 NOW 函数则表示返回当前计算机中的日期值。函数后面的"&"符号为链接符号，表示链接计算结果值和"月"文本。

问题 5：如何显示当前年份值？

解答 5： 选择单元格，在【编辑】栏中输入计算公式，按下 Enter 键即可。

	B		E	F
1			2013	
2	产品	销售数量	销售金额	销售排名
3	A	36210	543150	
4	B	26520	530400	2
5	C	26510	397650	4

①输入 =YEAR(NOW())
②显示

A表 B表 C ...

其中，该公式也为一个嵌套公式，系统首先执行 NOW 函数的计算，并将计算结果返回给 YEAR 函数进行计算。

Excel 10.9 新手训练营

练习 1：制作考核成绩统计表

downloads\第 10 章\新手训练营\考核成绩统计表

提示： 本练习中，首先制作表格标题，输入考核基础数据，并设置数据区域的对齐和边框格式。然后，在单元格 I4 中输入计算大于 90 分人数的公式，在单元格 J4 中输入计算大于 80 分人数的公式，在单元格 K4 中输入计算大于 70 分人数的公式，在单元格 L4 中输入计算不及格人数的公式。

			考核课程					
姓名	职务	课程1	课程2	课程3	平均分	大于90分的人数	大于80分的人数
陈香	主管	92	89	93	91.33	2	6
王峰	职员	88	83	78	83.00		
李慧	会计	80	78	65	74.33		
秦桧	职员	62	51	56	56.33		
金山	职员	73	87	90	83.33		
张思	主管	88	80	87	85.00		
刘元	会计	55	62	61	59.33		
单雄	会计	81	85	83.5	83.17		

考核成绩统计表

Sheet1

练习 2：预测投资数据

downloads\第 10 章\新手训练营\预测投资数据

提示： 本练习中，首先制作表格标题，输入基础数据并设置数据区域的对齐、边框和填充格式。然后，在单元格 C10 中输入投资额为 2000 万元情况下的净现值的公式，在单元格 C11 中输入计算期值的公式。最后，在单元格 G10 输入投资额为 0 情况下的净现值公式，在单元格 G11 中输入计算期值的公式。

	B	C	D	E	F	G
1			预测投资数据			
2	投资日期	投资额	贴现率		投资日期	投资
3	前期投资额（万）	−2000	18%		前期投资额（万）	0
4	第一年利润额（万）	500			第一年利润额（万）	500
5	第二年利润额（万）	600			第二年利润额（万）	600
6	第三年利润额（万）	900			第三年利润额（万）	900
7	第四年利润额（万）	1200			第四年利润额（万）	1200
8	第五年利润额（万）	1500			第五年利润额（万）	1500
9	第六年利润额（万）	1800			第六年利润额（万）	1800
10	净现值	￥1,343.79			净现值	￥
11	期值	￥3,627.65			期值	￥

Sheet1 Sheet2 Sheet3

练习 3：制作固定资产管理表

downloads\第 10 章\新手训练营\固定资产管理表

提示： 本练习中，首先制作表格标题，输入基础数据并设置数据的对齐、字体、边框和单元格格式。然后，在单元格 C2 中输入显示当前日期的公式，在单元格 J4 中输入计算已使用年限的公式。最后，制作汇总数据列表，并设置列表的单元格格式。随后，使用 SUMIF 函数按形态类别汇总资产原值。

练习 4：制作生产成本月汇总表

downloads\第 10 章\新手训练营\生产成本月汇总表

提示： 本练习中，首先制作表格标题，输入基础数据并设置数据的单元格格式。然后，在单元格 C2 中输入返回当前月份值的公式，在单元格 G4 中输入计算成本总额的公式，在单元格 J4 中输入计算单位成本的计算公式，在单元格 K4 中输入计算期末数的计算公式。最后，在单元格 L4 中输入计算直接材料比重的公式。使用同样的方法，分别计算其他数据。

生产成本月汇总表

直接人工	制造费用	成本总额	转出金额	转出数量	单位成本	期末数	直接材料比重
545832	1013874	2897999	399823	79384	5.04	2559260	0.46
765382	1123748	2837866	311847	81147	3.84	2578248	0.33
462875	956848	2297105	487349	89374	5.45	1868346	0.38
533884	934742	2407609	342859	76372	4.49	2118193	0.39
621372	1119384	2950593	45775	73747	0.62	2972501	0.41
565372	845723	2369827	311472	76112	4.09	2108208	0.40

Sheet1

固定资产管理表

编制单位：　　　　　　　　　　单位：元　　　　汇总数据

增加日期	增加方式	可使用年限	已使用年限	资产原值	形态类别	资产
2006年5月1日	自建	30	8	3,000,000.00	房屋	24,00
2006年2月2日	自建	30	8	20,000,000.00	办公设备	3
2006年2月2日	自建	20	8	1,000,000.00	运输设备	1,51
2006年3月1日	购入	5	8	10,000.00	生产设备	3,24
2006年4月6日	购入	5	8	6,000.00	电子设备	1
2006年6月4日	购入	5	7	6,000.00		
2006年9月1日	购入	5	7			
2006年1月1日	购入	8	8	310,000.00		

Sheet1

第 **11** 章

使 用 图 表

 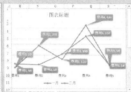  

　　使用图表可以图形化数据，能够清楚地体现出数据间的各种相对关系。在 Excel 2013 中，用户使用图表功能可以轻松地创建能有效交流数据信息、具有专业水准的图表，以便更加直观地将工作表中的数据表现出来，从而使数据层次分明、条理清楚、易于理解。

　　本章首先向用户介绍图表的创建方法，并通过制作一些简单的图表练习，使用户掌握编辑图表数据和设置图表格式的方法。通过制作的图表，可以直接了解到数据之间的关系和变化趋势。

11.1　创建图表

图表是一种生动的描述数据的方式,可以将表中的数据转换为各种图形信息,方便用户对数据进行观察。

1. 图表概述

在 Excel 中,可以使用单元格区域中的数据,创建自己所需的图表。工作表中的每一个单元格数据,在图表中都有与其相对应的数据点。

图表主要由图表区域及区域中的图表对象(例如:标题、图例、垂直(值)轴、水平(分类)轴)组成。下面,以柱形图为例向用户介绍图表的各个组成部分。

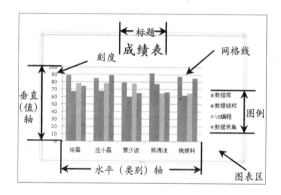

Excel 为用户提供了多种图表类型,每种图表类型又包含若干个子图表类型。用户在创建图表时,只需选择系统提供的图表即可方便、快捷地创建图表。Excel 中的具体图表类型如下表所述。

柱形图	柱形图是 Excel 默认的图表类型,用长条显示数据点的值,柱形图用于显示一段时间内的数据变化或者显示各项之间的比较情况
条形图	条形图类似于柱形图,适用于显示在相等时间间隔下数据的趋势
折线图	折线图是将同一系列的数据在图中表示成点并用直线连接起来,适用于显示某段时间内数据的变化及其变化趋势

饼图	饼图是把一个圆面划分为若干个扇形面,每个扇面代表一项数据值
面积图	面积图是将每一系列数据用直线段连接起来并将每条线以下的区域用不同颜色填充。面积图强调幅度随时间的变化,通过显示所绘数据的总和,说明部分和整体的关系
XY 散点图	XY 散点图用于比较几个数据系列中的数值,或者将两组数值显示为 XY 坐标系中的一个系列
股价图	以特定顺序排列在工作表的列或行中的数据可以绘制到股价图中。股价图经常用来显示股价的波动。这种图表也可用于科学数据。例如,可以使用股价图来显示每天或每年温度的波动。必须按正确的顺序组织数据才能创建股价图
曲面图	曲面图在寻找两组数据之间的最佳组合时很有用。类似于拓扑图形,曲面图中的颜色和图案用来指示出同一取值范围内的区域
雷达图	雷达图是一个由中心向四周辐射出多条数值坐标轴,每个分类都拥有自己的数值坐标轴,并由折线将同一系列中的值连接起来
组合	组合类图表是在同一个图表中显示两种以上的图表类型,便于用户进行多样式数据分析

2. 创建普通图表

选择数据区域,执行【插入】|【图表】|【插入柱形图】|【簇状柱形图】命令,即可在工作表中插入一个簇状柱形图。

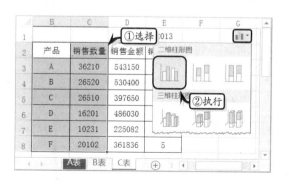

另外，Excel 2013 新增加了根据数据类型为用户推荐最佳图表类型的功能。用户只需选择数据区域，执行【插入】|【图表】|【推荐的图表】命令，在弹出的【插入图表】对话框中的【推荐的图表】列表中，选择图表类型，单击【确定】按钮即可。

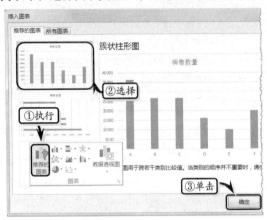

3．创建组合图表

在 Excel 2013 中，除了为用户提供了推荐图表类型的功能之外，还为用户提供了创建组合图表的功能，以帮助用户创建簇状柱形图-折线图、堆积面积图-簇状柱形图等组合图表。

选择数据区域，只需【插入】|【图表】|【推荐的图表】命令。在弹出的【插入图表】对话框中，激活【所有图表】选项卡，选择【组合】选项，并选择相应的图表类型。

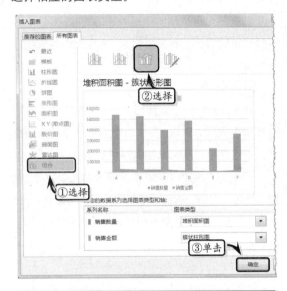

11.2　调整图表

在工作表创建图表之后，需要通过调整图表的位置、大小与类型等编辑图表的操作，来使图表符合工作表的布局与数据要求。

1．调整图表的位置

选择图表，将鼠标移至图表边框或图表空白处，当鼠标变为"四向箭头"时，拖动鼠标即可调整图表位置。

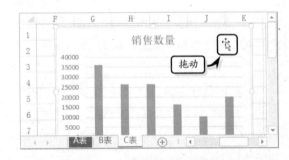

2．调整图表的大小

选择图表，将鼠标移至图表四周边框的控制点上，当鼠标变为"双向箭头"时，拖动即可调整图表大小。

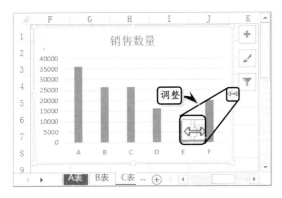

另外，选择图表，在【格式】选项卡【大小】选项组中，输入图表的【高度】与【宽度】值，即可调整图表的大小。

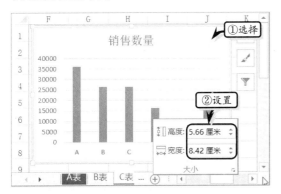

除此之外，用户还可以单击【格式】选项卡【大小】选项组中的【对话框启动器】按钮，在弹出的【设置图表区格式】任务窗格中的【大小】选项组中，设置图片的【高度】与【宽度】值。

3．更改图表类型

更改图表类型是将图表由当前的类型更改为另外一种类型，通常用于多方位分析数据。

选择图表，执行【图表工具】|【设计】|【类型】|【更改图表类型】命令，在弹出的【更改图表类型】对话框中选择一种图表类型。

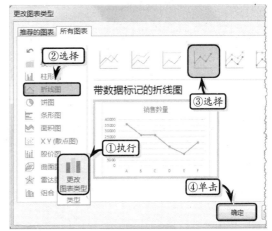

另外，选择图表，执行【插入】|【图表】|【推荐的图表】命令，在弹出的【更改图表类型】对话框中，选择图表类型即可。

4．调整图表的位置

默认情况下，在 Excel 中创建的图表均以嵌入图表方式置于工作表中。如果用户希望将图表放在单独的工作表中，则可以更改其位置。

选择图表，执行【图表工具】|【设计】|【位置】|【移动图表】命令，弹出【移动图表】对话框，选择图表的位置即可。

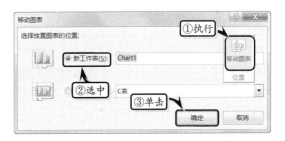

另外，用户还可以将插入的图表移动至其他的

工作表中。在【移动图表】对话框中，选中【对象位于】选项，并单击其后的下拉按钮，在其下拉列表中选择所需选项，即可移动至所选的工作表中。

> 提示
>
> 用户也可以右击图表，执行【移动图表】命令，即可打开【移动图表】对话框。

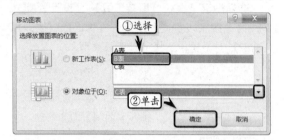

Excel 11.3 编辑图表数据和文字

创建图表之后，为了达到详细分析图表数据的目的，用户还需要对图表中的数据进行选择、添加与删除操作，以满足分析各类数据的要求。

1. 编辑现有数据

选择图表，此时系统会自动选定图表的数据区域。将鼠标置于数据区域边框的右下角，当光标变成"双向"箭头时，拖动数据区域即可编辑现有的图表数据。

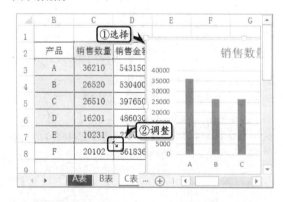

另外，选择图表，执行【图表工具】|【设计】|【数据】|【选择数据】命令，在弹出的【选择数据源】对话框中，单击【图表数据区域】右侧的折叠按钮，并在 Excel 工作表中重新选择数据区域。

2. 添加数据区域

选择图表，执行【图表工具】|【数据】|【选

择数据】命令，单击【添加】按钮。在【编辑数据系列】对话框中，分别设置【系列名称】和【系列值】选项。

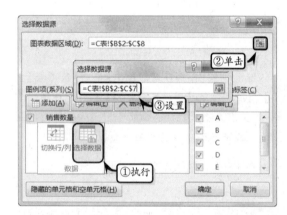

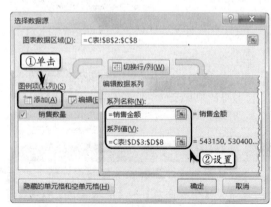

在【编辑数据系列】对话框中的【系列名称】和【系列值】文本框中直接输入数据区域，也可以选择相应的数据区域。

3. 删除数据区域

对于图表中多余的数据，也可以对其进行删除。选择表格中需要删除的数据区域，按 Delete 键，即可删除工作表和图表中的数据。若用户选择图表中的数据，按 Delete 键，此时，只会删除图表中的数据，不能删除工作表中的数据。

另外，选择图表，执行【图表工具】|【数据】|【选择数据】命令，在弹出的【选择数据源】对话框中的【图例项（系列）】列表框中，选择需要删除的系列名称，并单击【删除】按钮。

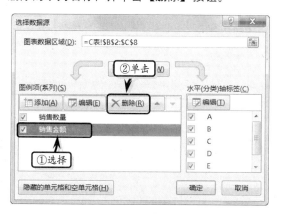

技巧

用户也可以选择图表，通过在工作表中拖动图表数据区域的边框，更改图表数据区域的方法，来删除图表数据。

4. 更改图表标题

选择标题文字，将光标定位于标题文字中，按 Delete 键删除原有标题文本输入替换文本即可。另

外，单击标题文字，将光标定位于标题文字中，删除要修改的标题文本，然后输入替换文本即可。

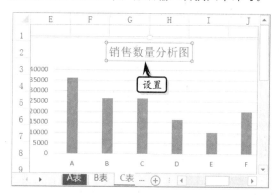

注意

用户可以在【开始】选项卡【字体】选项组中，设置图表中的文本格式。

5. 切换水平轴与图例文字

选择图表，执行【图表工具】|【设计】|【数据】|【切换行/列】命令，即可切换图表中的类别轴和图例项。

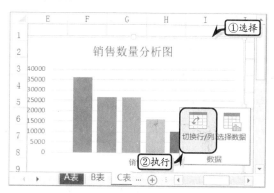

技巧

用户也可以执行【数据】|【选择数据】命令，在弹出的【选择数据源】对话框中，单击【切换行/列】按钮。

11.4　设置布局和样式

图表布局直接影响到图表的整体效果，用户可 根据工作习惯设置图表的布局以及图表样式，从而

达到美化图表的目的。

1．使用预定义图表布局

用户可以使用Excel提供的内置图表布局样式来设置图表布局。

选择图表，执行【图表工具】|【设计】|【图表布局】|【快速布局】命令，在其级联菜单中选择相应的布局。

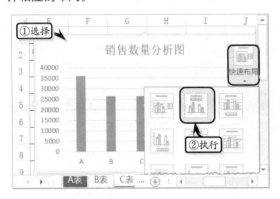

2．自定义图表布局

除了使用预定义图表布局之外，用户还可以通过手动设置来调整图表元素的显示方式。

❑ 设置图表标题

选择图表，执行【图表工具】|【设计】|【图表布局】|【添加图表元素】|【图表标题】命令，在其级联菜单中选择相应的选项即可。

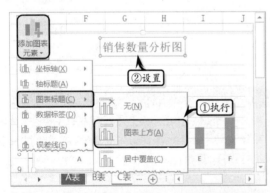

注意

在【图表标题】级联菜单中的【居中覆盖】选项表示在不调整图表大小的基础上，将标题以居中的方式覆盖在图表上。

❑ 设置数据表

选择图表，执行【图表工具】|【设计】|【图表布局】|【添加图表元素】|【数据表】命令，在其级联菜单中选择相应的选项即可。

❑ 设置数据标签

选择图表，执行【图表工具】|【设计】|【图表布局】|【添加图表元素】|【数据标签】命令，在其级联菜单中选择相应的选项即可。

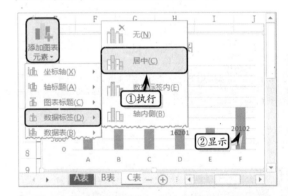

提示

使用同样的方法，用户还可以通过执行【添加图表元素】命令，添加图例、网格线、坐标轴等图表元素。

3．设置图表样式

图表样式主要包括图表中对象区域的颜色属性。Excel也内置了一些图表样式，允许用户快速对其进行应用。

选择图表，执行【图表工具】|【设计】|【图表样式】|【快速样式】命令，在下拉列表中选择相应的样式即可。

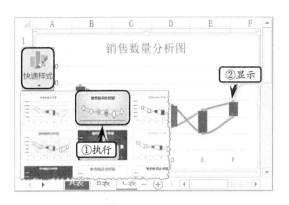

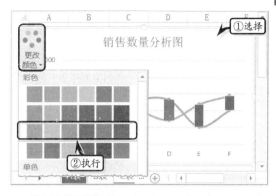

另外，执行【图表工具】|【设计】|【图表样式】|【更改颜色】命令，在其级联菜单中选择一种颜色类型，即可更改图表的主题颜色。

技巧

用户也可以单击图表右侧的 按钮，即可在弹出的列表中快速设置图表的样式，以及更改图表的主题颜色。

Excel 11.5 添加分析线

分析线适用于部分图表，主要包括误差线、趋势线、线条和涨/跌柱线。

1. 添加误差线

误差线主要用来显示图表中每个数据点或数据标记的潜在误差值，每个数据点可以显示一个误差线。

选择图表，执行【图表工具】|【设计】|【图表布局】|【添加图表元素】|【误差线】命令，在其级联菜单中选择"误差线"类型即可。

类　型	含　义
标准误差	显示使用标准误差的图表系列误差线
百分比	显示包含5%值的图表系列的误差线
标准偏差	显示包含1个标准偏差的图表系列的误差线

2. 添加趋势线

趋势线主要用来显示各系列中数据的发展趋势。选择图表，执行【图表工具】|【设计】|【图表布局】|【添加图表元素】|【趋势线】命令，在其级联菜单中选择趋势线类型，在弹出的【添加趋势线】对话框中，选择数据系列即可。

其各类型的误差线含义如下表所示。

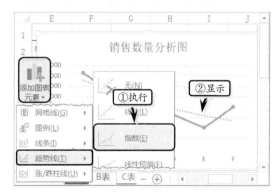

其他类型的趋势线的含义如下：

类　型	含　义
线性	为选择的图表数据系列添加线性趋势线
指数	为选择的图表数据系列添加指数趋势线
线性预测	为选择的图表数据系列添加两个周期预测的线性趋势线
移动平均	为选择的图表数据系列添加双周期移动平均趋势线

提示

在 Excel 中，不能向三维图表、堆积型图表、雷达图、饼图与圆环图中添加趋势线。

3．添加线条

选择图表，执行【图表工具】|【设计】|【图表布局】|【添加图表元素】|【线条】命令，在其级联菜单中选择线条类型。

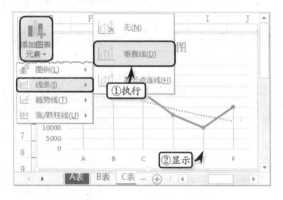

注意

用户为图表添加线条之后，可执行【添加图表元素】|【线条】|【无】命令，取消已添加的线条。

4．添加涨/跌柱线

选择图表，执行【图表工具】|【设计】|【图表布局】|【添加图表元素】|【涨/跌柱线】|【涨/跌柱线】命令，即可为图表添加涨/跌柱线。

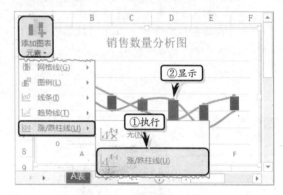

技巧

用户也可以单击图表右侧的 ➕ 按钮，即可在弹出的列表中快速添加图表元素。

Excel 11.6　设置图表区格式

在 Excel 中，可以通过设置图表区的边框颜色、边框样式、三维格式与旋转等操作，来美化图表区。

1．设置填充效果

选择图表，执行【图表工具】|【格式】|【当前所选内容】|【图表元素】命令，在其下拉列表中选择【图表区】选项。然后，执行【设置所选内容格式】命令，在弹出的【设置图表区格式】任务窗格中，在【填充】选项组中，选择一种填充效果，设置相应的选项即可。

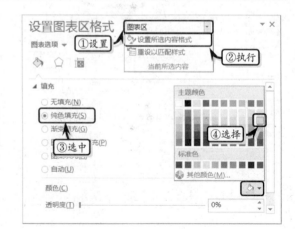

在【填充】选项组中，主要包括 6 种填充方式，其具体情况如下表所示。

选　项	子　选　项	说　　　明
无填充		不设置填充效果
纯色填充	颜色	设置一种填充颜色
	透明度	设置填充颜色透明状态
渐变填充	预设渐变	用来设置渐变颜色，共包含 30 种渐变颜色
	类型	表示颜色渐变的类型，包括线性、射线、矩形与路径
	方向	表示颜色渐变的方向，包括线性对角、线性向下、线性向左等 8 种方向
	角度	表示渐变颜色的角度，其值介于 1~360 度之间
	渐变光圈	可以设置渐变光圈的结束位置、颜色与透明度
图片或纹理填充	纹理	用来设置纹理类型，一共包括 25 种纹理样式
	插入图片来自	可以插入来自文件、剪贴板与剪贴画中的图片
	将图片平铺为纹理	表示纹理的显示类型，选择该选项则显示【平铺选项】，禁用该选项则显示【伸展选项】
	伸展选项	主要用来设置纹理的偏移量
	平铺选项	主要用来设置纹理的偏移量、对齐方式与镜像类型
	透明度	用来设置纹理填充的透明状态
图案填充	图案	用来设置图案的类型，一共包括 48 种类型
	前景	主要用来设置图案填充的前景颜色
	背景	主要用来设置图案填充的背景颜色
自动		选择该选项，表示图表的图表区填充颜色将随机进行显示，一般默认为白色

2．设置边框颜色

在【设置图表区格式】任务窗格中的【边框】选项组中，设置边框的样式和颜色即可。在该选项组中，包括【无线条】、【实线】、【渐变线】与【自动】4 种选项。例如，选中【实线】选项，在列表中设置【颜色】与【透明度】选项，然后设置【宽度】、【复合类型】和【短划线类型】选项。

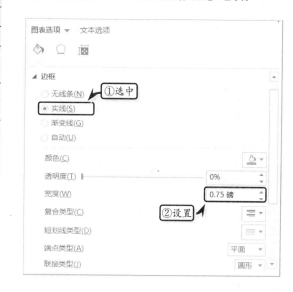

3．设置阴影格式

在【设置图表区格式】任务窗格中，激活【效果】选项卡，在【阴影】选项组中设置图表区的阴影效果。

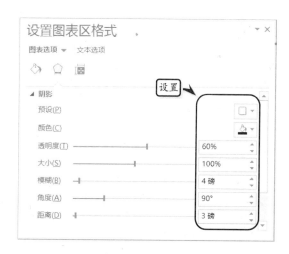

4．设置三维格式

在【设置图表区格式】任务窗格中的【三维格式】选项组中，设置图表区的顶部棱台、底部棱台和深度选项。

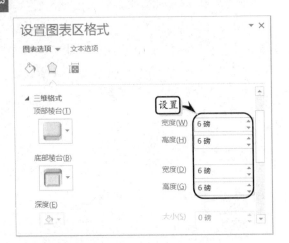

11.7 设置数据系列格式

数据系列是图表中的重要元素之一，用户可以通过设置数据系列的形状、填充、边框颜色和样式、阴影以及三维格式等效果，达到美化数据系列的目的。

1．更改形状

执行【当前所选内容】|【图表元素】命令，在其下拉列表中选择一个数据系列。然后，执行【设置所选内容格式】命令，在弹出的【设置数据系列格式】任务窗格中的【系列选项】选项卡，并选中一种形状。然后，调整或在微调框中输入【系列间距】和【分类间距】值。

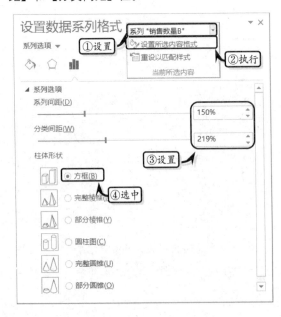

2．设置线条颜色

激活【填充线条】选项卡，在该选项卡中可以设置数据系列的填充颜色，包括纯色填充、渐变填充、图片和纹理填充、图案填充等。

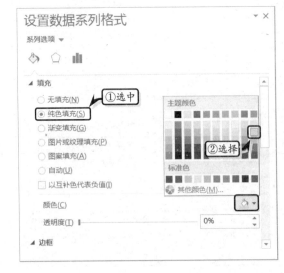

Excel 11.8 设置坐标轴格式

坐标轴是标示图表数据类别的坐标线,用户可以通过【设置坐标轴格式】任务窗格来设置坐标轴的数字类别与对齐方式。

1．调整坐标轴选项

双击水平坐标轴,在【设置坐标轴格式】任务窗格中,激活【坐标轴选项】下的【坐标轴选项】选项卡。在【坐标轴选项】选项组中,设置各项选项。

其中,在【坐标轴选项】选项组,主要包括下表中的各项选项。

选 项	子 选 项	说 明
坐标轴类型	根据数据自动选择	选中该单选按钮将根据数据类型设置坐标轴类型
	文本坐标轴	选中该单选按钮表示使用文本类型的坐标轴
	日期坐标轴	选中该单选按钮表示使用日期类型的坐标轴
纵坐标轴交叉	自动	设置图表中数据系列与纵坐标轴之间的距离为默认值
	分类编号	自定义数据系列与纵坐标轴之间的距离
	最大分类	设置数据系列与纵坐标轴之间的距离为最大显示
坐标轴位置	逆序类别	选中该复选框,坐标轴中的标签顺序将按逆序进行排列

另外,双击水平坐标轴,在【设置坐标轴格式】任务窗格中,激活【坐标轴选项】下的【坐标轴选项】选项卡。在【坐标轴选项】选项组中,设置各项选项。

2．调整数字类别

双击坐标轴,在弹出的【设置坐标轴格式】任务窗格中,激活【坐标轴选项】下的【坐标轴选项】选项卡。然后,在【数字】选项组中的【类别】列表框中选择相应的选项,并设置其小数位数与样式。

3．调整对齐方式

在【设置坐标轴格式】任务窗格中,激活【坐标轴选项】下的【大小属性】选项卡。在【对齐方式】选项组中,设置对齐方式、文字方向与自定义角度。

11.9 使用迷你图

迷你图是放入单个单元格中的小型图，每个迷你图代表所选内容中的一行或一列数据。

1．创建迷你图

选择数据区域，执行【插入】|【迷你图】|【折线图】命令，在弹出的【创建迷你图】对话框中，设置数据范围和放置位置即可。

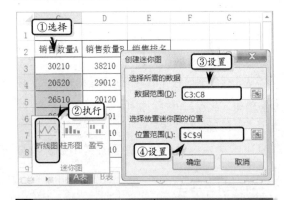

> **提示**
>
> 使用同样的方法，可以为数据区域创建柱形图和盈亏迷你图。

2．更改迷你图的类型

选择迷你图所在的单元格，执行【迷你图工具】

|【类型】|【柱形图】命令，即可将当前的迷你图类型更改为柱形图。

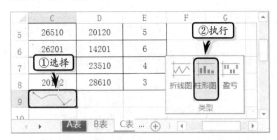

3．设置迷你图的样式

选择迷你图所在的单元格，执行【迷你图工具】|【样式】|【其他】命令，在展开的级联菜单中，选择一种样式即可。

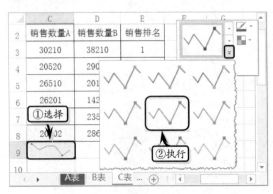

另外，选择迷你图所在的单元格，执行【迷你图工具】|【样式】|【迷你图颜色】命令，在其级联菜单中选择一种颜色，即可更改迷你图的线条颜色。

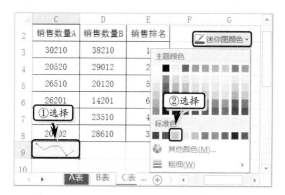

除此之外，用户还可以设置迷你图中各个标记颜色。选择迷你图所在的单元格，执行【迷你图工具】|【样式】|【标记颜色】命令，在其级联菜单中选择标记类型，并设置其显示颜色。

提示

用户可通过启用【设计】选项卡【显示】选项组中的各项复选框，为迷你图添加相应的标记点。

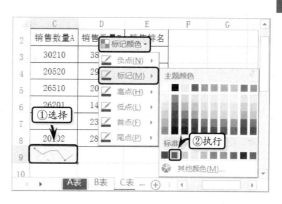

4. 组合迷你图

选择包含迷你图的单元格区域，执行【迷你图工具】|【分组】|【组合】命令，即可组合迷你图。

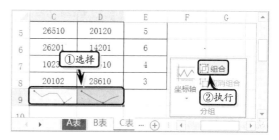

Excel 11.10 制作费用趋势预算表

费用是指企业在日常生产中发生的导致所有者权益减少、与向所有者分配利润无关的经济利益的总流程。一般情况下，费用是指企业中的营业费用。控制企业的费用支出，是提高企业生产利润的关键内容之一。用户除了依靠严格的制度来控制费用支出之外，还需要运用科学的方法，分析和预测费用的发展趋势。在本练习中，将运用 Excel 制作一份费用趋势预算表，以帮助用户分析费用趋势的发展情况。

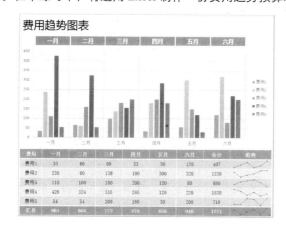

提示

执行【开始】|【单元格】|【插入】|【插入工作表】命令,也可插入新工作表。

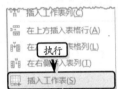

提示

选择"一月"工作表,选择整个工作表,右击执行【行高】命令,设置工作表的行高值。

提示

在【数据颜色】对话框中,将【允许】设置为"任何值",即可取消下拉列表状态。

操作步骤 》》》》

STEP|01 制作月份费用表。新建工作簿,单击【新工作表】按钮,创建多张新工作表。同时,双击工作表标签,重命名工作表。然后,选择"一月"工作表,在单元格 B2 中输入标题文本,并设置文本的字体格式。

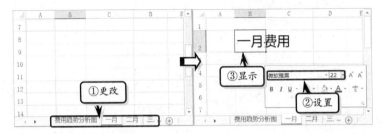

STEP|02 输入基础数据,选择单元格区域 F5:F10,执行【数据】|【数据工具】|【数据有效性】|【数据有效性】命令,将【允许】设置为"序列",在【来源】文本框中输入序列名称。然后,选择单元格区域 D5:D10,执行【开始】|【数字】|【数字格式】|【会计专用】命令,设置其数字格式。

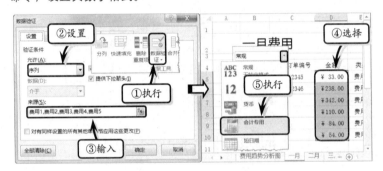

STEP|03 选择单元格 D11,在【编辑】栏中输入计算公式,按下 Enter 键返回总计额。选择单元格区域 B4:F11,执行【开始】|【样式】|【套用表格格式】|【表样式中等深浅 2】命令,套用表格样式。使用同样的方法,分别制作其他月份的费用表。

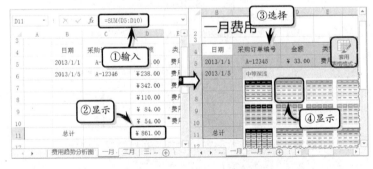

STEP|04 制作费用趋势分析表。选择"费用趋势分析图"工作表,在工作表中输入表格基础数据,并设置其对齐方式。选择单元格 C17,

在【编辑】栏中输入计算公式，按下 Enter 键返回 1 月份费用 1 的合计额。使用同样的方法，计算 1 月份其他费用额。

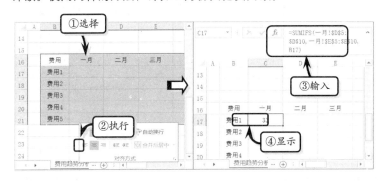

STEP|05 选择单元格 D17，在【编辑】栏中输入计算公式，按下 Enter 键返回 2 月份费用 1 的合计额。然后，选择单元格 E17，在【编辑】栏中输入计算公式，按下 Enter 键返回 3 月份费用 1 的合计额。使用同样方法，计算 2 月和 3 月份的其他费用额。

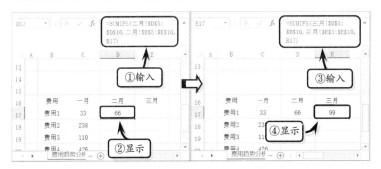

STEP|06 选择单元格 F17，在【编辑】栏中输入计算公式，按下 Enter 键返回 4 月份费用 1 的合计额。然后，选择单元格 G17，在【编辑】栏中输入计算公式，按下 Enter 键返回 5 月份费用 1 的合计额。使用同样方法，计算 4 月和 5 月份的其他费用额。

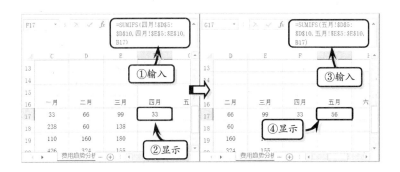

STEP|07 选择单元格 H17，在【编辑】栏中输入计算公式，按下 Enter 键返回 6 月份费用 1 的合计额。然后，选择单元格 I17，在【编辑】栏中输入计算公式，按下 Enter 键返回费用 1 的合计额。使用同样方

法，计算 6 月和其他费用的合计额。

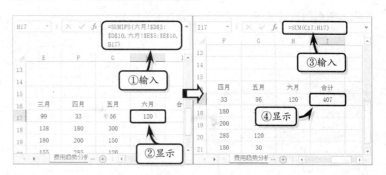

STEP|08 选择单元格区域 B16:J21，执行【开始】|【样式】|【套用表格格式】|【表样式中等深浅 14】命令，启用【表包含标题】复选框，并单击【确定】按钮，设置表样式。

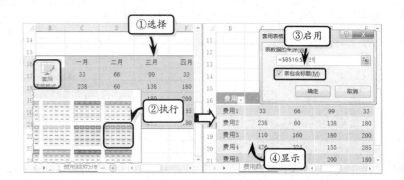

STEP|09 选择套用的表格，在【设计】选项卡【表格样式选项】选项组中，启用【汇总行】复选框，同时禁用【筛选按钮】复选框。然后，复制单元格 J22 中的公式至单元格 C22，更改公式内容，按下 Enter 键返回汇总值。使用同样的方法，计算其他月份的汇总值。

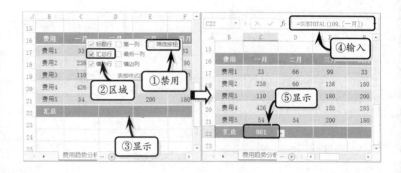

STEP|10 选择单元格 J17，执行【插入】|【迷你图】|【折线图】命令，在弹出的对话框中设置数据区域，单击【确定】按钮，添加迷你

图。使用同样的方法，为其他单元格添加折线迷你图。

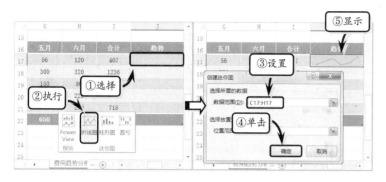

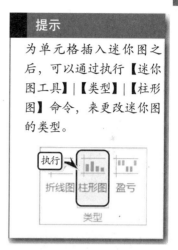
STEP|11 选择所有的迷你图，执行【迷你图工具】|【分组】|【组合】命令，组合迷你图。同时，在【设计】选项卡【显示】选项组中，启用【标记】复选框，为迷你图添加数据点标记。

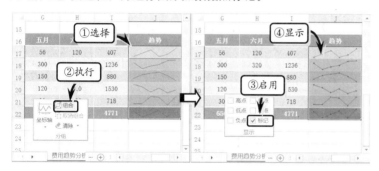

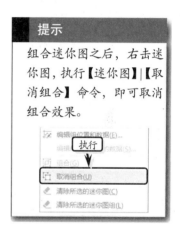
STEP|12 制作趋势分析图。选择单元格区域 B16:H21，执行【插入】|【图表】|【插入柱形图】|【簇状柱形图】命令，插入图表。然后，执行【图表工具】|【设计】|【图表布局】|【添加图表元素】|【图表标题】|【无】命令，取消图表标题。

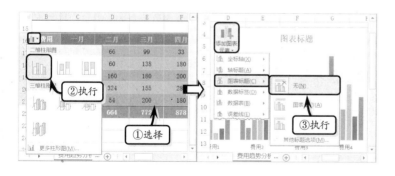

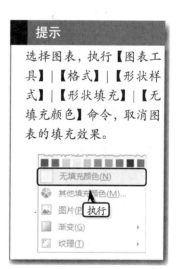
STEP|13 执行【设计】|【图表布局】|【添加图表元素】|【图例】|【右侧】命令，调整图例的显示位置。同时，执行【设计】|【图表布局】|【添加图表元素】|【网格线】|【主轴主要垂直网格线】命令，添加网格线并调整图表的大小。

提示

选择图表, 执行【图表工具】
|【格式】|【形状样式】|【形状轮廓】|【无轮廓】命令, 取消图表的轮廓样式。

提示

选择图表, 执行【图表工具】|【设计】|【数据】|【选择数据】命令, 在弹出的对话框中, 单击【切换行/列】按钮, 也可以切换行/列数据。

提示

绘制形状之后, 执行【绘图工具】|【格式】|【形状样式】|【其他】命令, 在其级联菜单中选择一种样式, 即可快速设置形状的样式。

提示

为形状创建超链接之后, 可以右击形状, 执行【取消超链接】命令, 取消超链接功能。

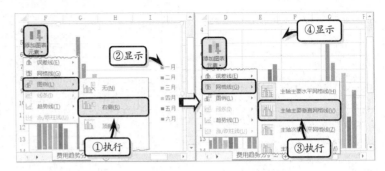

STEP|14 执行【设计】|【图表样式】|【更改颜色】|【颜色 3】命令, 设置图表的颜色类型。同时, 执行【设计】|【数据】|【切换行/列】命令, 切换行列数据。

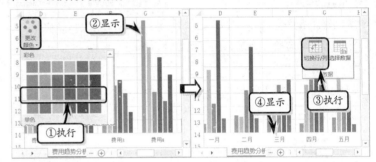

STEP|15 制作链接形状。执行【插入】|【插图】|【形状】|【矩形】命令, 在工作表中绘制一个矩形形状。执行【绘图工具】|【格式】|【形状样式】|【形状填充】|【绿色, 着色 6】命令, 设置其填充样式。

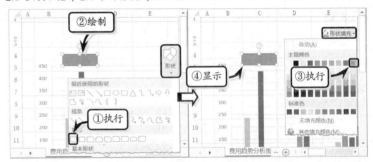

STEP|16 执行【格式】|【形状样式】|【形状轮廓】|【无轮廓】命令, 取消形状的轮廓样式。然后, 右击形状, 执行【编辑文字】命令, 在形状中输入文本, 并设置文本的字体格式。

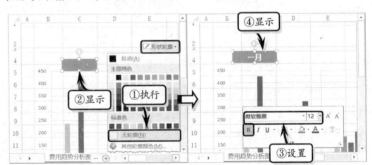

STEP|17 执行【插入】|【链接】|【超链接】命令，选择链接位置，单击【确定】按钮，为形状添加超链接功能。使用同样的方法，分别制作其他月份中的链接形状。最后，在单元格 B2 中输入标题文本，并设置文本的字体格式。

提示

最后，为达到美化工作表的目的，还需要在【视图】选项卡【显示】选项组中，禁用【网格线】复选框。

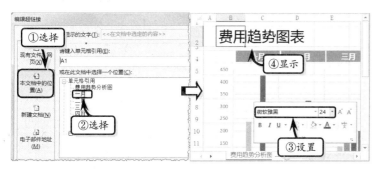

Excel 11.11 制作销售预测分析图表

销售预测是指根据历史销售数据，对未来特定时间内销售数量或金额的一种估计，它是制定下一时期销售计划的主要依据。在本练习中，将运用函数和图表功能，根据 3 个季度内的销售数据，预测下个月、下一季度和下年的销售数据。同时，还以图表的形式展示了月度预测、年度预测、季度预测，及整个销售数据的发展趋势。

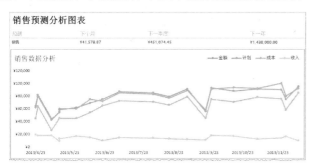

练习要点

- 重命名工作表
- 设置单元格格式
- 使用公式
- 使用图表
- 设置图表格式

操作步骤 ▶▶▶▶

STEP|01 制作表格标题。新建并重命名工作表，选择"销售数据统计表"工作表，设置工作表的行高。然后，合并单元格区域，输入标题文本并设置字体格式。

提示

用户可执行【开始】|【单元格】|【插入】|【插入工作表】命令，插入新工作表。

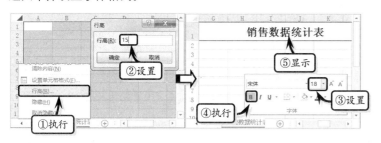

STEP|02 输入基础数据。在工作表中合并相应的单元格区域，输入基础数据，并设置其对齐格式。然后，选择单元格区域 D4:G22，执行【开始】|【数字】|【数字格式】|【货币】命令，使用同样的方法，设置其他单元格区域的货币数字格式。

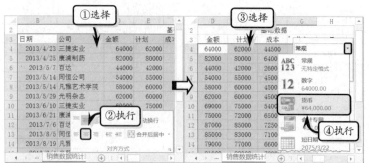

STEP|03 自定义数据格式。选择单元格区域 H4:H22，右击执行【设置单元格格式】命令，选择【自定义】选项，并输入自定义代码。然后，选择单元格区域 I4:I22，右击执行【设置单元格格式】命令，选择【自定义】选项，并输入自定义代码。

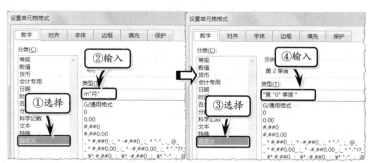

STEP|04 计算基础数据。选择单元格 G4，在【编辑】栏中输入计算公式，按下 Enter 键返回收入值。然后，选择单元格 H4，在【编辑】栏中输入计算公式，按下 Enter 键返回月份值。

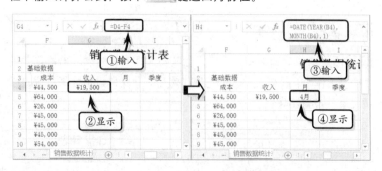

STEP|05 选择单元格 I4，在【编辑】栏中输入计算公式，按下 Enter 键返回季度值。然后，选择单元格 J4，在【编辑】栏中输入计算公式，按下 Enter 键返回年份值。

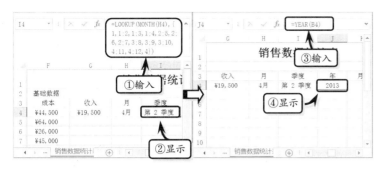

STEP|06 选择单元格 K4，在【编辑】栏中输入计算公式，按下 Enter 键返回月份值。然后，选择单元格区域 G4:K22，执行【开始】|【编辑】|【填充】|【向下】命令，向下填充公式。

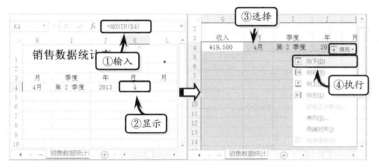

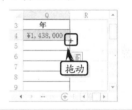

STEP|07 计算总计值。选择单元格 L4，在【编辑】栏中输入计算公式，按下 Enter 键返回月份值。然后，选择单元格 M4，在【编辑】栏中输入计算公式，按下 Enter 键返回季度值。

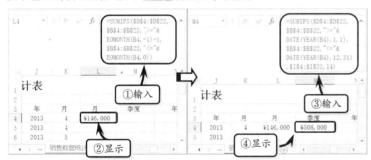

STEP|08 选择单元格 N4，在【编辑】栏中输入计算公式，按下 Enter 键返回年份值。然后，选择单元格区域 L4:N22，执行【开始】|【编辑】|【填充】|【向下】命令，向下填充公式。

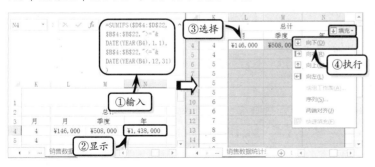

STEP|09 计算预测值。选择单元格 O4，在【编辑】栏中输入计算公式，按下 Enter 键返回月份值。然后，选择单元格 P4，在【编辑】栏中输入计算公式，按下 Enter 键返回季度值。

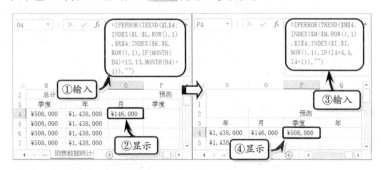

STEP|10 选择单元格 Q4，在【编辑】栏中输入计算公式，按下 Enter 键返回年份值。然后，选择单元格区域 O4:Q22，执行【开始】|【编辑】|【填充】|【向下】命令，向下填充公式。

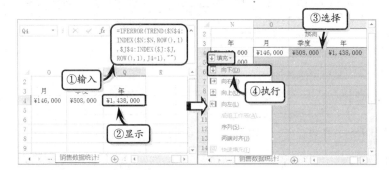

STEP|11 设置单元格格式。选择单元格区域 B2:Q22，执行【开始】|【字体】|【边框】|【所有框线】命令，设置单元格区域的边框格式。然后，选择合并后的单元格 B2，执行【开始】|【样式】|【单元格样式】|【着色 6】命令，使用同样方法设置其他单元格区域的单元格样式。

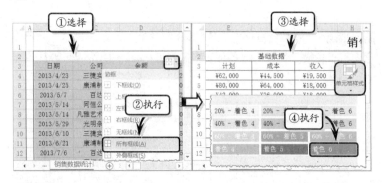

STEP|12 制作销售数据分析图表。选择单元格区域 B3:G22 和 D3:F22，执行【插入】|【图表】|【插入折线图】|【带数据标记的折

线图】命令，插入图表。然后，执行【图表工具】|【设计】|【位置】|【移动图表】命令，选择图表位置。

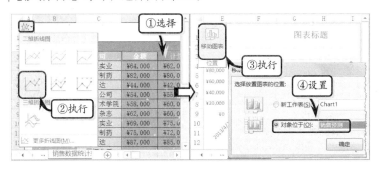

STEP|13 执行【图表工具】|【设计】|【图表布局】|【添加图表元素】|【图例】|【顶部】命令，设置图例的显示位置。然后，调整图表标题的位置，修改标题文本并设置文本的字体格式。

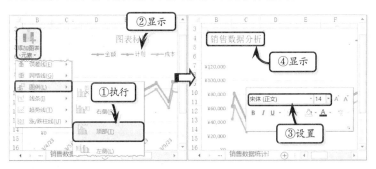

STEP|14 选择图表中的网格线，按下 Delect 键删除网格线。然后，执行【图表工具】|【格式】|【形状样式】|【形状填充】|【无填充颜色】命令，同时执行【形状轮廓】|【绿色,着色 6】命令，设置图表的样式。使用同样的方法，制作其他分析图表。

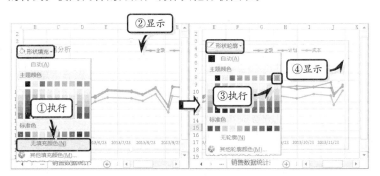

STEP|15 计算预测数据。在单元格 B1 中输入标题文本，并设置文本的字体格式。同时，制作预测数据的基础内容。然后，选择单元格 D3，在【编辑】栏中输入计算公式，按下 Enter 键返回下个月的预测值。

提示

TREND 函数用于返回线性趋势值，第 1 个参数表示满足线性拟合直线 $y=mx+b$ 的一组已知的 y 值；第 2 个参数表示满足线性拟合直线 $y=mx+b$ 的一组已知的可选 x 值；第 3 个参数表示一组新 x 值，希望通过该函数推出相应的 y 值；第 4 个参数为可选参数，表示逻辑值，用于指定是否强制常数 b 为 0。

提示

执行【插入】|【图表】|【推荐的图表】命令，可在弹出的【插入图表】对话框中，选择其他图表类型。

提示

用户可以将光标移动到图表四周的控制点上，当光标变成双向箭头时，拖动鼠标即可调整图表的大小。

提示

选择图表，执行【图表工具】|【设计】|【图表布局】|【快速布局】命令，可以更改图表的布局。

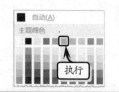

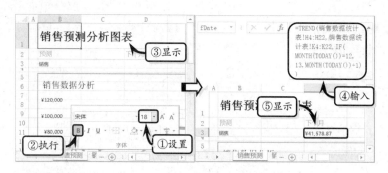

STEP|16 选择单元格 F3，在【编辑】栏中输入计算公式，按下 `Enter` 键返回下一季度的预测值。然后，选择单元格 I3，在【编辑】栏中输入计算公式，按下 `Enter` 键返回下一年的预测值。

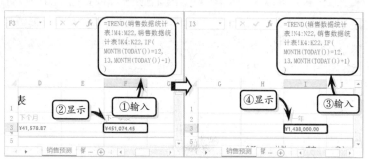

11.12 高手答疑

问题 1：如何编辑迷你图的数据区域？

解答 1：选择迷你图所在的单元格，【迷你图工具】|【迷你图】|【编辑数据】|【编辑单个迷你图的数据】命令。在弹出的【编辑迷你图数据】对话框中，重新设置数据区域即可。

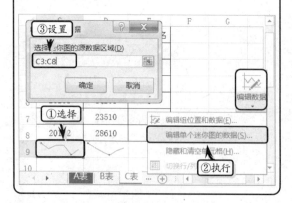

问题 2：如何清除迷你图？

解答 2：选择迷你图所在的单元格，执行【迷你图工具】|【分组】|【清除】|【清除所选的迷你图】命令，即可清除当前单元格中的迷你图。

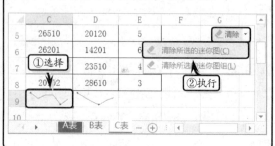

技巧

选择迷你图所在的单元格,右击执行【迷你图】|【清除所选的迷你图】命令,也可清除当前单元格中的迷你图。

问题 3:如何在图表中显示隐藏数据和空单元格?

解答 3:默认情况下,在 Excel 图表中将不显示隐藏在工作表中的数据,而空单元格则显示为空距。用户可以对其进行相关的设置,以显示隐藏数据,或更改空单元格的显示方法。

选择图表,执行【设计】|【数据】|【选择数据】命令,打开【选择数据源】对话框。在该对话框中,单击【隐藏的单元格和空单元格】按钮,在弹出的对话框中启用【显示隐藏行列中的数据】复选框即可。

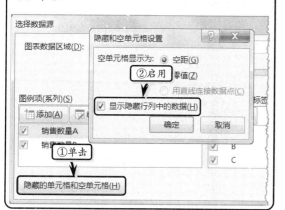

问题 4:如何设置图例的显示位置?

解答 4:选择图例,右击执行【设置图例格式】命令。在弹出的【设置图例格式】任务窗格中,激活【图例选项】下的【图例选项】选项卡,在【图例位置】选项组中,选择图例的显示位置。

11.13 新手训练营

练习 1:制作产量与人员关系图

downloads\第 11 章\新手训练营\产量与人员关系图

提示:本练习中,首先在工作表中制作表格标题,输入基础数据并计算其合计值。然后,在工作表中插入一个散点图,并设置散点图的图表标题,删除主要次网格线。同时,设置图表的形状样式和形状效果。最后,设置图表水平和垂直坐标轴的格式,为图表添加趋势线,并显示趋势线的公式。随

后,设置趋势线的填充颜色和轮廓样式,为图表添加数据标签并设置数据标签的字体格式和位置。

练习 2:制作比较直方图

downloads\第 11 章\新手训练营\比较直方图

提示:本练习中,首先在工作表中输入基础数据,并插入一个簇状条形图。然后,删除条形图中的图表标题和网格线,设置图例的显示位置,并设置图表的填充样式和形状效果。最后,双击数据系

列，设置数据系列的重叠和间隔数值即可。

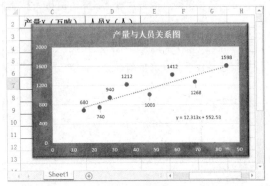

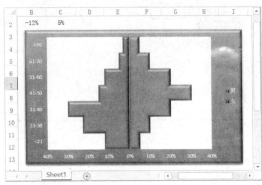

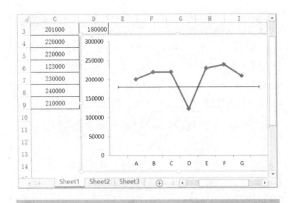

练习 3：制作直线图表

downloads\第 11 章\新手训练营\直线图表

提示：本练习中，首先在工作表中输入基础数据，并插入一个带数据标记的折线图。选择图表中的"直线"数据系列，将其更改为带平滑线和数据标记的散点图类型。然后，删除图例，双击直线数据系列，设置数据系列格式。同时，无"直线"数据系列添加标准误差线。最后，设置标准误差线的指定值，并取消"直线"数据系列的数据标记线。

练习 4：制作箱式图

downloads\第 11 章\新手训练营\箱式图

提示：本练习中，首先在工作表中输入计算数据，并使用函数计算每个数据的第 25 个百分点、最小值、平均值、第 50 个百分点、最大值和第 75 个百分点的值。然后，在工作表中插入一个带数据标记的折线图，并执行【切换行/列】命令，切换行列值。最后，为图表添加"涨/跌柱线"和"高低点连线"，并设置各个数据系列的格式。

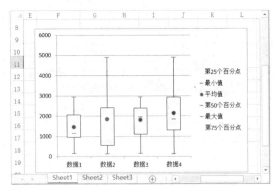

第 **12** 章

分 析 数 据

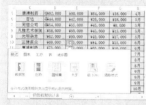 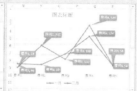 

在 Excel 2013 中，数据分析具有最实用、最强大的功能，可以帮助用户完成很多复杂的工作。特别是利用数据的单变量求解、规划求解，以及使用方案管理器等功能，可以很方便地管理、分析数据，从而为企事业单位的决策管理提供可靠依据。

本章具体介绍数据分析的相关功能，从而让用户掌握使用方案管理器以及合并计算等知识。

Excel **12.1** 使用模拟运算表

模拟运算表是由一组替换值代替公式中的变量得出的一组结果所组成的一个表格，数据表为某些计算中的所有更改提供了捷径。数据表有两种：单变量和双变量模拟运算表。

1．单变量模拟运算表

单变量模拟运算表是基于一个变量预测对公式计算结果的影响，当用户已知公式的预期结果，而未知使公式返回结果的某个变量的数值时，可以使用单变量模拟运算表进行求解。

已知贷款金额、年限和利率，下面运用单变量模拟运算表求解不同年利率下的每期付款额。

由于模拟运算表是基于包含公式的单元格进行求解，所以使用单变量模拟运算表求解的第一步，是制作基础数据。首先，在工作表中输入基础文本和数值，并在单元格 B5 中，输入计算还款额的公式。

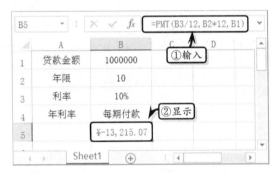

在表格中输入不同的年利率，以便于运用模拟运算表求解不同年利率下的每期付款额。然后，选择包含每期还款额与不同利率的数据区域，执行【数据】|【数据工具】|【模拟分析】|【模拟运算表】命令。

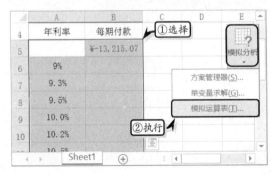

在弹出的【模拟运算表】对话框中，设置【输入引用列的单元格】选项，单击【确定】按钮，即可显示不同年利率下的每期付款额。

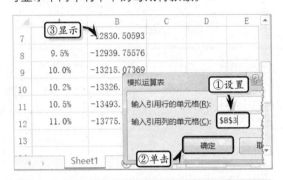

提示

其中，【输入引用行的单元格】选项表示当数据表示行方向时对其进行设置，而【输入引用列的单元格】选项则表示当数据是列方向时对其进行设置。

2．双变量模拟运算表

双变量模拟运算表是用来分析两个变量的几组不同的数值变化对公式结果所造成的影响。已知贷款金额、年限和利率，下面运用单变量模拟运算表求解不同年利率下和不同贷款年限下的每期付款额。

使用双变量模拟运算表的第一步也是制作基础数据，在单变量模拟运算表基础表格的基础上，添加一行年限值。

	B	C	D	E	F
4	每期付款				
5	¥-13,215.07	8	9	10	11
6	9%				
7	9.3%				
8	9.5%				
9	10.0%				
10	10.2%				
	10.5%				

然后，选择包含年限值和年利率值的单元格区

域，执行【数据工具】|【模拟分析】|【模拟运算表】命令。

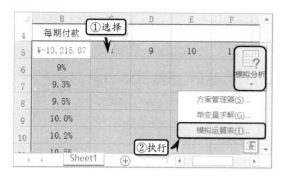

在弹出的【模拟运算表】对话框中，分别设置【输入引用行的单元格】和【输入引用列的单元格】选项，单击【确定】按钮，即可显示每期付款额。

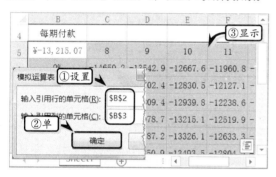

提示

在使用双变量数据表进行求解时，两个变量应该分别放在 1 行或 1 列中，而两个变量所在的行与列交叉的那个单元格中放置的是这两个变量输入公式后得到的计算结果。

3．删除计算结果或数据表

选择工作表中所有数据表计算结果所在的单元格区域，执行【开始】|【编辑】|【清除】|【清除内容】命令即可。

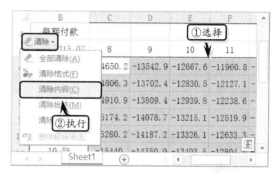

注意

数据表的计算结果存放在数组中，要将其清除就要清除所有的计算结果，而不能只清除个别的计算结果。

12.2 规划求解和单变量求解

单变量求解是已知某个公式的结果，反过来求公式中的某个变量的值。而规划求解又称为假设分析，是一组命令的组成部分，不仅可以解决单变量求解的单一值的局限性，而且还可以预测含有多个变量或某个取值范围内的最优值。

1．加载规划求解加载项

在使用规划求解功能之前，需要先安装规划求解。执行【文件】|【选项】命令，在弹出的【Excel选项】对话框中，激活【加载项】选项卡，单击【转到】按钮。

然后，在弹出的【加载宏】对话框中，启用【规划求解加载项】复选框，单击【确定】按钮，系统将自动在【数据】选项卡中添加【分析】选项组，并显示【规划求解】功能。

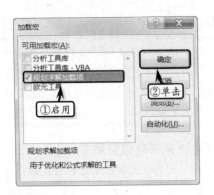

2．使用规划求解

由于规划求解是建立在已知条件与约束条件基础上的一种运算，所以在求解之前还需要制作已知条件与约束条件。另外，规划求解的过程是通过更改单元格中的值来查看这些更改对工作表中公式结果的影响，所以在制作已知条件时，需要注意单元格中的公式设置情况。

（1）制作已知条件

已知某公司计划投资 A、B 与 C 三个项目，每个项目的预测投资金额分别为 160 万元、88 万元及 152 万元，其每个项目的预测利润率分别为 50%、40% 及 48%。为获得投资额与回报率的最大值，董事会要求财务部分析三个项目的最小投资额与最大利润率。并且，企业管理者还为财务部附加了以下投资条件：

❏ 总投资额必须为 400 万元。

❏ A 的投资额必须为 B 投资额的 3 倍。

❏ B 的投资比例大于或等于 15%。

❏ A 的投资比例大于或等于 40%。

获得已知条件之后，用户需要在工作表中输入基础数据，并选择单元格 D3，在【编辑】栏中输入计算公式，按下 Enter 键完成公式的输入。使用同样的方法，计算其他产品的投资利润额。

选择单元格 E3，在【编辑】栏中输入计算公式，按下 Enter 键完成公式的输入。使用同样的方法，计算其他产品的投资比例。

选择单元格 C6，在【编辑】栏中输入计算公式，按下 Enter 键完成公式的输入。使用同样的方法，计算其他合计值。

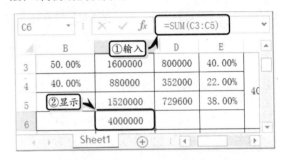

选择单元格 B7，在【编辑】栏中输入计算公式，按下 Enter 键，返回总利润额。

（2）设置求解参数

执行【数据】|【分析】|【规划求解】命令，将【设置目标单元格】设置为"B7"，将【可变单元格】设置为"C3:C5"。

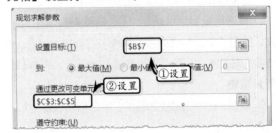

单击【添加】按钮，将【单元格引用】设置为
"C6"，将符号设置为"="，将【约束】设置为
"4000000"，并单击【添加】按钮。使用同样的方
法，添加其他约束条件。

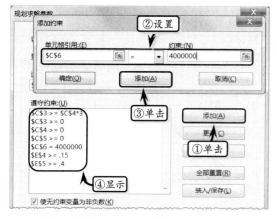

另外，在【规划求解参数】对话框中，主要包
括下表中的一些选项。

选 项		说 明
设置目标单元格		用于设置显示求解结果的单元格，在该单元格中必须包含公式
到	最大值	表示求解最大值
	最小值	表示求解最小值
	目标值	表示求解指定值
通过更改可变单元格		用来设置每个决策变量单元格区域的名称或引用，用逗号分隔不相邻的引用。另外，可变单元格必须直接或间接与目标单元格相关。用户最多可指定200个变量单元格
遵守约束	添加	表示添加规划求解中的约束条件
	更改	表示更改规划求解中的约束条件
	删除	表示删除已添加的约束条件
全部重置		可以设置规划求解的高级属性
装入/保存		可在弹出的【装入/保存模型】对话框中保存或加载问题模型
使无约束变量为非负数		启用该选项，可以使无约束变量为正数
选择求解方法		启用该选项，可在下拉列表中选择规划求解的求解方法。主要包括用于平滑线性问题的"非线性（GRG）"方法，用于线性问题的"单纯线性规划"方法与用于非平滑问题的"演化"方法

续表

选 项	说 明
选项	启用该选项，可在【选项】对话框中更改求解方法的"约束精确度"、"收敛"等参数
求解	执行该选项，可对设置好的参数进行规划求解
关闭	关闭"规划求解参数"对话框，放弃规划求解
帮助	启用该选项，可弹出【Excel帮助】对话框

（3）设置求解报告

在【规划求解参数】对话框中，单击【求解】
按钮，然后在弹出的【规划求解结果】对话框中设
置规划求解保存位置与报告类型即可。

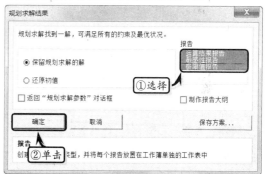

另外，在【规划求解结果】对话框中，主要包
括下表中的一些选项。

选 项	说 明
保留规划求解的解	将规划求解结果值替代可变单元格中的原始值
还原初值	将可变单元格中的值恢复成原始值
报告	选择用来描述规划求解执行的结果报告，包括运算结果报告、敏感性报告、极限值报告三种报告
返回"规划求解参数"对话框	启用该复选框，单击【确定】按钮之后，将返回到【规划求解参数】对话框中
制作报告大纲	启用该复选框，可在生成的报告中显示大纲结构
保存方案	将规划求解设置作为模型进行保存，便于下次规划求解时使用

续表

选　项	说　明
确定	完成规划求解操作，生成规划求解报告
取消	取消本次规划求解操作

3．单变量求解

单变量求解与普通的求解过程相反，其求解的运算过程为已知某个公式的结果，反过来求公式中的某个变量的值。

使用单变量求解之前，需要制作数据表。首先，在工作表中输入基础数据。然后，选择单元格 B4，在【编辑】栏中输入计算公式，按下 Enter 键计算结果。

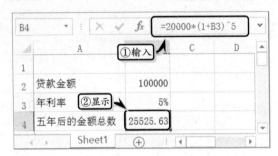

同样，选择单元格 C7，在【编辑】栏中输入计算公式，按下 Enter 计算结果。

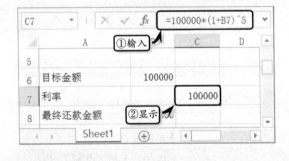

然后，选择单元格 B7，执行【数据】|【数据工具】|【模拟分析】|【单变量求解】命令。在弹出的【单变量求解】对话框中设置"目标单元格"、"目标值"等参数。

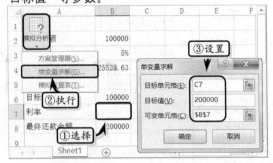

在【单变量求解】对话框中，单击【确定】按钮，系统将在【单变量求解状态】对话框中执行计算，并显示计算结果。单击【确定】按钮之后，系统将在单元格 B7 中显示求解结果。

注意

在进行单变量求解时，在目标单元格中必须含有公式，而其他单元格中只能包含数值，不能包含公式。

12.3　使用方案管理器

方案是 Excel 保存在工作表中并可进行自动替换的一组值，用户可以使用方案来预测工作表模型的输出结果，同时还可以在工作表中创建并保存不同的数组值，然后切换任意新方案以查看不同的效果。

1．创建方案

方案与其他分析工具一样，也是基于包含公式的基础数据表而创建的。在创建之前，首先输入基础数据，并在单元格 B7 中输入计算最佳方案的公式。

然后，执行【数据】|【数据工具】|【模拟分析】|【方案管理器】命令。在弹出的【方案管理器】对话框中单击【添加】按钮。

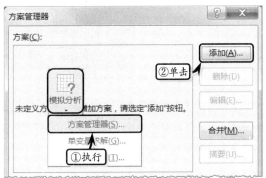

在弹出的【添加方案】对话框中设置"方案名"和"可变单元格",并单击【确定】按钮。

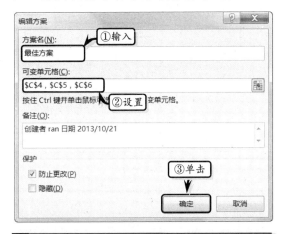

注意

在设置可变单元格时,用户可以通过单击后面的折叠按钮📑的方法,来选择工作表中的单元格或单元格区域。

此时,系统会自动弹出【方案变量值】对话框,分别设置每个可变单元格的期望值,单击【确定】按钮返回【方案管理器】对话框中,在该对话框中单击【显示】按钮,即可计算出结果。

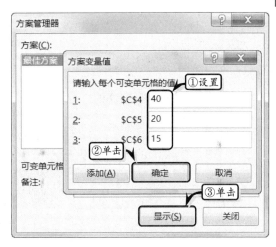

2. 管理方案

建立好方案后,使用【方案管理器】对话框,可以随时对各种方案进行分析、总结。

❑ 保护方案

执行【数据】|【数据工具】|【模拟分析】|【方案管理器】命令。在弹出的【方案管理器】对话框中,单击【编辑】按钮。在【编辑方案】对话框中,启用【保护】栏中的【防止更改】复选框即可。

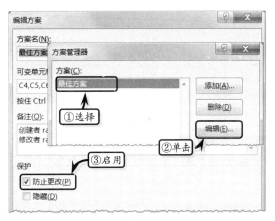

如果用户启用【保护】栏中的【隐藏】复选框,即可隐藏添加的方案。另外,用户如果需要更改方案内容,则可以在【编辑方案】对话框中,直接对"方案名"和"可变单元格"栏进行编辑。

❑ 合并方案

在实际工作中,如果需要将两个存在的方案进行合并,可以直接单击【方案管理器】对话框中的【合并】按钮。然后,在弹出的【合并方案】对话框中,选择需要合并的工作表名称,单击【确定】

按钮即可。

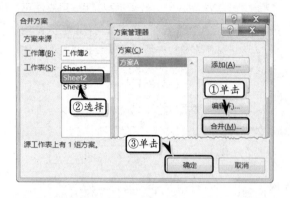

□ 删除方案

在【方案管理器】对话框中，选择【方案】列表中的方案名称，单击右侧的【删除】按钮，即可删除。

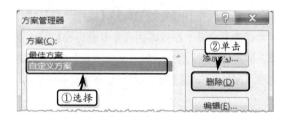

3．创建方案摘要报告

在工作中经常需要按照统一的格式列出工作表中各个方案的信息。此时，执行【数据】|【模拟运算】|【方案管理器】命令，在【方案管理器】对话框中，单击【摘要】按钮。

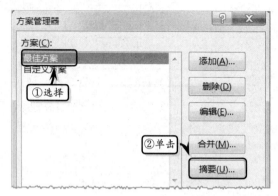

在弹出的【方案摘要】对话框中，选择报表类型，单击【确定】按钮之后，系统将自动在新的工作表中显示摘要报表。

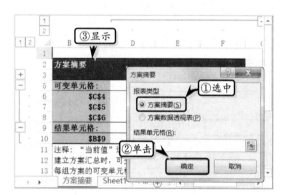

12.4 使用数据透视表

使用数据透视表可以汇总、分析、浏览和提供摘要数据，通过直观方式显示数据汇总结果，为 Excel 用户查询和分类数据提供了方便。

1．创建数据透视表

选择单元格区域中的一个单元格，并确保单元格区域具有列标题。然后，执行【插入】|【表格】|【推荐的数据透视表】命令。在弹出的【推荐的数据透视表】对话框中，选择数据表样式，并单击【确定】按钮。

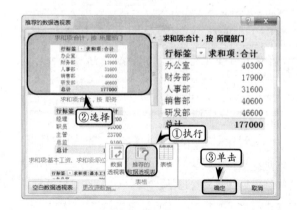

另外，选择单元格区域中的一个单元格，并确保单元格区域具有列标题。然后，执行【插入】|【表格】|【数据透视表】命令。在弹出的【创建数据透视表】对话框中，选择数据表的区域范围和放置位置，并单击【确定】按钮。

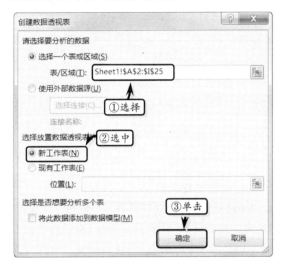

在【创建数据透视表】对话框中，主要包括下表中的一些选项。

选 项	说 明
选择一个表或区域	表示要在当前工作簿中选择创建数据透视表的数据
使用外部数据源	选择该选项，并单击【选择连接】按钮，则可以在打开的【现有链接】对话框中，选择链接到的其他文件中的数据
新工作表	表示可以将创建的数据透视表以新的工作表出现
现有工作表	表示可以将创建的数据透视表，插入到当有工作表的指定位置
将此数据添加到数据模型	选中该复选框，可以将当前数据表中的数据添加到数据模型中

2．多方位地显示数据

在工作表中插入空白数据透视表后，用户便可以在窗口右侧的【数据透视表字段列表】任务窗格中，启用【选择要添加到报表的字段】列表框中的数据字段，被启用的字段列表将自动显示在数据透视表中。

3．动态数据过滤

选择数据透视表，在【数据透视表字段列表】窗格中，将数据字段拖到【报表筛选列】列表框中，即可在数据透视表上方显示筛选列表。此时，用户只需单击筛选按钮，选择相应的选项即可对数据进行筛选。

另外，用户还可以在【行标签】、【列标签】或【数值】列表框中，单击字段名称后面的下拉按钮，在其下拉列表中选择【移动到报表筛选】选项即可。

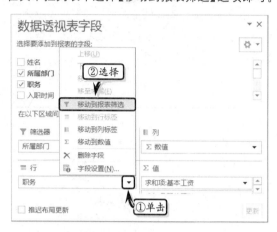

4．显示多种计算结果

在【数据透视表字段列表】窗口中的【数值】列表框中，单击字段名称后面的下拉按钮，在其列表中选择【值字段设置】选项。在弹出的【值字段设置】对话框中，选择【值汇总方式】选项卡，并在【计算类型】列表框中选择相应的计算类型。

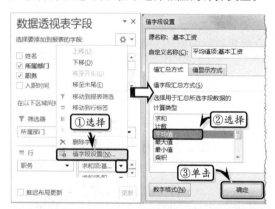

> **技巧**
>
> 用户还可以在数据透视表中，双击【求和项：基本工资】等带有"求和项"文本的字段名称，即可弹出【值字段设置】对话框。

5．美化数据透视表

创建数据透视表之后，用户还需要通过设置数据透视表的布局、样式与选项，来美化数据透视表。

□ 设置报表布局

选择数据透视表中的任意一个单元格，执行【数据透视表工具】|【设计】|【布局】|【报表布局】|【以表格形式显示】命令，设置数据透视表的布局样式。

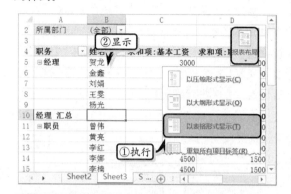

> **技巧**
>
> 执行【数据透视表工具】|【分析】|【显示】|【字段列表】命令，可显示或隐藏字段列表。

□ 设置报表样式

Excel 提供了浅色、中等深浅与深色 3 大类 89 种内置的报表样式，用户只需执行【数据透视表工具】|【设计】|【数据透视表样式】|【其他】|【数据透视表样式浅色 10】命令即可。

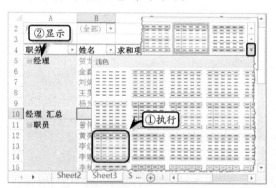

另外，在【设计】选项卡【数据透视表样式选项】选项组中，启用【镶边行】与【镶边列】选项，自定义数据透视表样式。

6．对数据进行可视化分析

用户也可以在数据透视表中，通过创建透视表透视图的方法，来可视化地显示分析数据。

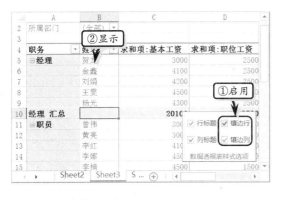

❏ 创建数据透视图

选中数据透视表中的任意一个单元格，执行【数据透视表工具】|【分析】|【工具】|【数据透视图】命令，在弹出的【插入图表】对话框中选择需要插入的图表类型即可。

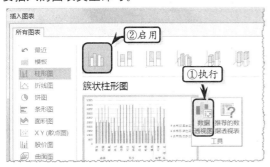

❏ 筛选透视图数据

在数据透视图中，一般都具有筛选数据的功能。用户只需单击筛选按钮，选择需要筛选的内容即可。例如，单击【职务】筛选按钮，只启用【主管】复选框，单击【确定】按钮即可。

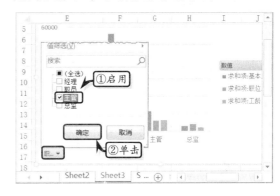

12.5 合并计算

合并计算是将几个数据区域中的值进行组合计算。合并计算中存放计算结果的工作表称为"目标工作表"，其中接收合并数据的区域称为"目标区域"，而被合并计算的各个工作表称为"源工作表"，被合并计算的数据区域称为"源区域"。

1．按位置合并计算数据

按位置合并计算，要求在所有源区域中的数据被相同的排列，即从每个源区域中合并计算的数值必须在源区域的相同的相对位置上。

在工作表中输入基础数据，选择单元格 F3，并执行【数据】|【数据工具】|【合并计算】命令。

在弹出的【合并计算】对话框中，将【函数】设置为"求和"，设置【引用位置】选项，并单击【添加】按钮。

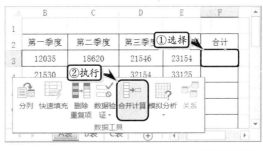

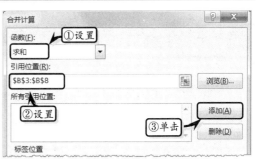

使用同样的方法，添加其他引用位置。单击【确定】按钮之后，系统将自动按照列的方式显示每行中数值的求和值。

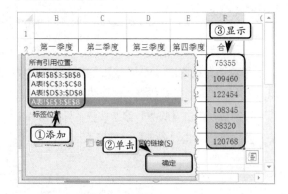

2. 按类合并计算数据

如果两个表格的内容和格式不一样，也可使用合并计算，但是需要根据类别进行合并计算。例如，在下面两个工作表中，统计了某公司两年内不同季度的销售数据。

首先，在不同的工作表中输入两年内不同季度的销售数据。然后，新建一个工作表，根据前 2 个工作表中的内容制作基础数据表。

选择单元格 B2，执行【数据】|【数据工具】|【合并计算】命令。在弹出的【合并计算】对话框中，将【函数】选项设置为"求和"，设置【引用位置】选项，并单击【添加】按钮。

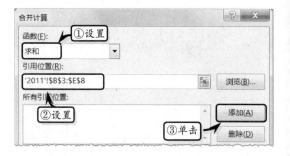

使用同样的方法，添加第 2 个工作表中的引用位置。单击【确定】按钮之后，系统将自动按照添加的引用位置，自动求和不同季度下的销售额。

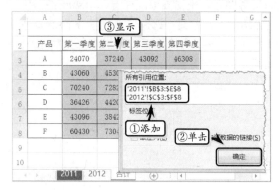

3. 删除一个源区域的引用

如果用户需要删除合并计算中的源区域，可以直接在【合并计算】对话框中，选择【所有引用位置】列表中的源区域，单击左侧的【删除】按钮即可。

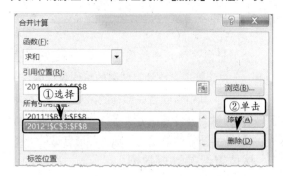

Excel 12.6 制作负债方案分析表

当企业在不同的经营状况下时，需要对负债情况进行方案分析，以比较并选择最优负债方案。在本练习中，将运用 Excel 中的函数与数组公式，对负债资本、权益资本、利息等数据进行分析，并根据分析结果计算出期望值与变异系数等数据。

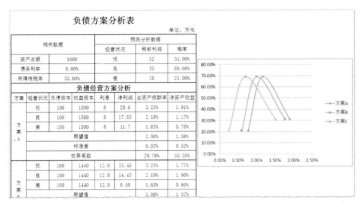

操作步骤 〉〉〉〉

STEP|01 制作表格标题。首先，设置工作表的行高与第 1 行的行高。然后，合并单元格区域 B1:I1，输入标题文本并设置文本的字体格式。

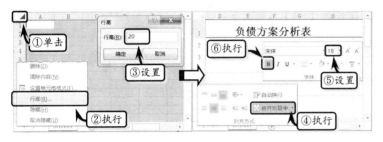

STEP|02 制作表格内容。在工作表中输入表格的列标题、副标题及基础数据，并设置其【边框】与【居中】格式。

STEP|03 分析方案 A。选择单元格区域 E10:E12，在【编辑】栏中输入计算权益资本的公式，按下 Ctrl+Shift+Enter 键完成公式的输入。同时，选择单元格区域 F10:F12，在【编辑】栏中输入计算利息的公式，按下 Ctrl+Shift+Enter 键完成公式的输入。

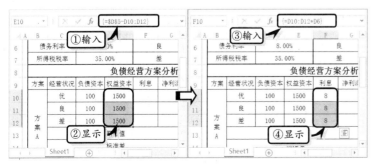

练习要点

- 设置文本框格式
- 设置边框格式
- 应用统计函数
- 应用 IF 嵌套函数
- 插入图表
- 设置图表格式
- 设置图表源数据
- 使用数组公式

提示

在设置工作表的行高时，可以执行【开始】|【单元格】|【格式】|【行高】命令，来设置行高值。

提示

用户在设置单元格的边框时，需要注意【所有框线】选项，会替代其他的边框选项。例如，用户先为单元格设置了【粗匣框线】格式，再执行【所有框线】格式时，后者将会替代前者。反过来，如果用户先设置了【所有框线】格式，再设置【粗匣框线】格式，此时单元格中将会保留上述两种边框格式。

注意

在【编辑】栏中输入公式后，应使用 Ctrl+Shift+Enter 键输入数组公式，而不能单纯地使用 Enter 键输入或单击【输入】按钮输入。

提示

单元格区域 F10:F12 中的公式表示"利息＝负债资本*债务利率"。

注意

数组分为一维数组与二维数组，其中一维数组中的元素是按照线性进行排列，即数组中的元素是位于一条线中，例如 {10,20,30} 而二维数组中的元素是按照矩形的形状进行排列，即数组中的元素位于一个平面内，例如 {1,2,3.4,5,6;7,8,9}。

提示

用户也可以选择单元格区域 H11:H13，在编辑栏中输入 "=($H$5:$H$7-F10:F12)*(1-$D$7)" 公式，并按 Ctrl+Shift+Enter 键完成公式的输入。

注意

用户也可以使用最简单的复制与粘贴方法，来快速计算其他值。首先，选择包含公式的单元格区域，执行【开始】|【剪贴板】|【复制】命令。然后，选择需要使用公式的单元格区域，执行【开始】|【剪贴板】|【粘贴】命令即可。

STEP|04 选择单元格区域 G10:G12，在【编辑】栏中输入计算净利润的公式，按下 Ctrl+Shift+Enter 键完成公式的输入。同时，选择单元格区域 H10:H12，在【编辑】栏中输入计算总资产报酬率的公式，按下 Ctrl+Shift+Enter 键完成公式的输入。

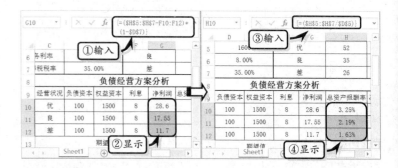

STEP|05 选择单元格区域 I10:I12，在【编辑】栏中输入计算净资产收益的公式，按下 Ctrl+Shift+Enter 键完成公式的输入。同时，选择单元格 H13，在【编辑】栏中输入计算总资产报酬率的期望值，按下 Enter 键完成公式的输入。

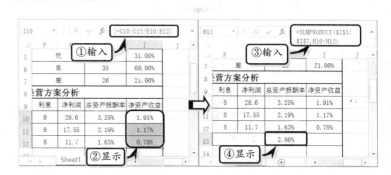

STEP|06 选择单元格 H14，在【编辑】栏中输入计算总资产报酬率的标准差，按下 Enter 键完成公式的输入。同时，选择单元格 H15，在【编辑】栏中输入计算总资产报酬率的变异系数，按下 Enter 键完成公式的输入。使用同样的方法，计算净资产收益的期望值、标准差和变异系数。

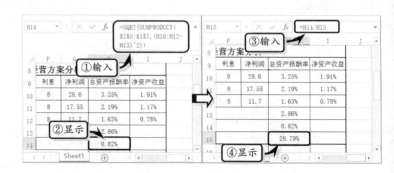

STEP|07 分析方案 B。选择单元格区域 E16:E18，在【编辑】栏中输入计算权益资本的公式，按下 Ctrl+Shift+Enter 键完成公式的输入。同时，选择单元格区域 F16:F18，在【编辑】栏中输入计算利息的公式，按下 Ctrl+Shift+Enter 键完成公式的输入。

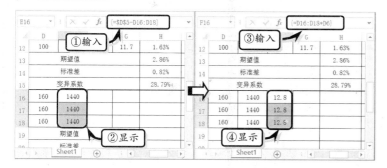

STEP|08 选择单元格区域 G16:G18，在【编辑】栏中输入计算净利润的公式，按下 Ctrl+Shift+Enter 键完成公式的输入。同时，选择单元格区域 H16:H18，在编辑栏中输入计算总资产报酬率的公式，按下 Ctrl+Shift+Enter 键完成公式的输入。

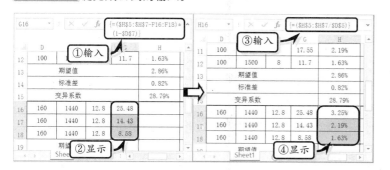

STEP|09 选择单元格区域 I16:I18，在编辑栏中输入计算净资产收益的公式，按下 Ctrl+Shift+Enter 键完成公式的输入。同时，在单元格 H19 中输入计算总资产报酬率的期望值，按下 Enter 键完成公式的输入。

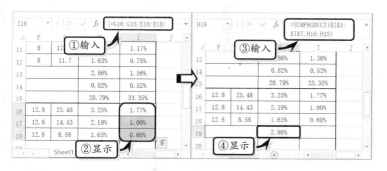

STEP|10 在单元格 H20 中输入计算总资产报酬率的标准差，按下 Enter 键完成公式的输入。同时，在单元格 H21 中输入计算总资产报

技巧

当用户需要在单元格中输入数组数值时，需要用逗号分隔横向数组元素，用分号分割纵向数组元素，同时整个数组中的数值还需要用大括号括起来，以用来与普通数值进行区分。

注意

在使用数组公式计算结果值时，在输入公式之前，用户需要选择与结果值个数相符合的单元格，否则将无法完整地显示所有的结果值。其中，当用户选择的单元格的个数大于结果值个数时，在剩余的单元格中将会显示错误值 #N/A；而当用户选择的单元格个数小于结果值个数时，系统将只会在选择的单元格中显示相应个数的结果值。

提示

SUMPRODUCT 函数表示在给定的几组数组中，将数组间对应的元素相乘，并返回乘积之和。函数中的第 1 个参数表示其相应元素需要进行相乘并求和的第一个数组参数。第 2 个参数表示第 2~255 个需要进行求和的数组参数。另外，在使用该函数时，其各个数组之间需要具有相同的维数。

酬率的变异系数，按下 Enter 键完成公式的输入。使用同样的方法，计算净资产收益的期望值、标准差和变异系数。

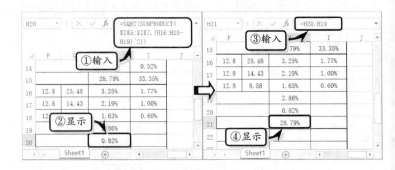

提示

在插入函数时，执行【插入】|【图表】|【推荐的图表】命令，可在弹出的【插入图表】对话框中，选择更多的图表类型。

STEP|11 插入图表。使用上述方法计算分析方案 C 中的各项数值。然后，选择单元格区域 I5:I7，执行【插入】|【图表】|【插入散点图或气泡图】|【带平滑线和数据标记的散点图】命令，插入散点图图表。

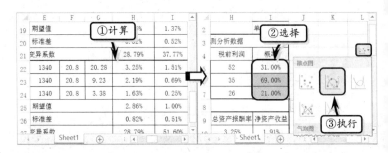

提示

在【选择数据源】对话框中，用户可在【图例项（系列）】列表框中选择具体的系列，然后单击【删除】按钮，删除该系列。

STEP|12 设置数据源。右击图表绘图区，执行【选择数据】命令。在【选择数据源】对话框中，单击【编辑】按钮。然后，在【系列名称】文本框中输入"方案 A"；在【X 轴系列值】文本框中输入"=Sheet1!$I$10:$I$12"；在【Y 轴系列值】文本框中输入"=Sheet1!$I$5:$I$7"。

提示

在【编辑数据系列】对话框中，用户可通过单击【X 轴系列值】后面的折叠按钮，来选择相应的单元格区域，然后再次单击折叠按钮，返回到【编辑数据系列】对话框中。

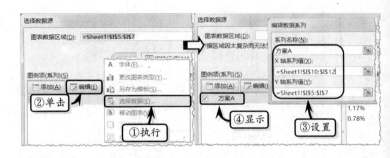

STEP|13 在【选择数据源】对话框中，单击【添加】按钮。在弹出的【编辑数据系列】对话框中，分别设置系列名称及 X、Y 轴系列值。使用相同方法，添加方案 C 系列。

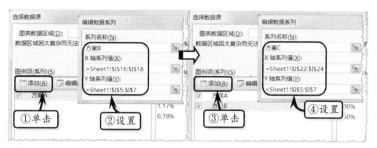

提示

在 Excel 2013 中，用户可以单击图表右侧的【图表样式】按钮，来设置图表的样式。

STEP|14 设置图表样式。选择图表，执行【图表工具】|【图表布局】|【快速布局】|【布局 11】命令，同时执行【格式】|【形状样式】|【其他】命令，在其级联菜单中选择相应的选项。

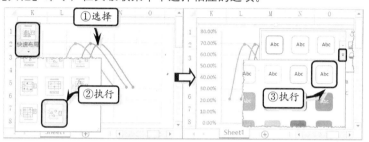

Excel

12.7　制作产品销售报表

　　产品销售报表是企业分析产品销量的电子表格之一，通过产品销量报表不仅可以全方位地分析销售数据，而且还可以以图表的形式，形象地显示每种产品不同时期的销售情况。在本练习中，将运用 Excel 强大的分析功能，来制作一份产品销售报表。

练习要点

- 设置边框格式
- 设置字体格式
- 自定义数字格式
- 使用数据透视表
- 使用数据透视图
- 设置数据透视图格式
- 使用切片器
- 使用形状
- 设置形状格式

提示

选择标题文本，执行【开始】|【字体】|【字体颜色】|【其他颜色】命令，在弹出的【颜色】对话框中，自定义颜色值。

颜色模式(D):	RGB	
红色(R):	33	
绿色(G):	133	
蓝色(B):	68	

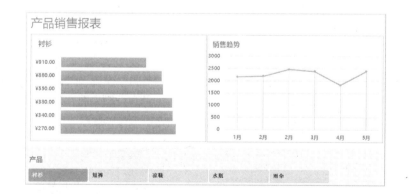

操作步骤 ▶▶▶

STEP|01 制作产品销售统计表。新建多张工作表，并重命名工作表。选择"产品销售统计表"工作表，设置工作表的行高。然后，合并单元格区域 B1:J1，输入标题文本，并设置文本的字体格式。

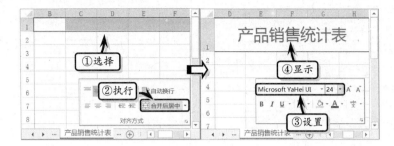

STEP|02 在工作表中输入基础数据，选择单元格区域 B2:J32，执行【开始】|【对齐方式】|【居中】命令，同时执行【开始】|【字体】|【边框】|【所有框线】命令，设置单元格区域的边框格式。

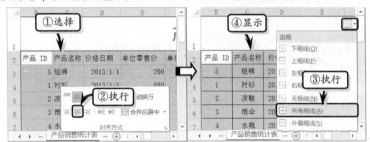

STEP|03 选择单元格 I3，在【编辑】栏中输入计算公式，按下 Enter 键返回总销售（数量）。然后，选择单元格 J3，在【编辑】栏中输入计算公式，按下 Enter 键返回总销售（金额）。使用同样的方法，分别计算其他产品的总销售数量和金额。

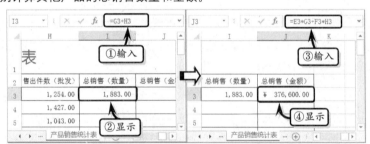

STEP|04 选择单元格区域 B2:J32，执行【开始】|【样式】|【套用单元格格式】|【表样式中等深浅 14】命令。在弹出的【套用表样式】对话框中，启用【表包含标题】复选框，并单击【确定】按钮。

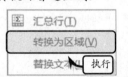

STEP|05 制作价格透视表。选择表格中的任意一个单元格，执行【插入】|【表格】|【数据透视表】命令，选中【现有工作表】选项，单击折叠按钮选择透视表的放置位置，单击【确定】按钮，生成数据透视表。

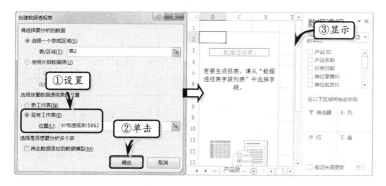

STEP|06 在【数据透视表字段】任务窗格中，分别启用【产品名称】、【单位零售价】和【总销量（数量）】字段，并调整字段的显示区域。然后，执行【数据透视表工具】|【设计】|【数据透视表样式】|【数据透视表样式中等深浅 14】命令。

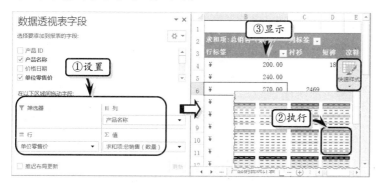

STEP|07 单击【列标签】中的下拉按钮，启用【衬衫】复选框，单击【确定】按钮，筛选数据。然后，执行【数据透视表工具】|【分析】|【工具】|【数据透视图】命令，在【插入】图表对话框中，选择图表类型，并单击【确定】按钮。

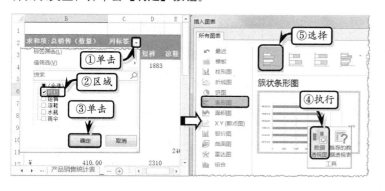

提示

在【创建数据透视表】对话框中，选中【新工作表】选项，单击【确定】按钮之后，系统将自动添加一个新工作表，并将数据透视表放置在新工作表中。

提示

在【数据透视表字段】任务窗格中，用户可直接拖动字段名称，将其放置在相应的列表框中。

提示

创建数据透视表之后，可以执行【数据透视表工具】|【显示】|【字段列表】命令，来显示或隐藏数据透视表中的字段任务窗格。

提示

创建数据透视图之后，执行【设计】|【图表布局】|【添加图表元素】|【坐标轴】|【主要横坐标轴】命令，取消图表的横坐标轴。

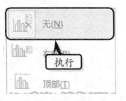

STEP|08 执行【分析】|【显示/隐藏】|【字段按钮】命令，隐藏数据透视图中的按钮。然后，执行【数据透视图工具】|【位置】|【移动图表】命令，在【移动图表】对话框中，选择放置位置，并单击【确定】按钮。使用同样的方法，制作销售趋势透视表和透视图。

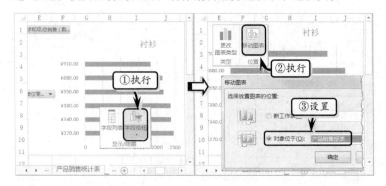

STEP|09 设置数据透视图表。选择"产品销售报表"工作表，调整数据透视图的大小和位置。选择数据透视图，执行【数据透视图工具】|【图表样式】|【更改颜色】|【颜色 4】命令，设置图表颜色。然后，更改图表标题并设置标题文本的字体格式。

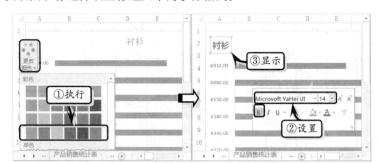

STEP|10 选择条形图数据透视图表中的数据系列，右击执行【设置数据系列格式】命令，设置系列的【系列重叠】和【分类间距】选项。然后，选择销售趋势数据透视图表，执行【设计】|【图表布局】|【添加图表元素】|【线条】|【垂直线】命令。

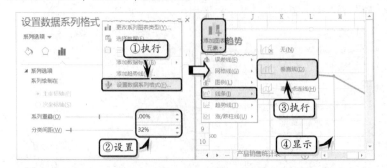

STEP|11 使用切片器。选择数据透视图表，执行【格式】|【形状样式】|【形状轮廓】|【绿色】命令，设置图表的边框样式。然后，执

行【分析】|【筛选】|【插入切片器】命令，启用【产品名称】复选框，单击【确定】按钮插入一个切片器。

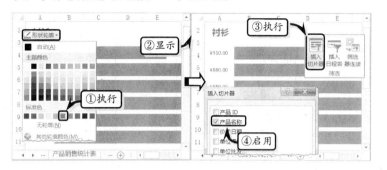

提示

插入切片器之后，还需要执行【选项】|【切片器】|【报表链接】命令，设置切片器的链接表格。

STEP|12 选择切片器，执行【切片器工具】|【选项】|【切片器】|【切片器设置】命令，禁用【显示页眉】复选框，并单击【确定】按钮。然后，在【按钮】选项组中，将【列】设置为"5"，并调整切片器的大小。

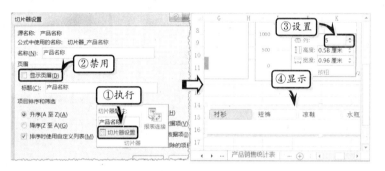

提示

执行【选项】|【切片器样式】|【快速样式】|【新建切片器样式】命令，可新建切片器样式。

STEP|13 在【切片器样式】选项组中，单击【快速样式】按钮，右击【切片器样式深浅 6】样式，执行【复制】命令。然后，在弹出的【修改切片器样式】对话框中，选择【整个切片器】选项，单击【格式】按钮，设置相应的格式。使用同样的方法，分别设置其他切片器元素的格式。

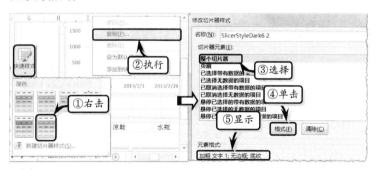

提示

在【修改切片器样式】对话框中，选择【整个切片器】选项，单击【格式】按钮之后。需要在【字体】选项卡中，设置文本的【加粗】格式；在【边框】选项卡中，设置无边框格式；在【填充】选项卡中，将【背景色】设置为"白色，背景 1,深色 5%"颜色。另外，自定义切片器样式之后，还需要将样式应用到当前的切片器中。

STEP|14 设置填充颜色。选择第 1~18 行，执行【开始】|【字体】|【填充颜色】|【白色，背景 1】命令，设置指定行的填充颜色。然后，选择第 19~36 行，执行【开始】|【字体】|【填充颜色】|【白色，背景

提示

选择矩形形状，右击执行【设置形状格式】命令，可在弹出的任务窗格中，自定义形状的填充颜色和轮廓样式。

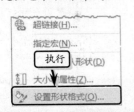

提示

在工作表中绘制菱形形状之后，还需要选择菱形形状，右击执行【置于底层】命令，设置形状的显示层次。

提示

选择组合后的形状，右击执行【组合】|【取消组合】命令，即可取消形状的组合效果。

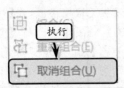

1，深色 5%】命令，设置指定行的填充颜色。

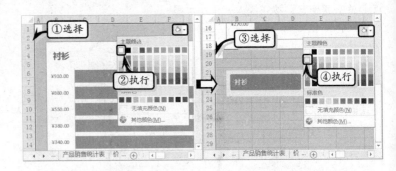

STEP|15 制作指示形状。执行【插入】|【插图】|【形状】|【矩形】命令，插入一个矩形形状。然后，执行【绘图工具】|【格式】|【形状样式】|【形状填充】|【白色，背景1，深色5%】命令，同时执行【形状轮廓】|【无轮廓】命令，设置形状样式。

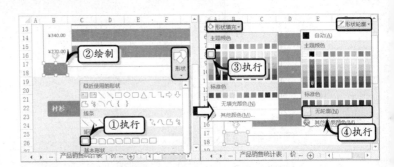

STEP|16 执行【插入】|【插图】|【形状】|【菱形】命令，插入一个菱形形状。然后，执行【绘图工具】|【格式】|【形状样式】|【形状填充】|【白色，背景 1，深色 5%】命令，同时执行【形状轮廓】|【白色，背景1，深色15%】命令，设置形状样式。

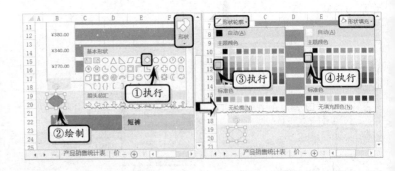

STEP|17 右击菱形形状，执行【设置形状格式】命令，展开【线条】选项组，将【宽度】设置为"1.75 磅"。然后，调整两个形状的大小和位置，同时选择两个形状，右击执行【组合】|【组合】命令，组合形状。

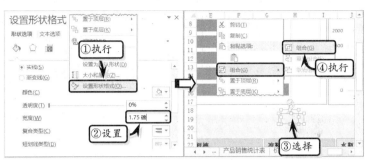

STEP|18 最后，制作报表标题和报表中相应的列标题，设置其字体格式，并保存工作簿。

12.8 高手答疑

问题1：如何删除电子表格中重复的值？

解答1：如需要删除单独单元格的重复项目，可在删除电子表格中重复项目值时，选中这些单元格，执行【数据】|【数据工具】|【删除重复项】命令，即可在弹出的【删除重复项】对话框中选择参与比较的数据列，单击【确定】按钮，删除重复的单元格。

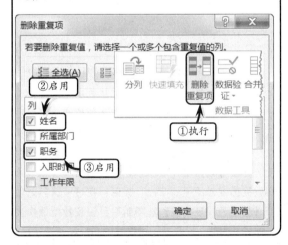

问题2：如何为数据透视表插入切片器？

解答2：在数据透视表中，执行【数据透视表工具】|【筛选】|【插入切片器】命令。在弹出的【插入切片器】对话框中，选择切片器内容，单击【确定】按钮。

此时，系统会自动在数据透视表中显示切片器。选择切片器中的不同选项，即可在数据透视表

中按照所选内容筛选数据。例如，选择切片器中的"人事部"选项，在数据透视表中将只显示"人事部"数据。

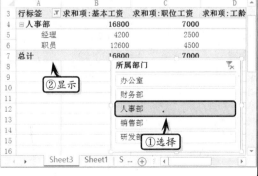

问题 3：如何设置数据透视表的布局和格式？

解答 3：在数据透视表中，执行【数据透视表工具】|【分析】|【数据透视表】|【选项】|【选项】命令，在弹出的【数据透视表选项】对话框中，激活【布局和格式】选项卡，设置相应的选项即可。

问题 4：如何移动数据透视表？

解答 4：在数据透视表中，执行【数据透视表工具】|【分析】|【操作】|【移动数据透视表】命令，在弹出的【移动数据透视表】对话框中，选择移动位置即可。

Excel 12.9 新手训练营

练习 1：求解最大利润

downloads\第 12 章\新手训练营\求解最大利润

提示：本练习中，首先在工作表中制作基础数据，并设置数据区域的对齐和边框格式。然后，在单元格 D6 中输入计算实际生产成本的公式，在单元格 D7 中输入计算实际生产时间的公式，在单元格 E7 中输入计算最大利润的公式。最后，执行【数据】|【分析】|【规划求解】命令，设置规划求解各项参数即可。

练习 2：分析销售数据

downloads\第 12 章\新手训练营\分析销售数据

提示：本练习中，首先在工作表中输入销售统计数据，并设置数据区域的对齐和边框格式，同时运用公式计算金额和销售提成额。然后，执行【插入】|【表格】|【数据透视表】命令，插入数据透视表。并在【数据透视表字段】任务窗格中，依次添加数据透视表的显示字段。最后，在【设计】选项卡【数据透视表样式】选项组中，设置数据透视表的样式。同时，设置数据透视表的布局和筛选字段。

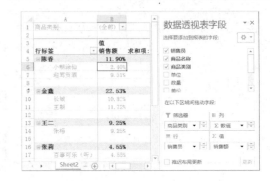

练习 3：制作日常费用统计表

downloads\第 12 章\新手训练营\日常费用统计表

提示：本练习中，首先在工作表中输入基础数据，并设置数据区域的对齐和边框格式。然后，选择"所属部门"列中的任意一个单元格，执行【数据】|【排序和筛选】|【升序】命令，对数据进行排序。最后，执行【数据】|【分级显示】|【分类汇总】命令，创建分类汇总。

日常费用统计表				
经办人	所属部门	摘要	入额	出额
	办公室 汇总			¥ 6,200.00
	财务部 汇总			¥ —
	策划部 汇总			¥ 800.00
	广告部 汇总			¥ 6,200.00
	客服部 汇总			¥ 700.00
	推广部 汇总			¥ 7,000.00
	行政部 汇总			¥ 4,000.00
	研发部 汇总			¥ 1,165.20
	总计			¥26,065.20

汇总数据

练习 4：直方图分析数据

downloads\第 12 章\新手练练营\直方图分析数据

提示：本练习中，首先在工作表中输入基础数据，并执行【数据】|【分析】|【数据分析】命令，选择【直方图】选项。然后，在弹出的【直方图】对话框中，设置各项参数。单击【确定】按钮，即可通过结果数据分析销售额、成本额与费用额之间的关系。

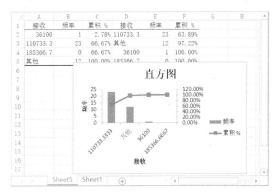

第 **13** 章

审阅和打印

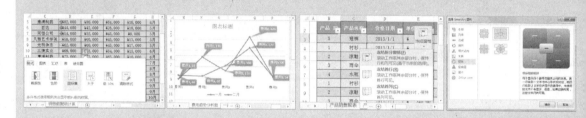

对于制作完成的 Excel 工作表来说，使用审阅功能可以帮助用户审查和阅读工作表的内容，如添加批注、转换语言、翻译内容、检查拼写等。当审阅完成后，则可以将工作表中的内容打印出来，但在打印之前需要设置打印的参数。

本章将介绍在审阅过程中创建批注、转换语言、检查拼写的方法，以及在审阅完成后如何打印工作表。

13.1　使用批注

批注是在审阅过程中添加到独立的批注窗口中的文档注释，可以帮助用户阅读和理解工作表的内容。

1. 新建批注

选择要添加批注的单元格，执行【审阅】|【批注】|【新建批注】命令，并在批注文本框中输入批注文字。输入完文本后，单击批注框外部的工作表区域即可。

用户也可以选择要添加批注的单元格，右击执行【插入批注】命令。然后，在批注框中输入批注内容。

注意

单元格右下角的红色小三角形表示单元格附有批注。将指针放在红色三角形上时会显示批注。

2. 隐藏批注

在不需显示批注内容时，可以将其隐藏。选择包含批注的单元格，执行【审阅】|【批注】|【显示/隐藏批注】命令即可。

技巧

右击包含批注的单元格，执行【隐藏批注】命令，便可以隐藏单元格中的批注。

3. 查看批注

执行【审阅】|【批注】|【上一条】或【下一条】命令，即可随时查看批注内容。

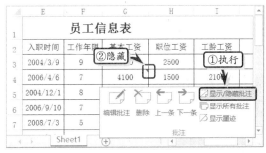

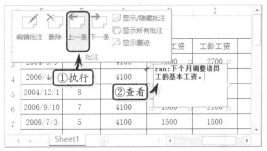

提示

若要查看所有批注，可执行【显示所有批注】命令。

4. 设置批注的显示方式

执行【文件】|【选项】命令，在弹出的【Excel选项】对话框中激活【高级】选项卡，在【显示】选项组中设置批注的显示方式。

5. 编辑批注

选择包含批注的单元格，执行【审阅】|【批注】|【编辑批注】命令，即可在批注框中重新编辑内容。

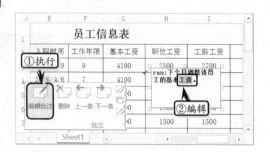

Excel 13.2 语言转换与翻译

Excel 为用户提供了一些处理语言的功能，例如语言转换功能可以快速将工作表中的简体中文和繁体中文相互转换，而翻译功能可以帮助用户翻译多国语言。

1. 语言转换

选择要简繁转换的单元格区域，执行【审阅】|【中文简繁转换】|【简转繁】命令，即可将简体中文转换为繁体中文。

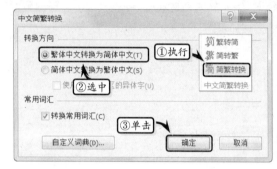

执行【审阅】|【中文简繁转换】|【简繁转换】命令，弹出【中文简繁转换】对话框。在该对话框中，选中【繁体中文转换为简体中文】选项，也可将繁体中文转换为简体中文。

2. 翻译

执行【审阅】|【语言】|【翻译】命令，打开【信息检索】任务窗格。在【搜索】文本框中输入搜索内容，设置翻译选项即可。

Excel 13.3 查找和替换

查找和替换是字处理程序中非常有用的功能。　　查找功能只用于在文本中定位，而对文本不做任何修改。替换功能可以提高录入效率，并更有效地修改文档。

1. 查找

执行【开始】|【编辑】|【查找和选择】|【查找】命令，在【查找内容】文本框中输入查找内容，并单击【查找下一个】按钮即可。

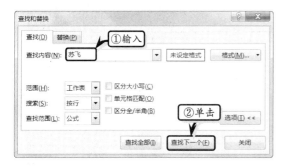

另外，单击【查找和替换】对话框中的【选项】按钮，将弹出具体查找的一些格式设置，其功能如下。

名 称	功 能
格式	用于搜索具有特定格式的文本或数字
选项	显示高级搜索选项
范围	选择"工作表"可将搜索范围限制为活动工作表。选择"工作簿"可搜索活动工作簿中的所有工作表
搜索	单击所需的搜索方向，包括按列和按行两种方式
查找范围	指定是要搜索单元格的值还是要搜索其中所隐含的公式或是批注
区分大小写	区分大小写字符

续表

名 称	功 能
单元格匹配	搜索与"查找内容"框中指定的内容完全匹配的字符
区分全/半角	查找文档内容时，区分全角和半角
查找全部	查找文档中符合搜索条件的所有内容
查找下一个	搜索下一处与"查找内容"框中指定的字符相匹配的内容
关闭	完成搜索后，关闭【查找和替换】对话框

> **技巧**
>
> 按 Ctrl+F 键，即可打开【查找与替换】对话框。

2. 替换

执行【开始】|【编辑】|【查找和选择】|【替换】命令，弹出【查找与替换】对话框。分别在【查找内容】与【替换为】文本框中输入文本，单击【替换】或者【全部替换】命令即可。

> **技巧**
>
> 按 Ctrl+H 键，也可弹出【查找和替换】对话框，可进行替换操作。

Excel 13.4 使用分页符

Excel 还为用户提供了分页功能，当用户不想按固定的尺寸进行分页时，可使用该功能进行人工分页。

1. 插入水平和垂直分页符

选择新起页第一行所对应的行号(或该行最左边的单元格)，执行【页面布局】|【页面设置】|【分隔符】|【插入分页符】命令，将在该行的上方出现分页符，用来改变页面上数据行的数量。

另外，选择新起页第一列所对应的列标(或该列的最顶端的单元格)，执行【分隔符】|【插入分页符】命令，将在该列的左边出现分页符，用来改变页面上数据列的数量。

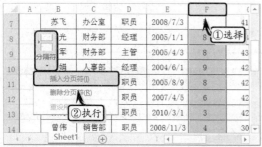

技巧

如果单击的是工作表的其他位置的单元格，
将同时插入水平分页符和垂直分页符。

2．移动和删除分页符

插入分页符后，可对其进行移动或删除操作。

❑ 移动分页符

执行【视图】|【工作簿视图】|【分页预览】
命令，将视图切换到"分页预览"视图中。

然后，将鼠标置于分页符位置，当光标变成双
向箭头时，拖动至合适位置后松开，即可调整分页

符的位置。

❑ 删除分页符

要删除分页符时，用户可以选择分页符的下边
或右边的任一单元格，执行【页面布局】|【页面
设置】|【分隔符】|【删除分页符】命令。

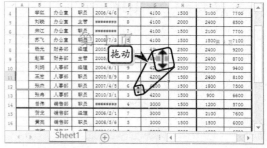

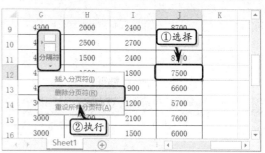

另外，还可以执行【分隔符】|【重设所有分
页符】命令，来删除分页符。

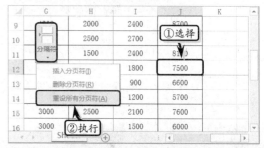

技巧

用户还可以将鼠标置于分页符处，当光标变成
双向箭头时，拖出预览范围即可删除分页符。

13.5 设置页面属性

当完成工作表的创建之后，为了便于查看与传
阅，还需要打印工作表。在打印工作表之前，应该

根据需要设置打印区域，对要打印的工作表进行一
系列操作。

1．页面设置

页面设置主要包含设置打印的方向、纸张的大小、页眉或页脚、页边距及控制是否打印网格线、行号、列号或批注等。

在【页面布局】选项卡【页面设置】选项组中，单击【对话框启动器】按钮，弹出【页面设置】对话框。激活【页面】选项卡，设置相应的选项即可。

该对话框可以设置页面方向、缩放、纸张大小、打印质量和起始页码等，其具体含义如下表所示。

选　　项		含　　义
方向		主要用于设置工作表的方向，分为纵向和横向两种
缩放	缩放比例	按百分比来缩放工作表
	调整为	单击后面的【页宽】或【页高】微调框，来设置页面的宽度或高度
纸张大小		选择打印工作表要使用的纸张
打印质量		打印质量可以分为高、中、低和草稿 4 种级别，一般都选择其默认设置——中
起始页码		当打印的工作表中含有多个页面，且要打印其中的一部分时，则可以在该文本框中输入要打印的起始页
打印		单击该按钮，将弹出【打印内容】对话框，对打印项进行设置

续表

选　　项	含　　义
打印预览	可以对要打印的工作表进行预览
选项	单击该按钮，则可以在弹出的对话框中对工作表的布局、纸张和质量进行设置，还可以为打印机进行维护

2．设置页边距

页边距是指在纸张上开始打印内容的边界与纸张边沿的距离。在【页面设置】对话框中激活【页边距】选项卡，可设置其上、下、左、右、页眉和页脚的页边距，以及页面的居中方式。

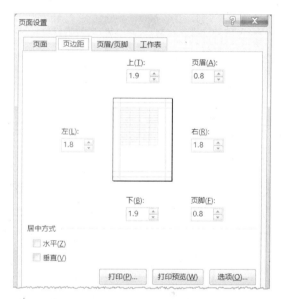

提示

页边距的单位通常用厘米表示。可以通过单击【页边距】选项卡中的微调框对其页边距进行修改。若要设置页面的居中方式，只需启用相应的【水平】或【垂直】复选框即可。

3．设置页眉和页脚

在【页面设置】对话框中激活【页眉/页脚】选项卡，单击【页眉】下拉按钮，选择相应项。然后单击【页脚】下拉按钮，选择一种内置的页脚类型即可。

该对话框中，用户还可以启用下面的复选框，来设置页眉页脚显示的格式，其含义如下表所示。

名　称	功　能
奇偶页不同	启用该复选框，则工作表中奇数页和偶数页上的页眉页脚，各不相同
首页不同	启用该复选框，则工作表中第一页上的页眉页脚与其他页上的不相同
随文档自动缩放	启用该复选框，则页眉页脚随文档变化自动缩放
与页边距对齐	启用该复选框，则页眉页脚与页边距对齐

另外，若用户感觉 Excel 提供的页眉或页脚格式不能满足需要，就可以自定义页眉或页脚。即，单击【页眉/页脚】选项卡中的【自定义页眉】按钮，然后在弹出的【页眉】对话框中输入页眉的内容。单击【确定】按钮即可。

4．设置工作表

在【页面设置】对话框中，激活【工作表】选

项卡，在该选项卡中，可以对打印区域、打印标题、打印及打印顺序进行设置。

> **提示**
>
> 自定义页脚的方法与自定义页眉的方法类似，只需单击【自定义页脚】按钮，然后在弹出的【页脚】对话框中进行设置即可。

❑ 设置打印区域

在【工作表】选项卡中，单击【打印区域】文本框右侧的【折叠】按钮，选择要打印内容的单元格区域。然后，在【页面设置–打印区域】对话框中单击【展开】按钮。

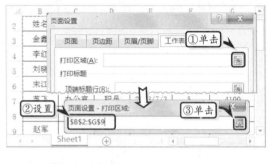

❑ 设置打印标题

在【打印标题】选项组中，单击【顶端标题行】文本框右侧的【折叠】按钮，在每页上选择打印标题的相同区域。然后，单击【页面设置-打印区域】对话框中的【展开】按钮，即可设置顶端标题行。

❑ 设置打印效果

在【打印】选项组中，启用【单色打印】复选框，单击【批注】下拉按钮，在其下拉列表中选择【工作表末尾】选项。然后，单击【错误单元格打印为】下拉按钮，选择【空白】选项。

在【打印】选项组中，各个选项的具体含义如下表所示。

则可以设置打印顺序。

　　【打印顺序】选项可控制页码的编排和打印次序。如选中【先列后行】选项，则从第一页向下进行页码编排和打印，然后移到右边并继续向下打印工作表。

选　项	含　义
网格线	打印时打印网格线
单色打印	可忽略其他打印颜色，即对打印的工作表进行黑白处理
草稿品质	打印时将不打印网格线，同时图形以简化方式输出
行号列标	打印时打印行号或列标
批注	在此下拉列表中可确定是否打印批注
错误单元格打印为	在此下拉列表中可选择错误单元格的打印方式

❑ 设置打印顺序

　　如果一张工作表的内容不能在同一页中打印，

　　另外，当选中【先行后列】选项时，则表示从第一行向右进行页码编排和打印，然后下移并继续向右打印工作表。

Excel 13.6 打印工作表

　　在选定了打印区域并设置好打印页面后，一般就可以打印工作表了。如果用户希望在打印之前查看打印效果，则可以使用 Excel 的打印预览功能。

1．设置打印页数范围

　　除了设置打印区域之外，还可以按照页数来设置打印范围。例如，只打印工作表的 1~3 页内容等。

　　执行【文件】|【打印】命令，在列表中设置打印的页数范围即可。

2．设置打印缩放

　　在 Excel 中除了可以在【页面设置】对话框中，按缩放百分比例值来设置打印缩放之外，还可以按照行、列或工作表来设置打印缩放效果。

　　执行【文件】|【打印】命令，在展开的列表中单击【无缩放】下拉按钮，在其下拉列表中选择

一种选项。

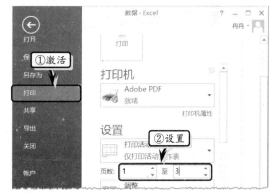

3．打印报表

　　执行【文件】|【打印】命令，在展开的列表中设置打印机类型。同时，设置打印份数，并单击【打印】按钮，打印工作表。

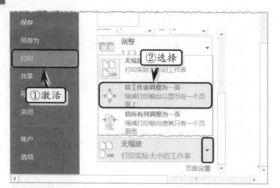

提示

执行【文件】|【打印】命令，在展开的列表中单击【打印机属性】按钮，在弹出的对话框中可以设置打印机的属性。

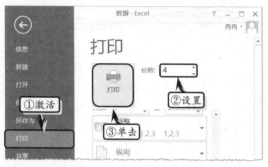

Excel 13.7 制作员工信息查询系统

练习要点

- 设置数字格式
- 设置边框格式
- 使用 DAYS360 函数
- 使用 TODAY 函数
- 使用 MONTH 函数
- 使用 VBA 编程
- 使用宏

提示

在更改工作表名称时，用户可右击工作表标签，执行【重命名】命令，并输入工作表名称。

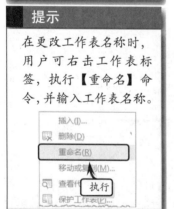

对于员工比较多的企业来讲，员工信息查询是件比较麻烦的事情。在本练习中，将根据"员工基本信息统计表"中的基础数据，运用 VBA 编程和宏功能制作一个员工信息查询系统，从而可以实现员工基本信息快速查询以及退出保存工作表的功能。

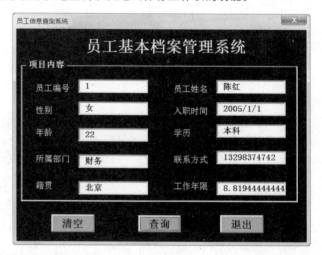

操作步骤 ▷▷▷▷

STEP|01 制作表格标题。双击工作表标签"Sheet1"，将其更改为"员

工信息统计表"。然后，将工作表的行高设置为"20"。合并单元格区域 A11:J11，输入标题文本，并在【字体】选项组中设置文本的【加粗】与【字号】格式。

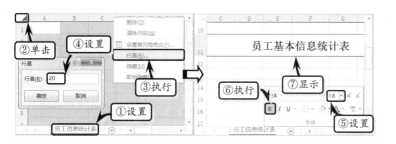

提示

在计算月份值时，其 MONTH 函数是返回指定日期中的月份值，该函数属于嵌套函数，嵌套中的 TODAY 函数则返回本地计算机中的当前日期。

STEP|02 计算月份值。在工作表中输入员工基本信息，并在【字体】与【对齐方式】选项组中，设置其边框与对齐格式。然后，选择单元格 B12，在【编辑】栏中输入"=MONTH(TODAY())"公式，按下 Enter 键，返回当前月份值。

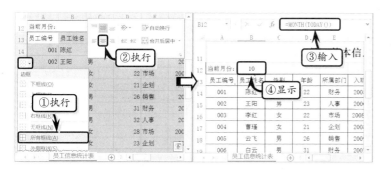

提示

DAYS360 函数可以按 360 天返回两个日期之间的天数，其函数中的两个参数表示起止日期。该函数属于一个嵌套函数，其嵌套函数中的 TODAY 函数主要用于返回本地计算机中的当前日期。

STEP|03 计算工作年限。选择单元格 J14，在【编辑】栏中输入计算公式，按下 Enter 键，返回工作年限。然后，选择单元格区域 J14:J35，执行【开始】|【编辑】|【填充】|【向下】命令，向下填充公式。

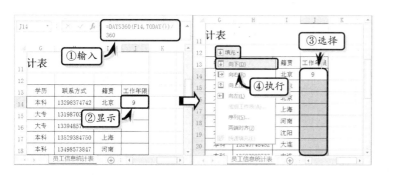

提示

在填充公式时，选择包含公式的单元格 J14，将鼠标移至单元格右下角，当鼠标变成"十"字形状时，向下拖动鼠标即可快速填充公式。

STEP|04 添加按钮控件。执行【开发工具】|【代码】|【宏安全性】命令，启用【启用所有宏（不推荐；可能会运行有潜在危险的代码）】复选框。然后，执行【开发工具】|【控件】|【插入】|【按钮】命令，在工作表中绘制按钮，并在弹出的对话框中输入名称。

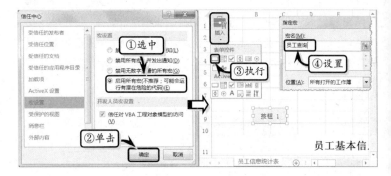

STEP|05 右击控件执行【编辑文字】命令，将控件的名称更改为"员工查询"。使用相同的方法，在工作表中绘制第 2 个【按钮】控件按钮，并将按钮名称更改为"退出系统"。

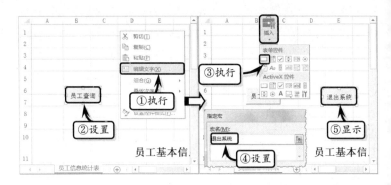

STEP|06 输入 VBA 代码。右击"退出系统"控件按钮，执行【指定宏】命令。在弹出的【指定宏】对话框中，选择宏名，并单击【新建】按钮。然后，在弹出的 VBA 编辑窗口中输入控制"退出系统"按钮的代码。

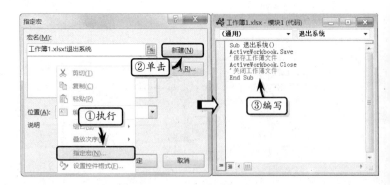

STEP|07 插入用户窗口。执行【插入】|【用户窗体】命令，插入用户窗体并调整窗体的大小。然后，执行【标准】|【属性窗口】命令，将 UserForm1 更改为 Management。同时，将 Caption 更改为"员工信息查询系统"，将 BackColor 设置为"桌面"。

STEP|08 插入标签。单击工具箱中的【标签】按钮，绘制一个"标签"按钮。选择 Label1 标签按钮，在【属性- Label1】窗口中，将 Caption 更改为"员工基本档案管理系统"。同时，将 ForeColor 设置为"突出显示文本"。

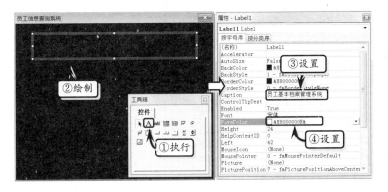

STEP|09 单击 Font 右侧【宋体】文本框中的按钮 ...，在弹出的【字体】对话框中设置字体格式。然后，调整"员工基本档案管理系统"标签至合适位置。

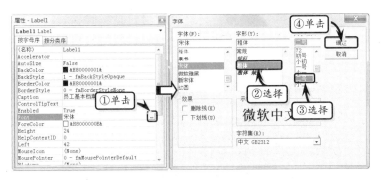

STEP|10 插入框架。单击工具箱中的【框架】按钮 ，创建一个框架区域。然后在【属性-Frame1】窗口中将 Caption 更改为"项目内容"，并设置字体的格式为"加粗"与"小四"。最后，将 BackColor 与 BorderClolr 设置为"桌面"，并将 ForeColor 设置为"突出显示文本"。

在添加 10 个"标签"控件按钮时，用户可以先添加 1 个"标签"控件按钮，并设置按钮的各项属性。然后，选择"标签"控件按钮，右击执行【复制】命令。选择放置位置，右击执行【粘贴】命令。即可快速创建剩余标签，然后修改标签名称即可。

在添加"文本框"控件时，用户需要在【属性】对话框中，按照"文本框"控件的名称，从左到右、从上到下地依次排列文本框。例如，第 1 个"文本框"控件的名称为 TextBox1，放在左侧第一个位置。

在 VBA 窗口中，用户可以直接单击【保存】按钮，来保存内容。

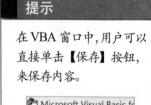

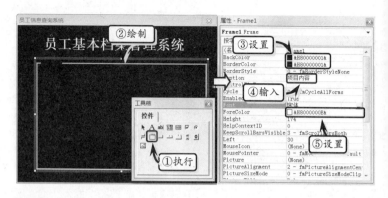

STEP|11 插入标签。在框架"项目内容"区域中添加 10 个"标签"控件按钮，并将 Caption 依次重命名。然后，将 BackColor 设置为"桌面"，将 ForeColor 设置为"突出显示文本"。

STEP|12 插入文本框。单击工具箱中的【文字框】按钮 ab，在窗体的各个项目的右侧添加 10 个"文本框"控件按钮并调整其位置。然后，单击工具箱中的【命令按钮】按钮 ⌐，分别创建 3 个"命令按钮"控件。并将 Caption 分别更改为"清空"、"查询"与"退出"，并设置文字字体格式为"宋体"、"加粗"与"四号"。

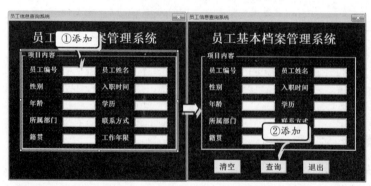

STEP|13 编写查询代码。保存 VB 用户窗体并返回"员工信息统计表"工作表中，右击"员工查询"按钮，执行【指定宏】命令。单击【新建】按钮，输入代码。

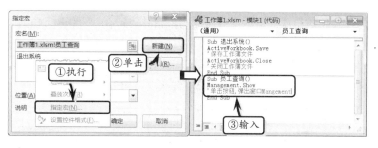

STEP|14 编写窗体按钮代码。双击用户窗体中的"清空"按钮，在弹出的 VB 编辑窗口中输入"清空"代码。然后，双击用户窗体中的"查询"按钮，在弹出的 VB 编辑窗口中输入"查询"代码。

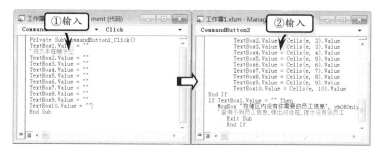

提示

输入代码之后，用户可以在 VBA 窗口中，执行【运行】命令，来测试所编写的代码是否正确。

STEP|15 最后，双击"退出"按钮，在弹出 VB 编辑窗口中输入"退出"代码。返回到 Excel 工作表，单击"员工查询"按钮，在弹出"员工信息查询系统"窗口中输入要查询的姓名，单击【查询】按钮即可。

提示

在测试查询系统时，如果测试结果与项目内容中的标签文本不相符合时，可以在 VBA 窗口中双击【工程】窗格中的 Management 窗体，在弹出的对话框中调整"文字框"控件的顺序。

STEP|16 美化查询区域。执行【插入】|【插图】|【形状】|【圆角矩形】命令，绘制一个圆角矩形形状。然后，右击形状执行【置于底层】|【置于底层】命令。

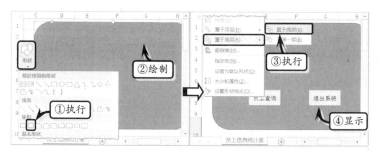

提示

选择形状，执行【格式】|【排列】|【下移一层】|【置于底层】命令，也可调整形状的显示层次。

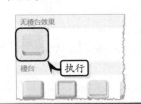
STEP|17 执行【格式】|【形状样式】|【其他】命令，在其下拉列表中选择一种形状样式。同时，执行【形状样式】|【形状效果】|【棱台】|【圆形】命令。然后，执行【插入】|【文本】|【艺术字】|【填充-白色，轮廓-着色 1，发光-着色 1】命令，输入艺术字文本并设置文本的字体格式。

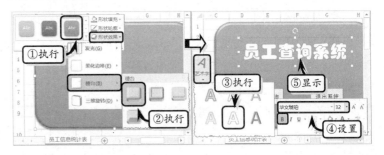

13.8 量本分析模型

量本分析模型是一种根据销售单价、数量、成本等多种因素计算利润的模型。通过该模型，用户可以迅速计算出不同销售情况下的利润。本例中运用了函数、公式、窗体等知识来制作一个"量本分析模型"。

量本分析模型						
预计利润（元）	853002.15	利润增减额（元）	-666997.85	利润变动（%）	-43.88%	销售量（件） 552
因素		原值		变动百分比		
销售单价（元）		2100		-23.00%	◄	►
销售数量（件）		2450		-23.00%	◄	►
固定成本（元）		458000		-23.00%	◄	►
单位变动成本（元）		1270		-23.00%	◄	►
利润目标（元）		1520000		-23.00%	◄	►

操作步骤 ❯❯❯❯

STEP|01 输入基础数据。新建一个空白工作簿，右击 Sheet1 工作表标签，执行【重命名】命令，重命名工作表标签。然后，在工作表中输入"量本分析模型、预计销售（元）、利润增减额（元）"等数据信息。

STEP|02 设置字体格式。选择单元格区域 B2:I2，执行【开始】|【对齐方式】|【合并后居中】命令，并在【字体】选项组中设置文本的字体格式。然后，选择单元格区域 B3:I3，执行【开始】|【对齐方式】|【自动换行】命令，并在【字体】选项组中设置其字体格式。

提示

选择单元格区域 B3:I3，使用 Ctrl+B 键，也可对该区域字体进行加粗设置。

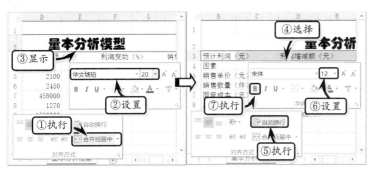

STEP|03 合并单元格区域。选择单元格区域 B4:C4，执行【开始】|【对齐方式】|【合并后居中】命令。然后，执行【开始】|【剪贴板】|【格式刷】命令，合并其他单元格区域。

提示

在合并多个相同数目的单元格区域时，例如同时合并单元格区域 D4:E4、D5:E5、D6:E6、D7:E7 时。此时，可以选择单元格区域 D4:E7，执行【对齐方式】|【合并后居中】|【跨越合并】命令，即可一次性合并多个单元格区域。

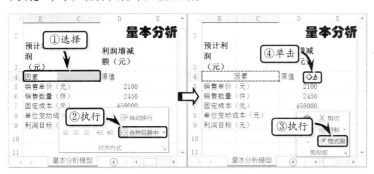

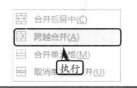

STEP|04 计算变动百分比。选择单元格 F5，在【编辑栏】中输入″=H5/100-23%″公式，按下 Enter 键返回计算结果。然后，将光标移动到单元格 F5 右下角，拖动右下角的″十″字填充柄，向下自动填充至 F9 单元格区域。

提示

在计算变动百分比之前，用户还需要选择单元格区域 F5:F9，执行【开始】|【数字】|【数字格式】|【百分比】命令，设置数字的百分比格式。

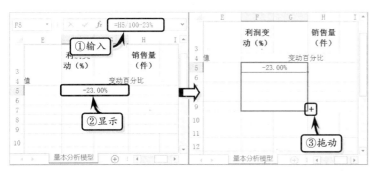

STEP|05 插入控件。执行【开发工具】|【控件】|【插入】|【滚动条】命令，在相应的单元格区域中添加控件。然后，右击该控件执行【设置控件格式】命令，在【设置对象格式】对话框中，设置控件的格式。使用同样的方法，插入其他控件。

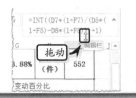

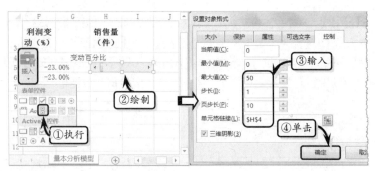

STEP|06 计算基础数据。选择单元格 C3，在【编辑栏】中输入计算公式，按下 Enter 键显示计算结果。选择单元格 E3，在【编辑栏】中输入计算公式，按下 Enter 键显示计算结果。

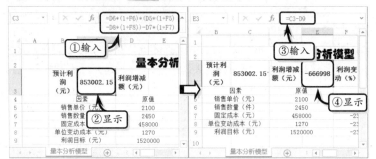

STEP|07 选择单元格 G3，执行【开始】|【数字】|【数字格式】|【百分比】命令，设置数字格式。然后，在【编辑栏】中输入计算公式，按 Enter 键显示计算结果。

STEP|08 选择单元格 I3，执行【公式】|【函数库】|【数学和三角函数】|【INT】命令，在弹出【函数参数】对话框中输入"(D7*(1+F7)/(D5*(1+F5)-D8*(1+F8)))+1"参数，并单击【确定】按钮。

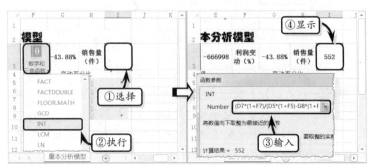

STEP|09 设置边框格式。选择单元格区域 B3:I9，执行【开始】|【字体】|【边框】|【所有框线】命令，设置所有框线格式。然后，选择第4～第9行，拖动行与行之间的分界线，调整行高。

> **提示**
>
> 用户可以同时选择第4～第9行，右击行标签执行【行高】命令，在弹出的【行高】对话框中，自定义行高值。
>
>

STEP|10 设置填充颜色。选择单元格 B3，执行【开始】|【字体】|【填充颜色】|【其他颜色】命令，在弹出的对话框中选择一种颜色，并单击【确定】按钮。使用相同方法设置其他单元格填充颜色。

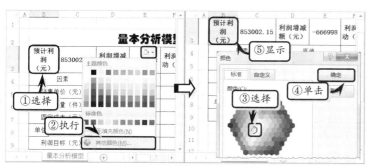

> **提示**
>
> 用户还可以在【颜色】对话框中，激活【自定义】选项卡，自定义颜色值。
>
>

13.9 高手答疑

问题 1：如何删除批注？

解答 1：用户选择要删除的批注，执行【审阅】|【批注】|【删除】命令，即可将其删除。

问题 2：如何打印工作表单元格周围的网格线？

解答 2：在【页面布局】选项卡【工作表选项】选项组中，启用【网格线】中的【打印】复选框，即可打印单元格周围的网格线。

	B	C	D	E	F	G
2	姓名	所属部门	职务	入职时间	工作年限	基本工资
3	金鑫	办公室	经理	2004/3/9	9	4100
4	李红	办公室	职员	2006/4/6	7	4100
5	刘晓	办公室	主管	2004/12/1		4100
6	宋江	办公室	职员	2006/9/10		
7	苏飞	办公室	职员	2008/7/3		
8	杨光	财务部	经理			
9	赵军	财务部	经理		8	4300

问题3：如何取消工作表中的网格线？

解答3：在【视图】选项卡【显示】选项组中，禁用【网格线】命令，即可隐藏网格线。另外，启用【网格线】复选框，即可显示网格线。

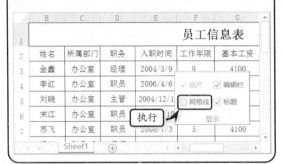

问题4：如何在分页预览视图下打印特定的几个区域？

解答4：执行【视图】|【工作簿视图】|【分页预览】命令，进行分页预览视图。然后按住 Ctrl 键的同时选中需要打印的多个工作表区域，右击鼠标执行【设置打印区域】命令。

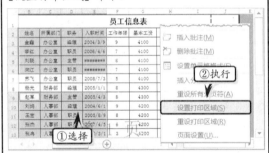

另外，切换到分页预览视图下，选择一个打印区域，右击鼠标执行【设置打印区域】命令。然后选择

第二个打印区域，右击鼠标执行【添加到打印区域】命令。最后，再根据实现情况添加打印区域即可。

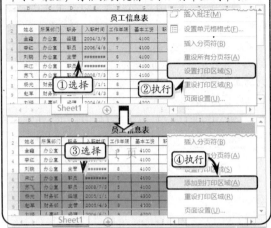

问题5：数据内容超过一页宽，但超出部分不太多，如超出一两列，怎样才能将超出的部分打印到前一页中？

解答5：将视图切换至分页预览视图下，然后将鼠标置于F列的蓝色分页线上，当光标变成双向箭头时，向右拖动至与J列的蓝色分页线重合处，松开鼠标，即可调整到一页上打印。

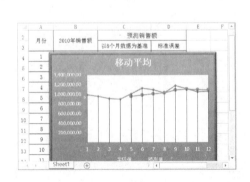

Excel 13.10 新手训练营

练习1：移动平均法预测销售额

🔵 downloads\第13章\新手训练营\移动平均法预测销售额

提示：本练习中，首先在工作表中输入基础数据，并设置数据的字体、对齐和边框格式。然后，执行【数据】|【分析】|【数据分析】命令，选择【移动平均】选项。并在弹出的对话框中设置各项参数。最后，在结果列表中删除错误值，并设置图表的形状样式和形状效果，同时设置数据系列格式，并添加垂直线。

练习 2：制作手机销售统计图表

downloads\第 13 章\新手训练营\手机销售统计图表

提示：本练习中，首先在工作表中输入基础数据，并插入一个簇状柱形图图表。然后，设置图表的填充颜色，并为图表添加网格线。同时，调整图表数据系列的显示颜色。最后，为图表添加艺术字标题，并设置艺术字的样式和格式。

练习 3：制作营业额年度增长率图

downloads\第 13 章\新手训练营\营业额年度增长率图

提示：本练习中，首先在工作表中输入基础数据，并插入一个带数据标记的折线图图表。然后，设置图表的填充颜色，并为图表添加网格线。同时，调整图表数据系列的显示颜色。最后，为图表添加艺术字标题，并设置艺术字的样式和格式。

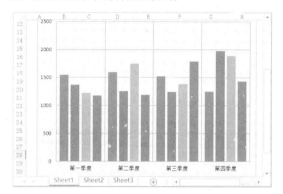

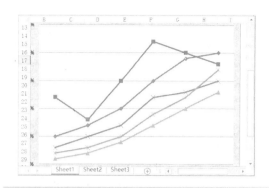

练习 4：预测生产成本

downloads\第 13 章\新手训练营\预测生产成本

提示：本练习中，首先在工作表中输入基础数据，并设置数据的对齐、边框和数字格式。然后，选择相应的单元格区域，设置单元格区域的填充颜色。同时，使用函数计算高低点法预测生产成本的数值。最后，使用函数计算回归直线法预测生产成本的数值。

日期	历史数据		高低点法	
	产量	成本		
			预测生产成本	
1月	1260123	378036.90	最高产量	1379073
2月	1287643	399138.33	最低产量	1202284
3月	1285921	398635.51	最高成本	399138.33
4月	1379073	386140.44	最低成本	350699.84
5月	1250634	372708.50	单位变动成本	0.27
6月	1292301	361844.28	固定成本	21285.56
7月	1212384	363715.20	预测产量	1200000
8月	1202284	360685.20	预测总成本	350074.05
9月	1310384	350699.84	回归直线法	
			单位变动成本	0.10

第 **14** 章

协 同 办 公

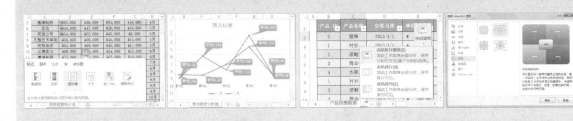

　　早期的 Excel 是一种运行于单个计算机的试算表软件，可由用户独立地操作使用。随着网络技术的发展以及各种局域网的普及，用户对联机办公的需求越来越强烈。基于此种需求，微软公司逐步为 Excel 软件添加各种联机与协同工作的功能，同时还增强了 Excel 与其他办公软件的集成办公性能，提高用户的工作效率。

　　本章将介绍使用 Excel 共享、发送工作簿，以及与其他 Office 程序协同办公、保护工作簿与工作表等技术与技巧。

14.1 共享工作簿

使用 Excel 2013，用户可以共享工作簿，并通过团队的力量共同完成工作簿的编辑、查看和修订，实现团队合作。

1. 创建共享工作簿

执行【审阅】|【更改】|【共享工作簿】命令，启用【允许多用户同时编辑，同时允许工作簿合并】复选框。

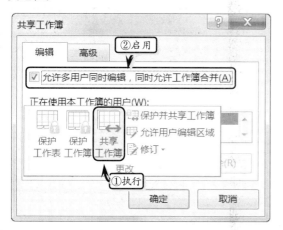

然后，在【高级】选项卡中设置修订与更新等选项，单击【确定】按钮即可。

另外，【高级】选项卡中各选项的具体功能如下表所述。

选 项		说 明
修订	保存修订记录	表示系统将按照用户设置的天数保存修订记录
	不保存修订记录	表示系统不保存修订记录
更新	保存文件时	表示在保存工作簿时，进行修订更新
	自动更新间隔	可以在文本框中设置间隔时间，并可以选择保存本人的更改并查看其他用户的更改，或者是选择查看他人的更改
用户间的修订冲突	询问保存哪些修订信息	启用该选项，系统会自动弹出询问对话框，询问用户如何解决冲突
	选用正在保存的修订	启用该选项，表示最近保存的版本总是优先的
在个人视图中包括	打印设置	表示在个人视图中可以进行打印设置
	筛选设置	表示在个人视图中可以进行筛选设置

2. 查看和修订共享工作簿

在 Excel 中创建共享工作簿后，用户可以使用修订功能更改共享工作簿中的数据，同样也可以查看其他用户对共享工作簿的修改，并根据情况接受或拒绝更改。

❏ 开启或关闭修订功能

执行【审阅】|【更改】|【修订】|【突出显示修订】命令，在弹出的【突出显示修订】对话框中，启用【编辑时跟踪修订信息，同时共享工作簿】复选框。

其中，在【突出显示修订】对话框中，各选项的功能如下表所述。

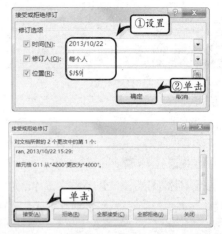

名　称		功　能
编辑时跟踪修订信息，同时共享工作簿		启用该复选框，在编辑时可以跟踪修订信息，并可以共享工作簿
突出显示的修订选项	时间	启用该复选框，可以在其下拉列表中，选择修订的时间，如选择【全部】项
	修订人	启用该复选框，可以在其下拉列表中，选择修订人，如选择【每个人】项
	位置	启用该复选框，可以选择修订的位置
	在屏幕上突出显示修订	启用该复选框，在鼠标停留在工作表的修订信息位置上时，将在屏幕上显示修订信息
	在新工作表上显示修订	启用该复选框，将自动生成一个名为"历史记录"的工作表，其修订信息将在该工作表中显示

> **注意**
>
> 只有进行过修订，再次打开【突出显示修订】对话框，此时【在新工作表上显示修订】复选框才能被启用，否则为灰色不可用状态。

❑ 浏览修订

当用户发现工作簿中存在修订记录时，便可以执行【审阅】|【更改】|【修订】|【接受/拒绝修订】命令，在弹出的【接受或拒绝修订】对话框中，设置修订选项，并单击【确定】按钮。

然后，在弹出的对话框中，查看修订内容，并单击【接受】或【全部接受】按钮，接受修订。

其中，在该对话框中，显示了对文档所做的更改的具体修订信息，还包含了 5 个按钮，其功能如下表所示。

按　钮	功　能
接受(A)	单击该按钮，接受对选择区域的单元格的修订
拒绝(R)	单击该按钮，拒绝对选择区域的单元格的修订
全部接受(C)	单击该按钮，全部接受该工作表中的修订
全部拒绝(T)	单击该按钮，全部拒绝该工作表中的修订
关闭	单击该按钮，关闭【接受或拒绝修订】对话框

> **注意**
>
> 用户可通过禁用【共享工作簿】对话框中的【许多用户同时编辑，同时允许工作簿合并】选项，来取消共享工作簿。

3．取消工作簿的共享

在【共享工作簿】对话框中，禁用【允许多用户同时编辑，同时允许工作簿合并】复选框，并单击【确定】按钮即可。

注意

如果用户在取消共享工作簿之前，还进行共享工作簿的保护，用户需要先撤销共享工作簿的保护，再取消共享工作簿的共享。

14.2　保护文档

除了共享工作簿以供多个用户修改与编辑外，Excel 还允许用户对工作簿进行保护，防止未授权的编辑操作。

1. 保护工作簿结构与窗口

执行【审阅】|【更改】|【保护工作簿】命令，在弹出的【保护结构和窗口】对话框中，选择需要保护的内容，输入密码即可保护工作表的结构和窗口。

另外，当用户保护了工作簿的结构或窗口后，再次执行【审阅】|【更改】|【保护工作簿】命令，即可弹出【撤销工作簿保护】对话框，输入保护密码，单击【确定】按钮即可撤销保护。

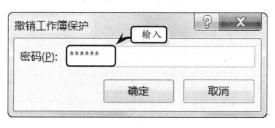

提示

当工作簿处于共享的状态下，【保护工作簿】与【保护工作表】命令将为不可用状态。

2. 保护工作簿

保护工作簿文件是通过为文件添加保护密码的方法，来保护工作簿文件。

首先，执行【文件】|【另存为】命令，选择【计算机】选项，并单击【浏览】按钮。

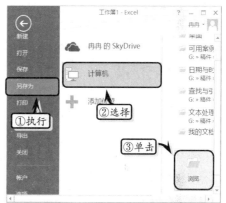

在弹出的【另存为】对话框中，单击【工具】下拉按钮，选择【常规选项】选项。并在弹出的【常规选项】对话框中，输入打开权限与修改权限密码。

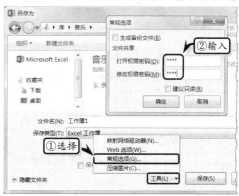

然后，在弹出的【确认密码】对话框中，依次输入相同的打开权限与修改权限密码。

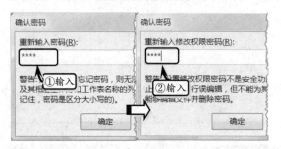

3. 保护工作表

保护工作表是保护工作表中的一些操作，用户可通过执行【审阅】|【更改】|【保护工作表】命令，在弹出的【保护工作表】对话框中启用所需保护的选项，并输入保护密码。

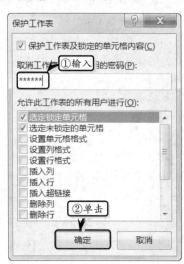

4. 保护单元格

对于所有单元格、图形对象、图表、方案以及窗口等，Excel 所设置的默认格式都是处于保护和可见的状态，即锁定状态，但只有当工作表的所有单元格设置保护后才生效。

选择单元格或单元格区域，右击执行【设置单元格格式】命令，激活【保护】选项卡，禁用【锁定】复选框。

> **提示**
>
> 只有当工作表中处于保护状态时，【设置单元格格式】对话框中的【锁定】复选框才会生效。

Excel 14.3 软件交互协作

在一般情况下，用户可以同时使用 Office 套装中的多个组件进行协同工作，在提高工作效率的同时增加 Office 文件的美观性与实用性。

1. 将 Excel 中的数据复制到 Word 中

利用 Excel 中的剪贴板可以将 Excel 中的数据、图表等移动到其他程序中。选择需要移动的数据区域，执行【开始】|【剪贴板】|【复制】命令。

启动 Microsoft Word 2013，打开一个空白文档。执行【开始】|【剪贴板】|【粘贴】|【选择性粘贴】命令。弹出【选择性粘贴】对话框，在【形式】列表框中，选择粘贴形式。例如选择 HTML 格式。

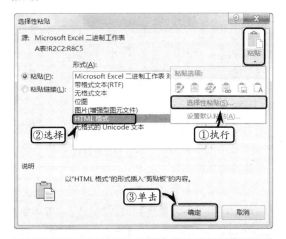

另外用户也可以直接使用鼠标，来将 Excel 中的数据或图表移动或复制到 Word 程序中。具体方法为：首先调整两个应用程序窗口的大小，然后选择需要移动或复制的单元格或单元格区域，当鼠标变为状时，按住鼠标左键进行拖动至另一应用程序，松开鼠标即可。

2．Excel 与 PowerPoint 之间的协作

在 PowerPoint 中不仅可以插入 Excel 表格，而且还可以插入 Excel 工作表。在 PowerPoint 中，执行【插入】|【文本】|【对象】命令，在对话框中选中【由文件创建】选项，并单击【浏览】按钮，在对话框中选择需要插入的 Excel 表格即可。

Excel 14.4 使用外部链接

在 Excel 中，除了可以链接本文档中文件以及邮件之外，还可以链接本工作簿之外的文本文件与网页，以帮助用户创建文本文件与网页的链接。

1．通过文本创建

执行【数据】|【获取外部数据】|【自文件】命令，在弹出的【插入文本文件】对话框中选择需要导入的文本文件，单击【导入】按钮即可。

在弹出的【文件导入向导-第 1 步，共 3 步】对话框中，选中【分隔符号】选项，设置相应的选项，并单击【下一步】按钮。

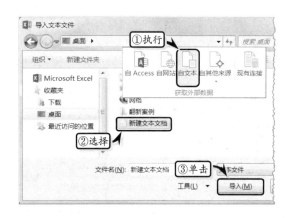

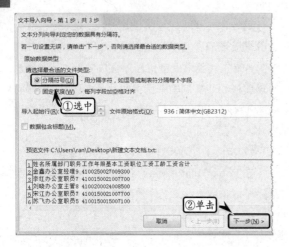

在弹出的【文件导入向导-第 2 步，共 3 步】对话框中，启用【Tab 键】复选框，设置【文本识别符号】选项，并单击【下一步】按钮。

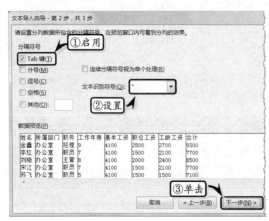

在弹出的【文件导入向导-第 3 步，共 3 步】对话框中，选中【常规】选项，预览数据导入效果，并单击【完成】按钮。

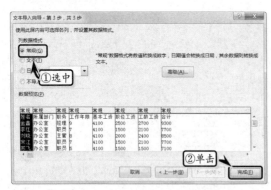

最后，在弹出的【导入数据】对话框中，选择数据表放置位置，并单击【确定】按钮。

2．刷新外部数据

创建外部链接之后，用户还需要刷新外部数据，使工作表中的数据可以与外部数据保持一致，以便获得最新的数据。

打开含有外部数据的工作表，选择包含外部数据的单元格，执行【数据】|【连接】|【全部刷新】|【刷新】命令。在弹出的【导入文本文件】对话框中，选择刷新文件，单击【导入】按钮即可。

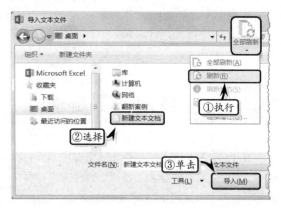

另外，选择包含外部数据的单元格，执行【数据】|【连接】|【全部刷新】|【连接属性】命令，设置刷新选项。

3．通过网页创建

在工作表中选择导入数据的单元格，执行【数据】|【获取外部数据】|【自网站】命令，在对话框中输入网站地址，选择相应的网页内容，单击【导入】按钮即可。

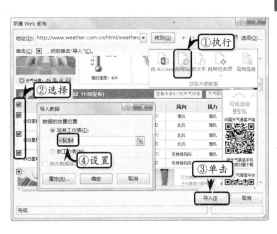

Excel

14.5 发送电子邮件

Excel 除了在局域网中共享工作簿外，还可以将自己的工作表或者工作簿通过 Internet 邮件格式发送给其他用户。

1．作为附件发送

执行【文件】|【共享】命令，在展开的【共享】列表中，选择【电子邮件】选项，同时选择【作为附件发送】选项。

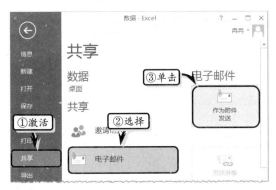

选中该选项，PowerPoint 会直接打开 Microsoft Outlook 窗口，将完成的演示文稿直接作为电子邮

件的附件进行发送，单击【发送】按钮，即可将电子邮件发送到指定的收件人邮箱中。

2．发送链接

如用户将演示文稿上传至微软的 MSN Live 共享空间，则可通过【发送链接】选项，将演示文稿的网页 URL 地址发送到其他用户的电子邮箱中。

3．以 PDF 形式发送

执行【文件】|【共享】命令，在展开的【共享】列表中，选择【电子邮件】选项，同时选择【以 PDF 形式发送】选项。

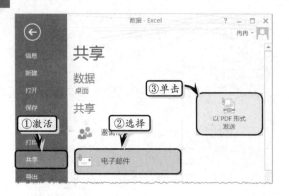

选中该选项, 则 Excel 将把工作表转换为 PDF 文档, 并通过 Microsoft Outlook 发送到收件人的电子邮箱中。

4. 以 XPS 形式发送

执行【文件】|【共享】命令, 在展开的【共享】列表中, 选择【电子邮件】选项, 同时选择【以 XPS 形式发送】选项。

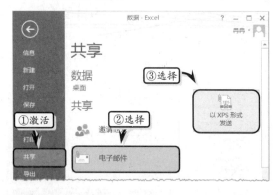

选中该选项, 则 Excel 将把工作表转换为 XPS 文档, 并通过 Microsoft Outlook 发送到收件人的电子邮箱中。

5. 以 Internet 传真形式发送

执行【文件】|【共享】命令, 在展开的【共享】列表中, 选择【电子邮件】选项, 同时选择【以 Internet 传真形式发送】选项。

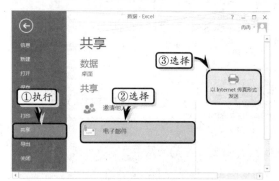

选中该选项, 用户可在网页中传真服务的提供商处注册, 通过网络向收件人的传真机发送传真, 传送演示文稿的内容。

14.6 其他共享方法

在 Excel 2013 中, 用户可以将工作表转换为可移植文档格式, 以及保存到 SkyDrive 中, 或保存为其他格式的文档。

1. 保存到 SkyDrive

执行【文件】|【共享】命令, 在展开的【共享】列表中选择【邀请他人】选项, 并单击【保存

到云】按钮。

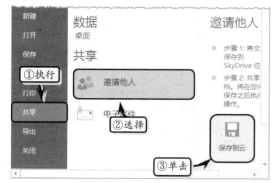

此时，系统将自动切换到【另存为】列表中，选择【冉冉的 SkyDrive】选项，并单击【浏览】按钮。

提示

由于 Excel 2013 提供了注册用户名的功能，所以当用户注册并使用用户名之后，【SkyDrive】选项的前面将自动显示用户名。

然后，在弹出的【另存为】对话框中，设置保存名称，单击【保存】按钮即可。

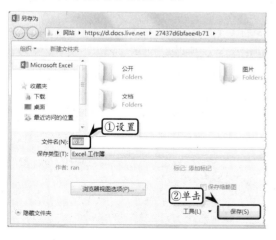

2．创建 PDF/XPS 文档

执行【文件】|【导出】命令，在展开的【导出】列表中选择【创建 PDF/XPS 文档】选项，并单击【创建 PDF/XPS 文档】按钮。

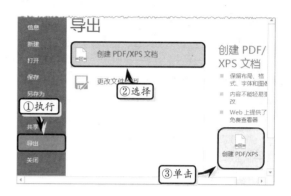

在弹出的【发布为 PDF 或 XPS】对话框中，设置文件名和保存类型，并单击【选项】按钮。

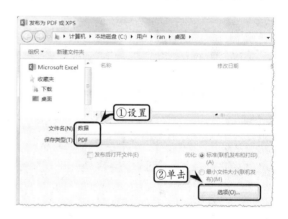

然后，在弹出的【选项】对话框中，设置发布选项，并单击【确定】按钮。

最后，单击【确定】按钮，返回【发布为 PDF 或 XPS】对话框，设置优化的属性，并单击【发布】按钮，即可将演示文稿发布为 PDF 文档或 XPS 文档。

3．更改文件类型

使用 Excel 2013，用户可将工作表存储为多种类型。执行【文件】|【导出】命令，在展开的【导出】列表中选择【更改文件类型】选项，并在【更改文件类型】列表中选择一种文件类型，单击【另存为】按钮。

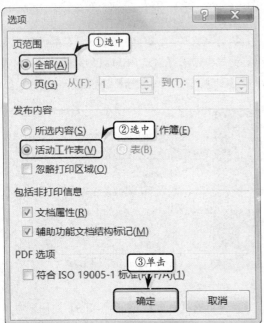

提示

更改文件类型功能类似于另存为功能，主要是将文档另存为其他格式的文件。

然后，在弹出的【另存为】对话框中，设置保存位置和文件名，单击【保存】按钮即可。

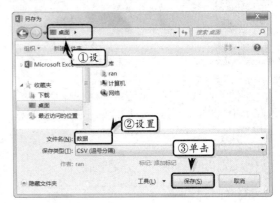

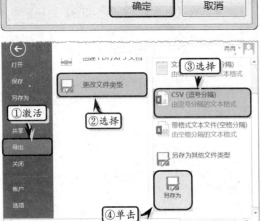

Excel 14.7 制作电视节目表

练习要点

- 导入文本数据
- 查看外部数据
- 刷新数据
- 冻结窗格
- 设置单元格格式

使用 Excel，用户可导入各种外部数据文档，将其转换为电子表格并进行美化。在本例中，通过文本文件获取央视新闻频道的一周节目表，将其导入到 Excel 中进行处理和美化。

日期	播出时间	节目时长	节目名称
2012年12月13日			
	00:00:00	60	午夜新闻
	01:00:00	60	东方时空（重播）
	02:00:00	30	新闻1+1（重播）
	02:30:00	30	国际时讯（重播）
	03:00:00	30	环球视线：国际新闻评论（重播）
	03:30:00	15	焦点访谈（重播）
	03:45:00	60	东方时空（重播）
	04:45:00	30	新闻1+1（重播）
	05:15:00	30	环球视线：国际新闻评论（重播）
	05:45:00	10	焦点访谈（重播）
	05:55:00	5	国歌国歌
	06:00:00	180	朝闻天下
	09:00:00	180	新闻直播间：焦点新闻播报
	12:00:00	30	新闻30分

操作步骤 ▶▶▶▶

STEP|01 导入数据。新建工作表，执行【数据】|【获取外部数据】|【自文本】命令，在【导入文本文件】对话框中选择路径和文本文件，单击【导入】按钮。在弹出的【文本导入向导】对话框中选择【分隔符号】，单击【下一步】按钮。

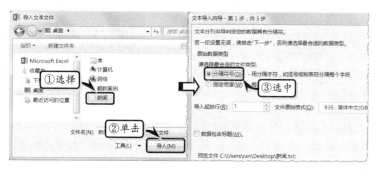

STEP|02 然后，在更新的对话框中选择【连续分隔符号视为单个处理】，单击【完成】按钮。并在弹出的【导入数据】对话框中，选择数据的放置位置，单击【确定】按钮，导入数据。

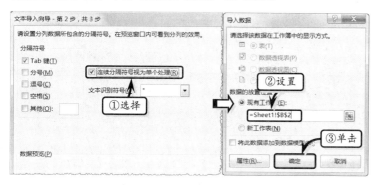

STEP|03 设置填充颜色。选择单元格区域 B3:E3，执行【开始】|【样式】|【单元格样式】|【着色 5】命令。然后，选择单元格区域 B5:E5，执行【开始】|【样式】|【单元格样式】|【20%-着色 5】命令。使用同样方法，分别设置其他单元格区域的填充颜色。

STEP|04 设置日期数字格式。同时选择单元格 B3、B30、B57、B84、B111、B138 和 B163，执行【开始】|【数字】|【数字格式】|【长日

技巧

选择需要设置数字格式的单元格，右击执行【设置单元格格式】命令，可在【数字】选项卡中，设置数字的日期格式。

提示

单元格 B2 中的文本字体颜色，需要在【字体】选项组中，将其设置为"白色,背景1"字体颜色。

提示

在设置单元格 B2 的填充颜色时，需要自定义渐变填充颜色。其中，【颜色 1】的自定义颜色值为"15,36,62"，【颜色 2】的自定义颜色值为"22,54,92"。

提示

单元格 C2 的渐变颜色中，【颜色 1】的颜色值为"22,54,92"，【颜色 2】的颜色值为"85,142,213"。
单元格 D2 的渐变颜色中，【颜色 1】的颜色值为"85,142,213"，【颜色 2】的自定义颜色值为"141,18,226"。
单元格 E2 的渐变颜色中，【颜色 1】的颜色值为"141,18,226"，【颜色 2】的自定义颜色值为"199,218,241"。

期】命令，设置数字格式。同时，执行【开始】|【字体】|【加粗】命令，设置其文本格式。

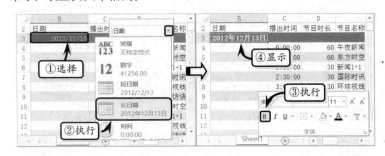

STEP|05 设置渐变填充颜色。选择单元格 B2，右击执行【设置单元格格式】命令，激活【填充】选项，单击【填充效果】按钮。选中【双色】选项，设置【颜色 1】和【颜色 2】的颜色值，选中【垂直】选项，选择一种变形样式，并单击【确定】按钮。

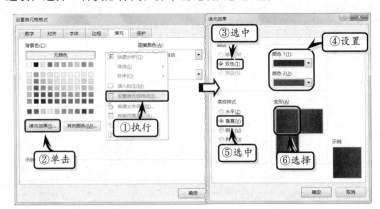

STEP|06 在【设置单元格格式】对话框中，激活【字体】选项卡，设置字形和字体颜色，并单击【确定】按钮。使用同样的方法，设置其他单元格的渐变填充颜色和文本格式。

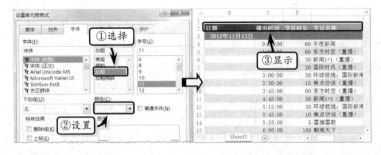

STEP|07 设置边框样式。选择单元格区域 B4:E29，执行【开始】|【字体】|【边框】|【所有框线】命令。使用同样的方法，设置其他区域的边框样式。然后，选择单元格区域 B2:E187，右击执行【设置单元格格式】命令。在【边框】选项卡，选择线条样式，并单击【外边框】按钮。

STEP|08 冻结窗格。选择第 3 行，执行【视图】|【窗口】|【冻结窗格】|【冻结拆分窗格】命令，冻结第 1 行和第 2 行内容。同时，执行【视图】|【显示】|【网格线】命令，禁用工作表中的网格线。

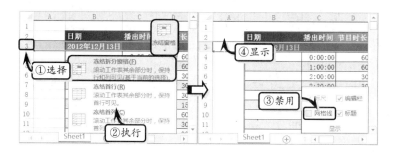

STEP|09 更新数据。如用户需要更新节目表的数据，则可直接修改外部的"新闻.txt"文本文档，然后执行【数据】|【连接】|【全部刷新】命令，在弹出的【导入文本文件】对话框中选择修改后的文本文档，单击【导入】按钮，更新数据。

Excel 14.8　制作主要城市天气预报

使用 Excel 2013，用户不仅可以导入本地数据源，还可以导入互联网的远程数据源。本练习将通过调用和处理来自互联网的天气预报数据，制作一个可更新的全国主要城市一周天气预报表。

练习要点

- 导入网站数据源
- RIGHT 函数
- SUBSTITUTE 函数
- 隐藏表格行
- 管理连接

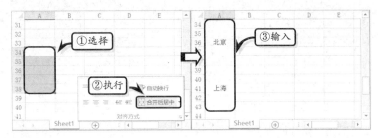

技巧

合并单元格区域 A34:A38 之后，可以将鼠标移至合并后的单元格的右下角，当鼠标变成"十"字形状之后，向下拖动鼠标即可快速合并相同单元格数目的单元格区域。

提示

在本书配套光盘的章节实例目录中，通过 "weather.txt" 文本文档提供了 4 个城市天气的 Web 地址。用户可以直接打开该文档，复制其中的超链接，粘贴到【新建 Web 查询】对话框中的【地址】栏内。

提示

网站中的天气数据是每日更新的。因此在不同的日期中，导入的数据内容也会不同。

另外，用户也可以举一反三，查找更多的天气地址，将其作为数据源导入到 Excel 中。

提示

在【导入数据】对话框中，单击【属性】按钮，即可在弹出的【链接属性】对话框中，设置数据的链接选项。

操作步骤 ▶▶▶▶

STEP|01 制作基础表格。新建工作表，选择单元格区域 A34:A38，执行【开始】|【对齐方式】|【合并后居中】命令，将其合并。使用同样的方法，分别合并单元格区域 A40:A44、A46:A50、A52:A56，然后依次输入"北京"、"上海"、"天津"和"重庆"等直辖市名。

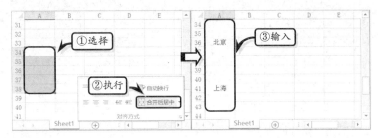

STEP|02 导入数据。选择单元格 B34，执行【数据】|【获取外部数据】|【自网站】命令，在弹出的【新建 Web 查询】对话框中输入地址，单击【转到】按钮。然后单击模块左上角的导入符号 ➡，再单击【导入】按钮。

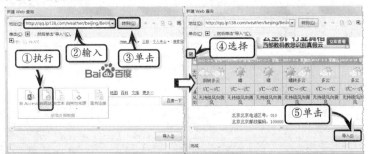

STEP|03 在弹出的【导入数据】对话框中直接单击【确定】按钮，即可为 B34 等单元格导入天气数据。使用同样的方法，导入其他城市的天气预报。

STEP|04 设置连接属性。执行【数据】|【连接】|【连接】命令，在弹出的【工作簿连接】对话框中选择"名称"为【连接】选项，单击【属性】按钮。然后，启用【允许后台刷新】、【刷新频率】和【打开文件时刷新数据】等复选框。

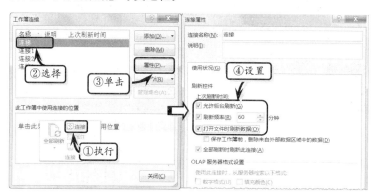

STEP|05 制作标题。选择单元格区域 B2:I3，执行【开始】|【对齐方式】|【合并后居中】命令，将其合并，然后输入"北京"文本。依次在 B4 到 B8 之间的单元格中输入"日期"、"星期"、"天气"、"气温"以及"风向"等文本，制作天气预报的标题。

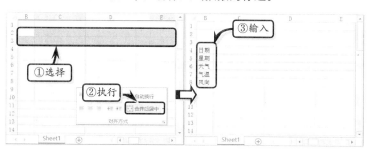

STEP|06 引用导入数据。选择单元格 C5，输入"=RIGHT(C34,3)"公式，获取 C34 单元格中数据的后三字节，显示星期信息。然后，选择单元格 C4，在其中输入"=SUBSTITUTE(C34，C5，"")"公式，获取 C34 单元格中的数据，再减去星期信息以求日期信息。

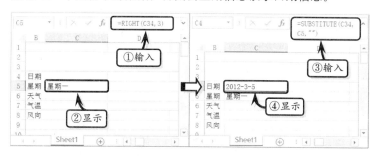

STEP|07 使用同样的方式，依次为 C6、C7 和 C8 等 3 个单元格输入"=C36"、"=C37"和"=C38"等公式，完成当日北京天气预报的制作。然后，复制 C4 到 C8 之间的单元格，将其粘贴到 D4 至 I8 之间。

提示

在完成4个城市天气表格的制作后，用户可以同时选择C列到I列的所有单元格，然后拖曳I列右侧的边框线，设置这些单元格的宽度。同样，同时选择4个城市中的"风向"行，向下拖动行分割线，调整行的高度。

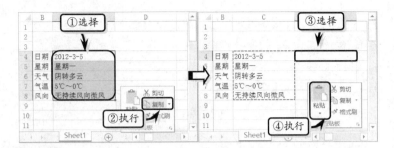

STEP|08 设置标题样式。选择单元格B2，执行【开始】|【字体】|【填充颜色】|【白色，背景1，深色25%】命令。同时，在【开始】选项卡【字体】选项组中，设置文本的字体格式和填充颜色。

提示

为了突出显示标题，还需要选择单元格区域B5:B8，执行【开始】|【字体】|【加粗】命令，设置标题文本的加粗格式。

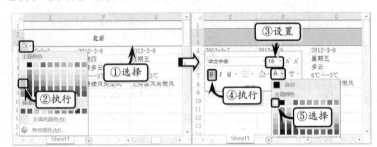

STEP|09 设置字体和对齐格式。同时选择单元格区域 B5:I5 和 B7:I7，执行【开始】|【字体】|【填充颜色】|【白色，背景1，深色15%】命令。然后，选择单元格区域 B4:I8，执行【开始】|【对齐方式】|【居中】命令，设置其对齐样式。

提示

选择单元格区域 B4:I8，在【开始】选项卡【字体】选项组中，将【字号】设置为"10"。

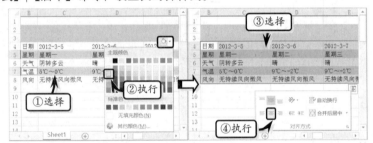

STEP|10 设置边框样式。选择单元格区域 B5:I8，右击执行【设置单元格格式】命令，激活【边框】选项卡，设置边框样式。然后，选择单元格区域 B2:I8，右击执行【设置单元格格式】命令，激活【边框】选项卡，设置边框样式。

提示

在设置边框样式时，需要在【边框】选项卡中，将边框的【颜色】值设置为"白色,背景1,深色50%"。

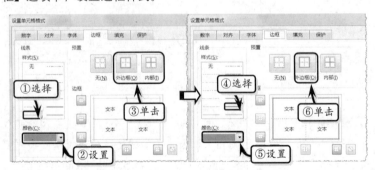

STEP|11 设置渐变填充样式。选择单元格 B4，右击执行【设置单元格格式】命令，激活【填充】选项卡，单击【填充效果】按钮。然后，选中【双色】选项，设置【颜色 1】和【颜色 2】的颜色值，选中【垂直】选项，并选择变形样式。

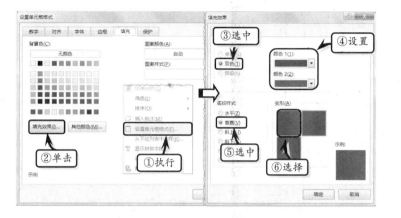

STEP|12 使用同样的方法，分别设置其他单元格的渐变填充样式。同时，将文本的字体颜色设置为"白色，背景 1"样式，并执行【加粗】命令。重复上述步骤，分别制作其他城市天气预报。

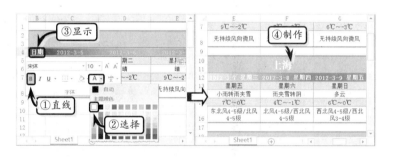

STEP|13 设置工作表元素。选中第 34 行到第 56 行之间所有的单元格，右击执行【隐藏】命令，保存工作簿，完成本练习的制作。同时，在【视图】选项卡【显示】选项组中，禁用【网格线】复选框，隐藏工作表中的网格线。

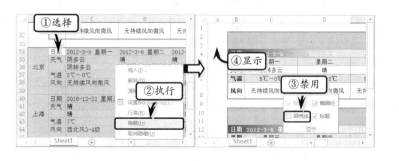

14.9 高手答疑

问题 1：如何为工作表插入超链接？

解答 1：选择包含数据的单元格或单元格区域，执行【插入】|【链接】|【超链接】命令，在弹出的【插入超链接】对话框中，选择需要链接的文件，并单击【确定】按钮。

问题 2：如何在工作表中插入表格？

解答 2：选择需要插入表格的数据区域，执行【插入】|【表格】|【表格】命令，在弹出的【创建表】对话框中，设置数据源，单击【确定】按钮即可。

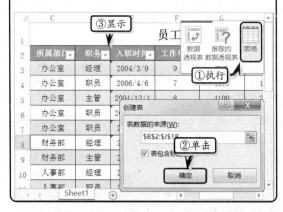

问题 3：如何插入对象？

解答 3：执行【插入】|【文本】|【对象】命令，在弹出的【对象】对话框中的【新建】选项卡中，选择相应的选项，单击【确定】按钮即可。

问题 4：如何设置工作表主题效果？

解答 4：执行【页面布局】|【主题】|【主题】命令，在其级联菜单中选择一种效果，即可设置工作表的主题效果。

问题 5：如何通过现有链接获取外部数据？

解答 5：选择需要获取外部数据的单元格，执行【数据】|【获取外部数据】|【现有链接】命令。在弹出的【现有链接】对话框中，在【选择类别】列表中选择具体类别，并单击【打开】按钮。

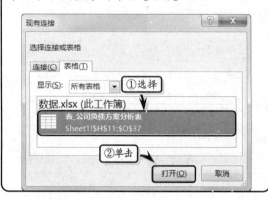

14.10 新手训练营

练习 1：制作会议报销申请表

downloads\第 14 章\新手训练营\会议报销申请表

提示：本练习中，首先在工作表制作表格标题，输入基础数据并设置单元格区域的对齐、字体、边框和填充格式。然后，使用求和函数计算金额合计值，使用 IF 函数计算补发金额值。最后，执行【审阅】|【批注】|【新建批注】命令，为单元格创建批注，并输入批注内容。

练习 2：制作计算机专业录取表

downloads\第 14 章\新手训练营\计算机专业录取表

提示：本练习中，首先制作表格标题，输入基础数据并设置数据的对齐、字体和边框格式。然后，在单元格 H4 中输入计算总成绩的公式，在单元格 I4 中输入计算平均成绩的公式，在单元格 J4 中输入计算名称的公式。最后，选择相应的单元格区域，执行【开始】|【字体】|【填充颜色】命令，设置单元格区域的背景色。

练习 3：制作净资产计算表

downloads\第 14 章\新手训练营\净资产计算表

提示：本练习中，首先在工作表中制作表格标题，输入基础数据并设置数据的对齐、字体、边框和填充格式。然后，使用求和函数计算资产和负债的总值，同时在单元格 C24 中输入计算估计净资产的公式。最后，在单元格 F24 中输入显示当前日期的公式，并隐藏工作表中的网格线。

练习 4：制作日程甘特图

downloads\第 14 章\新手训练营\日程甘特图

提示：本练习中，首先制作表格标题，输入基础数据并设置数据的对齐、边框和数字格式。然后，选择相应的单元格区域，设置单元格区域的填充颜色并自定义其边框格式。同时，自定义单元格区域 F5:F16 的数字格式，并使用 IF 函数计算持续时间。最后，使用函数分别计算 1 月内每日的工作时间，并使用不同的颜色对其进行填充，使其形成甘特图的样式。

第 **15** 章

宏与 VBA

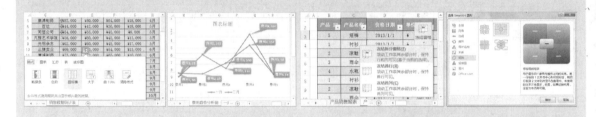

　　Excel 不仅是一种强大的试算表软件，而且还具有强大的自行录制、编辑和使用宏功能，实现数据处理的自动化和智能化。另外，VBA 是 Office System 嵌入的一种强大的定制和开发工具，Excel VBA 可以帮助用户解决日常工作中烦琐的操作过程，提高办公效率。

　　本章首先介绍宏的使用和操作方法，然后介绍 VBA 的语法、语句结构、过程和函数等基础知识，让读者对 VBA 有一个初步的了解。

15.1 创建宏

在需要进行大量重复性的操作时,可使用宏功能编辑脚本命令,然后再通过键盘快捷键触发软件快速执行,此时就需要使用到宏。

1. 宏安全

宏是计算机应用软件平台中的一种可执行的抽象语句命令,其由格式化的表达式组成,可控制软件执行一系列指定的命令,帮助用户快速处理软件中重复而机械的操作。

在默认状态下,出于安全方面的考虑,Excel禁止用户使用宏。因此在自行编辑和使用宏之前,用户应手动开启 Excel 对宏的支持。

执行【文件】|【选项】命令,在【Excel 选项】对话框中激活【信任中心】选项卡,单击【信任中心设置】按钮。

在弹出的【信任中心】对话框中,激活【宏设置】选项卡,然后在右侧的【宏设置】栏中选中【启用所有宏】选项,再在【开发人员宏设置】栏中启用【信任对 VBA 工程对象模型的访问】选项,单击【确定】按钮。

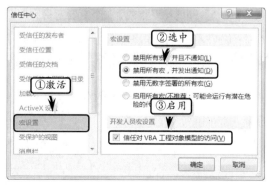

> **提示**
>
> 在 Excel 的【宏设置】栏中,所做的任何宏设置更改只适用于 Excel,而不会影响任何其他 Office 程序。

用户在【宏设置】栏中,可以对于在非受信任位置的文档中的宏,进行 4 个选项设置,以及开发人员宏设置。

安 全 选 项	含 义
禁用所有宏,并且不通知	如果用户不信任宏,可以选择此项设置。文档中的所有宏,以及有关宏的安全警报都被禁用。如果文档具有信任的未签名的宏,则可以将这些文档放在受信任位置
禁用所有宏,并发出通知	这是默认设置。如果想禁用宏,但又希望在存在宏的时候收到安全警报,则应使用此选项。这样,可以根据具体情况选择何时启用这些宏
禁用无数字签署的所有宏	此设置与"禁用所有宏,并发出通知"选项相同,但下面这种情况除外:在宏已由受信任的发行者进行了数字签名时,如果用户中信任发行者,则可以运行宏
启用所有宏(不推荐,可能会运行有潜在危险的代码)	可以暂时使用此设置,以便允许运行所有宏。因为此设置会使计算机容易受到可能是恶意的代码的攻击,所以不建议用户永久使用此设置
信任对 VBA 工程对象模型的访问	此设置仅适用于开发人员

2. 录制宏

录制宏时,宏录制器会记录用户完成的操作。记录的步骤中不包括在功能区上导航的步骤。

执行【开发工具】|【代码】|【录制宏】命令,在【宏名】文本框中,输入宏的名称。

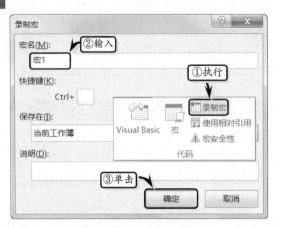

在工作表中，进行一系列操作。如选为单元格区域设置填充颜色，并设置边框格式。然后，执行【代码】|【停止录制】按钮即可。

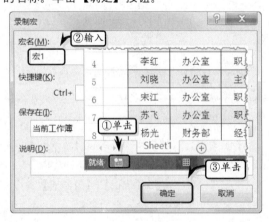

注意

宏名的第一个字符必须是字母。后面的字符可以是字母、数字或下划线字符。宏名中不能有空格，下划线字符可用作单词的分隔符。如果使用的宏名还是单元格引用，则可能会出现错误信息，该信息显示宏名无效。

另外，在工作簿的【状态】栏中，单击【录制宏】按钮。将弹出的【录制新宏】对话框，输入宏的名称。单击【确定】按钮。

最后，设置完成后，再单击【状态】栏中的【停止录制】按钮。

3．使用 VBA 创建宏

用户除了录制宏的方法外，还可以使用 Visual Basic 编辑器编写自己的宏脚本。

执行【开发工具】|【代码】|【Visual Basic】命令，弹出 Microsoft Visual Basic-Book1 窗口。右击【工程资源管理】窗格中的目录选项，执行【插入】|【模块】命令。

然后，在【模块1】中输入代码，并单击【常用】工具栏上的【保存】按钮。

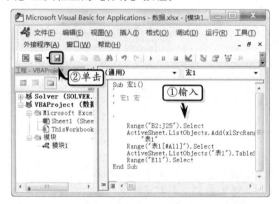

在 VBA 编辑器窗口中，包含有 4 个窗格，以及一个工具栏和一个菜单栏。其中，【工程资源管理】、【属性】和【模块编辑】3 个主要窗格和 1 个【对象浏览器】窗格。

窗格名称	功　　能
工程资源管理	该窗格列出应用程序中所有当前打开的项目，从中可以打开编辑器
属性	该窗格基于浏览和编辑【工程资源管理】窗格中，所选对象的属性
模块编辑	用于显示宏的内容。用户可以通过该编辑器来制作大量的工作

15.2 管理宏

用户可以通过复制宏功能，来复制宏的一部分以创建另一个宏。而运行宏是为了使用创建的宏以达到快速操作工作。

1. 复制宏

打开包含要复制的宏的工作簿，执行【开发工具】|【代码】|【宏】命令。在弹出的【宏】对话框的【宏名】列表框中，选择需要复制的宏的名称，并单击【编辑】按钮。

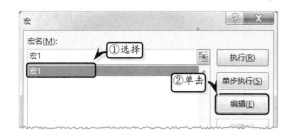

然后，在 Visual Basic 编辑器的代码窗口中，选择要复制的宏所在的行。执行【复制】命令，在代码窗口的【模块编辑】窗格中，单击要在其中放置代码的模块，并执行【粘贴】命令。

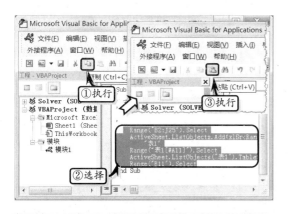

技巧

也可以右击选择内容，然后执行【复制】命令。或者按 Ctrl+C 键。也可以单击鼠标右键，然后执行【粘贴】命令。或者按 Ctrl+V 键。

2. 运行宏

用户编辑 VBA 宏后，即可通过多种方法来运行宏。

❏ 通过【宏】对话框

通过【宏】对话框，来运行宏是常用的一种方法。即，执行【开发工具】|【代码】|【宏】命令。在弹出的【宏】对话框中，选择需要运行的宏，单击【执行】按钮。

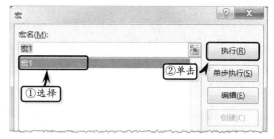

❏ 快捷键

当用户需要使用快捷键来运行宏时，需要指定用于运行宏的 Ctrl 键。在【宏】对话框中，单击【选项】按钮。然后，在弹出的【宏选项】对话框中，在【快捷键】文本框中，输入要使用的任何大写字母或小写字母。

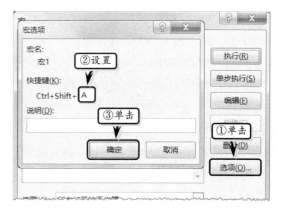

此时，用户只需按 Ctrl+Shift+A 键，即可运行该宏。

❑ 编辑器窗口

用户还可以在 VBA 编辑器窗口中，单击【运行子过程/用户窗体】按钮 ▶ ，或者按 F5 键。此时，将执行 VBA 代码。

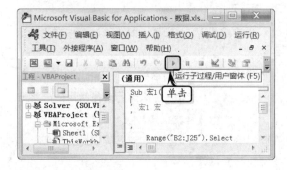

3．将宏分配对象

在创建宏之后，用户可以将宏分配给对象（如工具栏按钮、图形或控件），以便能够通过单击该对象来运行宏。如插入"椭圆"形状，并右击形状执行【指定宏】命令。

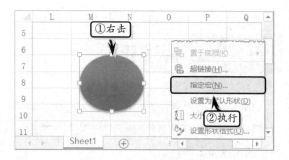

然后，在弹出的【指定宏】对话框中，选择已经录制好的宏，单击【确定】按钮。

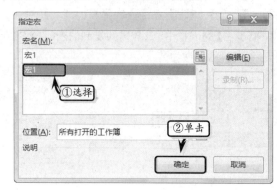

Excel 15.3 VBA 脚本简介

Excel VBA 是以 Excel 环境为母体、以 Visual Basic 为父体的类 VB 开发环境，即在 VBA 的开发环境中集成了大量的 Excel 对象和方法。

1．常量

常量是一种恒定的或者不可变化的数值或者数据项，通常表示不随时间变化的某些量和信息，也可以表示某一数值的字符或者字符串。

声明常量需要使用 Const 语句：

```
Const name As Type = Value
```

其中，name 表示常量的名称，Type 表示常量的数据类型，Value 表示常量的值。

例如，定义 myNum 为常量并初始化它的值为 100。

```
Const myNum As Integer = 100
```

在同一行中还可以定义多个常量，但是每个常量都需要定义其数据类型，且以逗号分隔。

```
Const num As Integer = 100, str As
String = Excel
```

2．变量

变量是动态的存储容器，用于保存程序运行时需要临时保存的数值或对象。它的值可以在程序运行时按照要求改变。

声明变量需要使用 Dim 语句：

```
Dim name As Type
```

其中，name 表示变量的名称，Type 表示变量的数据类型。

例如，定义 myStr 为字符串类型的变量。

```
Dim myStr As String
```

3. 数据类型

数据类型是构成语言最基本的元素,它可以体现数据结构的特点和用途。在 Excel VBA 中,包含有以下几种数据类型。

数据类型	含义
Integer (整数型)	整数型数据就是整数,即没有小数部分的数,其取值范围为 -32768~32768
Long (长整数型)	长整数型数据也是整数,但它们的取值范围更大,为 -2147483648~ 2147483647
Single (单精度型)	单精度型数据包含有小数部分,其存储为 32 位(4 个字节)的数据
Double (双精度型)	双精度型数据比单精度型数据更大,其允许存储 64 位(8 个字节)的数据
Decimal (小数型)	小数型数据的存储为 12 个字节(96 位),是带符号的整型
Byte (字节型)	用于存储较少的整数值,其取值范围为 0~255
Currency (货币型)	用于货币计算或固定小数位数的计算
Date (日期型)	用于存储日期和时间。在使用日期型数据时,必须使用"#"号把日期括起来
Boolean (布尔型)	用于存储返回的 Boolean 值,只能是 True 或 False
String (字符串型)	字符串型也是文本型,分为固定长和可变长两种
Variant (变体)	一种可变的数据类型,可以表示任何值,包括数据、字符串、日期、布尔型等

4. 运算符

运算符是表达式中非常关键的构成部分,在 VBA 中运算符包含以下几种。

❑ **算术运算符**

算术运算符通常是在数字中所运用的加、减等计算符号,除此之外还包含求余。

运算符	功能
+	用于求两数之和
-	用于求两数之差或表示表达式的负值
*	用于将两数相乘
/	用于进行两个数的除法运算并返回一个浮点数
\	用于对两个数作除法运算并返回一个整数
Mod	用于对两个数作除法并且只返回余数
^	用于求一个数字的某次方

❑ **比较运算符**

比较运算符主要用于比较两个数值,并返回表示它们之间关系的布尔值。

运算符	功能
<	表示操作数 1 小于操作数 2
<=	表示操作数 1 小于或等于操作数 2
>	表示操作数 1 大于操作数 2
>=	表示操作数 1 大于或等于操作数 2
=	表示操作数 1 等于操作数 2
<>	表示操作数 1 与操作数 2 不相等
Is	表示操作数 1 与操作数 2 引用的是否为相同对象
Like	用于判断给定的字符串是否与指定的模式相匹配

❑ **连接运算符**

连接运算符用于强制两个表达式进行字符串连接,其主要由"&"符号实现的。

```
result = expression1 & expression2
```

如果两个表达式都是字符串表达式,则 result 的数据类型是 String;否则 result 是 String 变体。

另外,还有一种混合连接运算符"+",其运用很灵活,但也会带来阅读的不便,其结果的类型是根据表达式的类型决定。

❑ **逻辑运算符**

逻辑运算符允许对一个或多个表达式进行运算,并返回一个逻辑值。

运算符	含义
And(逻辑与)	执行逻辑与运算,即如果表达式 1 和表达式 2 都是 True,则结果返回 True;只要其中一个表达式为 False,其结果就是 False;如果有表达式为 Null,则结果为 Null

续表

运　算　符	含　义
Or(逻辑或)	执行逻辑或运算，即如果表达式 1 或者表达式 2 为 True，或者表达式 1 和表达式 2 都为 True，则结果为 True；只有两个表达式都是 False 时，其结果才为 False；如果有表达式为 Null，则结果也是 Null
Not(逻辑非)	对一个表达式进行逻辑非运算，即如果表达式为 True，则 Not 运算符使该表达式变成 False；如果表达式为 False，则 Not 运算符使该表达式变成 True；如果表达式为 Null，则 Not 运算符的结果仍然是 Null
Eqv(相等)	执行与或运算，即判断两个表达式是否相等，当两个表达式都是 True 或者都是 False 时，结果返回 True；若一个表达式为 True 而另一个表达式为 False 时，结果返回 False
Imp(蕴含)	执行逻辑蕴含运算，即当两个表达式都为 True 或者两个表达式都为 False 时，其结果为 True；当表达式 1 为 True，表达式 2 为 False 时，其结果为 False；当表达式 1 为 False，表达式 2 为 True 时，其结果为 True；当表达式 1 为 False，表达式 2 为 Null 时，其结果为 True；当表达式 1 为 True，表达式 2 为 Null 时，其结果为 Null；当表达式 1 为 Null，表达式 2 为 True 时，其结果为 True；当表达式 1 为 Null，表达式 2 为 False 时，其结果为 Null；当两个表达式都为 Null 时，其结果为 Null
Xor(异或)	执行逻辑异或运算，用于判断两个表达式是否不同。若两个表达式都是 True 或都是 False 时，其结果就是 False；如果只有一个表达式是 True，其结果就是 True；如果两个表达式中有一个是 Null，其结果是 Null

逻辑运算符的优先顺序依次为：Not—And—Or—Xor—Eqv—Imp。如果在同一行代码中多次使用相同的逻辑运算符，则从左到右进行运算。

15.4　VBA 控制语句

对于任何一种编程语言，控制语句都是必不可少的，它用于控制程序执行的流程，以解决实际应用中需要的一些特殊执行顺序。

1. 条件语句

条件语句主要依赖于条件值，并根据具体值对程序进行控制。

❑ **If** 语句

该语句是程序开发过程中最常见的语句之一，很多判断语句都需要它来实现。

一般写成单行语法形式：

```
If Condition Then [statements]
[Else elsestatements]
```

或者，还可以使用下列语法形式：

```
If Condition Then
        [statements]
[Elseif condition-n Then]
        [statements]…
[Else]
        [statements]
End If
```

其中，Condition 和 condition-n 表示可以产生布尔值的表达式，statements 表示执行的语句。

❑ **Select** 语句

通过表达式的值，从分支语句中选择其中符合条件的语句，并执行相关表达式。

语法形式如下：

```
Select Case Condition
```

```
      Case Value1
      statements
      Case Value2
      statements
…
      [Case Else
      [statements]]
End Select
```

其中，Condition 表示可以产生布尔值的表达式，Value 为符合条件的值。

2．循环语句

循环语句是流程控制中最灵活的语句之一，它允许程序重复执行一行或多行代码，使用它可以大大节省人力运算。

❏ **For…Next 语句**

该语句通常用于完成指定次数的循环，其语法形式为：

```
For Counter = Start to End[Step
step]
      [statements]
Next
```

其中，Counter 表示循环计数器的数值变量，Start 和 End 分别表示 Counter 的初始值和结束值，step 表示相邻值之间的跨度，默认为 1。

❏ **For Each…Next 语句**

该语句用于对集合中的每个对象执行重复的任务，其语法形式为：

```
For Each element in group
      [statements]
Next
```

其中，element 表示遍历集合或数组中所有元素的变量名，group 表示对象集合或数组的名称。

❏ **Do 语句**

Do 循环比 For 循环结构更加灵活，其依据条件控制过程的流程，其语法形式为：

```
Do [{While|Until} condition]
      [statements]\
Loop
```

或者

```
Do
      [statements]
Loop [{While|Until} condition]
```

其中，condition 表示可以产生布尔值的表达式，statements 表示一条或多条可执行的程序代码。

3．跳转语句

Go to 语句通常用来改变程序执行的顺序，跳过程序的某部分直接去执行另一部分，也可返回已经执行过的某语句使之重复执行。

15.5 VBA 设计

VBA(Visual Basic for Application)是一种完全面向对象体系结构的编程语言，由于其在开发方面的易用性和具有强大的功能，因此许多用户都要使用这一开发工具进行设计使用 VBA。

下面我们再来介绍一下，在 VBA 编程过程中，需要经常使用的过程、函数、模块和 Excel 对象模型。

1．VBA 过程

过程是构成程序的一个模块，往往用来完成一个相对独立的功能，可以使程序更清晰、更具结构性。

❏ **Sub 过程**

Sub 过程主要基于事件的可执行代码单元。当过程执行时，不会返回任何值。其语法形式为：

```
[Public|Private] [static] Sub <过
程名>
```

过程语句

```
End Sub
```

例如，弹出一个消息框，其内容为 "Hello

World!"。

```
Sub MsgHello()
    MsgBox "Hello World!"
End Sub
```

❑ **Function 过程**

Function 过程可以执行一组语句，并且返回过程值，它可以接收和处理参数的值。其语法形式为：

```
[Public|Private] [static]
Function <过程名> [As <数据类型>]
```

过程语句

```
End Function
```

例如，返回数值的绝对值。

```
Function MAbs(m_abs as Integer)
    MAbs = Abs(m_abs)
End Function
```

❑ **Property 过程**

使用 Property 过程可以访问对象的属性，也可对对象的属性进行赋值，其语法形式为：

```
[Public|Private] [static]
Property {Get|Let|Set} <过程名>]
```

过程语句

```
End Property
```

2．VBA 函数

VBA 函数是一种过程，它能返回值，也可以接收参数。要使用函数，必须从 Sub 过程或另一个函数内调用，可以使用 Call 关键字或直接指定函数的名字。

```
[Call] subName [,argumentlist]
```

其中，subName 表示需要调用的函数名称，argumentlist 表示需要传递给该函数的变量或表达式列表，每一项用逗号间隔。

注意

在 VBA 中内置了大量的函数，可以直接利用它们完成多个任务，如消息框、用户交互框等。

3．模块和类模块

VBA 代码必须存放在某个位置，这个地方就是模块。有两种基本类型的模块：标准模块和类模块。

❑ **模块**

模块是作为一个单元保存在一起的 VBA 定义和过程的集合。

❑ **类模块**

VBA 允许你创建自己的对象，对象的定义包含在类模块中。

在 VBA 语言程序中，用户可以多个模块，即可将相关的过程聚合在一起，并且使用代码具有可维护性和可重用性，也可以大大提高代码的利用率。在多模块中，可以为不同模块制定不同的行为，一般制定模块行为有 Option Explicit、Option Private Module、Option Compare {Binary | Text | Database }和 Option Base {0 | 1}

4．VBA 对象模型

VBA 对象模型包括了 128 个不同的对象，其中从矩形、文本框等简单的对象到透视表，图表等复杂的对象等。

❑ **Application 对象**

Application 对象提供了大量属性、方法和事件，用于操作 Excel 程序，其中许多对象成员是非常重要的。该对象提供了一个很大的属性集来控制 Excel 的状态。

❑ **Workbook 对象**

Workbook 对象代表了 Excel 的一个工作簿，WorkSheet 对象则代表了工作簿中的一个工作表。而在 Workbook 对象中，包含有 Workbook 的属性、Workbook 的方法和 Workbook 的事件。

如通过 Name、FullName 和 Path 属性，来获取当前工作簿的名称等属性。

```
Sub 当前工作簿信息()
    '获取工作簿名称
    ActiveSheet.Range("A1").Value =
ThisWorkbook.Name
    '获取工作簿的路径
    ActiveSheet.Range("A2").Value =
```

```
ThisWorkbook.Path
    '获取工作簿的完整路径
    ActiveSheet.Range("A3").Value=Th
isWorkbook.FullName
    End Sub
```

通过运行上述代码内容，即可在 A1、A2 和 A3 单元格中，显示出当前工作簿的信息。

❑ **WorkSheet 对象**

WorkSheet 对象表示一个 Excel 中的工作表。使用 Workbook 对象可以处理单个 Excel 工作簿，而使用 WorkSheet 可以处理当前工作簿中工作表内容。

如下面我们通过 SaveAs 方法来保存当前工作

簿，并指定保存的位置及格式。

```
Sub 保存工作簿()
    '保存当前工作簿，并指定位置为 E 磁盘，文
件名为 SaveAs.xml
    ActiveWorkbook.SaveAs
"E:\SaveAs.xml"
    End Sub
```

❑ **Range 对象**

Range 对象包含于 WorkSheet 对象，表示 Excel 工作表中的一个或多个单元格。Range 对象是 Excel 中经常使用的对象，如在工作表的任何区域之前，都需要将其表示为一个 Range 对象，然后使用该 Range 对象的方法和属性。

15.6 使用表单控件

表单控件主要包括按钮、列表框、标签等具有特殊用途的功能项，通过表单控件可以为用户提供更为友好的数据界面。

1．插入表单控件

Excel 内置有 12 种表单控件，下面将具体介绍几种常用的控件。

❑ **标签**

标签控件用于显示说明性文本，如标题、题注或简单的指导信息，通常一个文本框旁边都有一个标签用来标识文本框。执行【开发工具】|【控件】|【插入】|【标签】命令，拖动鼠标即可在工作表中绘制标签表单控件。

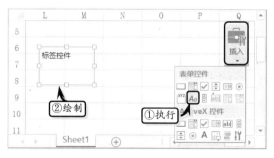

❑ **列表框**

列表框控件用于列出可供用户选择的项目列表。用户可以选择一项或者多项值。执行【开发工

具】|【控件】|【插入】|【列表框】命令，拖动鼠标即可在工作表中绘制列表框表单控件。

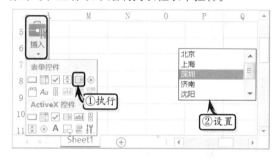

❑ **组合框**

组合框将列表框和文本框的特性结合在一起，用户可以输入新值，也可以选择已有的值。但是，组合框只允许选择其中一项。执行【开发工具】|【控件】|【插入】|【组合框】命令，拖动鼠标即可在工作表中绘制组合框表单控件。

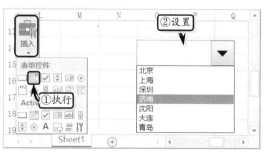

2. 插入 ActiveX 控件

在 Excel 中，除了可以插入表单控件之外，还可以插入可以编辑 VBA 代码的 ActiveX 控件。该类型的控件，可以通过 VBA 代码实现一些动态功能。

❏ 文本框

文本框属于 ActiveX 控件，主要用于显示用户输入的信息。同时，也能显示一系列数据，如数据库表、查询、工作表或计算结果。执行【开发工具】|【控件】|【插入】|【文本框】命令，拖动鼠标即可在工作表中绘制文本框表单控件。

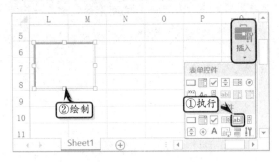

❏ 命令按钮

命令按钮是用户界面设计中最常用的控件。开发者可以为命令按钮的 Click 事件指定宏或事件过程，决定命令按钮可以完成的操作。执行【开发工具】|【控件】|【插入】|【命令按钮】命令，拖动鼠标即可在工作表中绘制命令按钮表单控件。

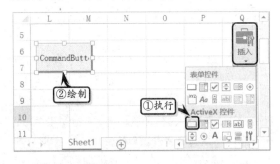

3. 设置控件格式

在工作表中插入控件之后，选择组合框表单控件，右击执行【设置控件格式】命令。在弹出的【设置控件格式】对话框中，激活【控制】选项卡，设置控件的数据源区域和单元格链接选项，并单击【确定】按钮。

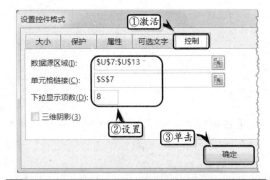

技巧

选择组合框表单控件，执行【开发工具】|【控件】|【属性】命令，也可弹出【设置控件格式】对话框。执行【属性】命令后，其对话框中的内容会随着控件类型的改变而改变。

4. 设置控件属性

选择"命令按钮"控件，执行【开发工具】|【控件】|【属性】命令，弹出【属性】对话框。在该对话框中，可以设置控件的名称、字体格式、背景颜色等控件格式。

另外，双击"命令按钮"控件，可在弹出的 VBA 窗口中，编写 VBA 代码，通过控件在一定程度上实现动态执行命令。

Excel 15.7 制作简单计算器

简单计算器是一种可以对操作数进行加、减、乘、除等简单四则运算的工具,能够帮助用户完成一些简单的数学运算。在本练习中,将使用 Excel 控件和 VBA 脚本代码等功能,来制作一个 Excel 版的简单计算器。

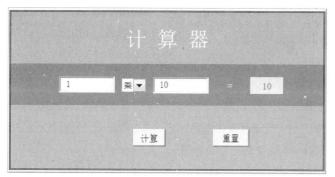

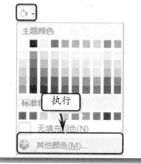

操作步骤 ▶▶▶▶

STEP|01 设置单元格格式。选择单元格区域 B3:H13,右击执行【设置单元格格式】命令,在【边框】选项卡中设置边框样式。然后,激活【填充】选项卡,单击【其他颜色】按钮,在【颜色】对话框中自定义填充色。

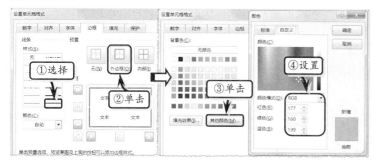

STEP|02 输入文本。选择单元格区域 B4:H4,执行【开始】|【对齐方式】|【合并后居中】命令,合并单元格区域。然后,在其中输入"计算器"文本,并设置文本的字体格式。

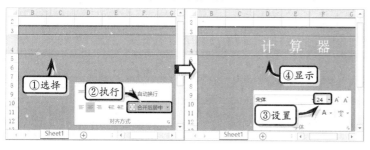

STEP|03 使用文本框控件。执行【开发工具】|【控件】|【插入】|
【文本框】命令，在单元格 C7 中绘制一个文本框。然后，使用同样
的方法，在单元格 E7 中绘制另一个文本框。

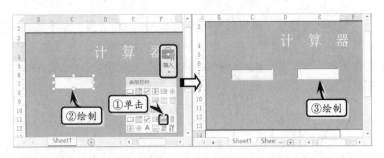

STEP|04 使用组合框。首先，新建一个工作表，在单元格区域 B3:B6
中分别输入"加"、"减"、"乘"和"除"文本。然后，契合到 Sheet1
工作表中，执行【开发工具】|【控件】|【插入】|【组合框】命令，
在单元格 D7 中绘制一个组合框。

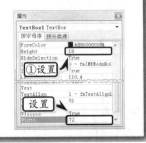

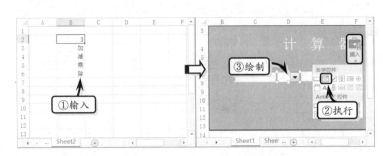

STEP|05 右击组合框控件，执行【设置控件格式】命令，在弹出的
【设置控件格式】对话框中，分别设置【数据源区域】和【单元格链
接】选项，并单击【确定】按钮。

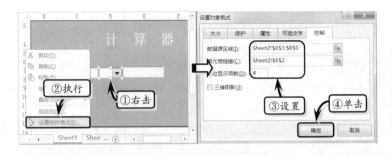

STEP|06 设置结果区域。在单元格 F7 中输入"="符号，在【开始】
选项卡【字体】选项组中，将其颜色设置为"白色，背景 1"，并执
行【加粗】命令。然后，选择单元格 G7，执行【开始】|【字体】|
【填充颜色】|【其他颜色】命令，自定义填充颜色。

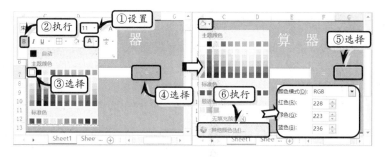

STEP|07 使用命令按钮控件。执行【开发工具】|【控制】|【插入】|【命令按钮】命令，在工作表中绘制两个命令按钮。然后，选择左侧的命令控件，执行【开发工具】|【控件】|【属性】命令，在弹出的【属性】对话框中，将 Caption 设置为"计算"，将名称设置为 resultBtn。

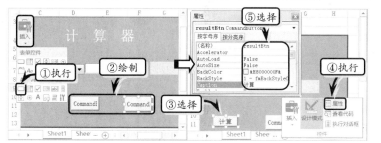

STEP|08 设置单元格样式。选择右侧的命令控件，执行【开发工具】|【控件】|【属性】命令，将 Caption 设置为"重置"，将名称设置为 resetBtn。然后，选择单元格区域 B6:H8，执行【开始】|【字体】|【填充颜色】|【其他颜色】命令，自定义填充色。

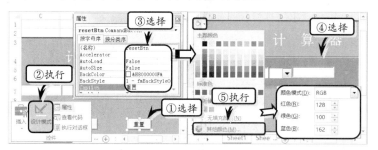

STEP|09 输入命令代码。首先，执行【视图】|【显示】|【网格线】命令，禁用【网格线】复选框。然后，双击"计算"按钮，在弹出的【代码】窗口中输入对文本框中的数值进行四则运算的代码。

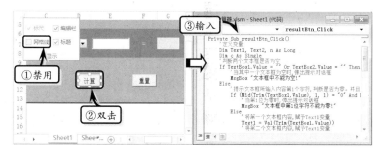

> **提示**
>
> 如果在单元格中直接输入"="符号，Excel 则会认为它是公式，此时需要注意不要选择其他单元格。另外，想要输出等号，则必须在前面加上单引号。

> **提示**
>
> 在 VBA 窗口中，按 Ctrl+S 键，也可保存该窗口中的代码。

> **提示**
>
> Trim 函数用于将某字符串的开头及结尾的空格全部去除。

> **提示**
>
> Mid 函数用于返回字符串中指定数量的字符，其共有 3 个参数，即 string、start 和 length。
> String 为字符串表达式，从中返回字符。如果 string 包含 Null，则返回 Null。
> Start 为 string 中被提取的字符部分的开始位置。
> Length 为要返回的字符数。

其中，"计算"按钮应用代码如下：

```
Private Sub resultBtn_Click()
    Dim Text1, Text2, n As Long
    Dim c As Single
    '判断两个文本框是否为空
    If TextBox1.Value = "" Or TextBox2.Value = ""
    Then
        '当其中一个文本框为空时,弹出提示对话框
        MsgBox"文本框中不能为空!"
    Else
        '提示文本框所输入内容第 1 个字符,判断是否为零,
        并且判断第 2 位是否为小数点
        If (Mid(Trim(TextBox1.Value), 1, 1) = "0"
        And Mid(Trim (TextBox1.
        Value), 2, 1) <> ".") Or (Mid(Trim(Text
        Box2.Value), 1, 1) = "0" And
        Mid(Trim(TextBox2.Value), 2, 1) <> ".")
        Then
            '当第 1 位为零时,弹出提示对话框
            MsgBox "文本框中第 1 位字符不能为零!"
        Else
            '将第一个文本框内容赋予 Text1 变量
            Text1 = Val(Trim(TextBox1.Value))
            '将第二个文本框内容赋予 Text1 变量
            Text2 = Val(Trim(TextBox2.Value))
            '获取 Sheet2 工作表中所选择的运算符
            n = Sheet2.Range("B2").Value
            '判断运算符
            Select Case n
            Case 1
                c = Text1 + Text2 '运算符为加号时,
                执行该语句
            Case 2
                c = Text1 - Text2 '运算符为减号时,
                执行该语句
            Case 3
                c = Text1 * Text2 '运算符为乘号时,
                执行该语句
            Case 4
                c = Text1 / Text2 '运算符为除号时,
                执行该语句
            End Select
    Sheet1.Range("G7").Value = c '将运算结果
    输入到 G7 单元格
```

```
      End If
    End If
End Sub
```

STEP|10 双击"重置"按钮，在弹出的【代码】窗口中输入清除文本框中内容的代码。然后，单击工具栏中的【保存】按钮。

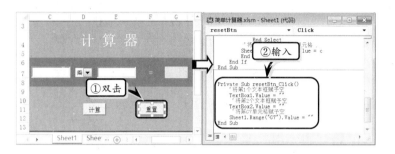

其中，"重置"按钮应用代码如下：

```
Private Sub resetBtn_Click()
    TextBox1.Value = ""    '将第1个文本框赋予空
    TextBox2.Value = ""    '将第2个文本框赋予空
    Sheet1.Range("G7").Value = ""   '将第G7单元格
    赋予空
End Sub
```

Excel 15.8 制作问卷调查表界面

问卷调查是社会调查引用的一种数据收集手段，通过该方式可以针对某一主题快速得出结论。本练习就使用 Excel 内置的表单控件制作一个与星座有关的问卷调查表界面。

练习要点

- 设置字体格式
- 使用分组框控件
- 使用标签控件
- 使用选项按钮控件
- 使用组合框控件
- 使用复选框控件
- 使用按钮

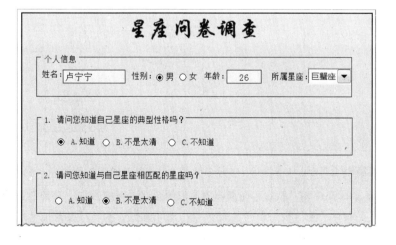

新建工作表之后，可以选择第1行，右击行标签执行【行高】命令，在弹出的对话框中即可设置行高。

选择【分组框】选项后，在工作表中按住鼠标不放并向右下方拖动。当释放鼠标后，即绘制了一个与拖动区域相同大小的分组框。

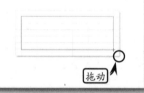

选择单元格C4，右击执行【设置单元格格式】命令，可在弹出的【设置单元格格式】对话框中的【边框】选项卡中，设置单元格的边框样式。

操作步骤 ▶▶▶▶

STEP|01 制作标题文本。选择单元格区域 B1:I1，执行【开始】|【对齐方式】|【合并后居中】命令，合并单元格区域。然后，在其中输入"星座问卷调查"文字，并设置文字的格式。

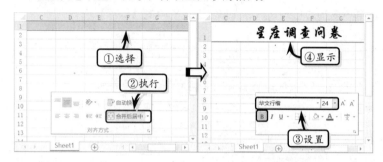

STEP|02 使用分组框控件。执行【开发工具】|【控件】|【插入】|【分组框】命令，在工作表中绘制一个分组框，并更改分组框的标题为"个人信息"。

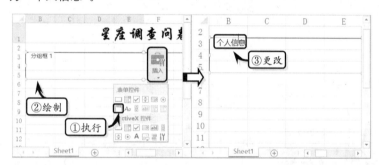

STEP|03 使用标签控件。执行【开发工具】|【控件】|【插入】|【标签】命令，在分组框中添加一个标签控件，并更改文本为"姓名:"。然后，选择单元格C4，执行【开始】|【字体】|【边框】|【所有框线】命令，为单元格添加边框。

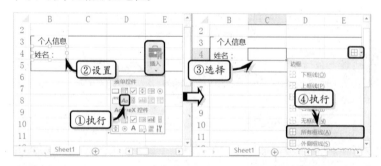

STEP|04 添加其他控件。使用相同的方法，在工作表中添加一个"性别:"标签控件。然后，在其右侧添加两个选项按钮控件，并分别更改文本为"男"和"女"。右击"男"选项按钮，执行【设置控件格式】命令，在弹出的对话框中设置【值】为"已选择"。

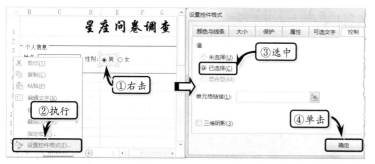

STEP|05 同样方法，分别在单元格 F4 和 H4 中添加"年龄:"和"所属星座:"标签控件。然后，选择 G4 单元格，执行【开始】|【字体】|【边框】|【所有框线】命令，为单元格添加边框。

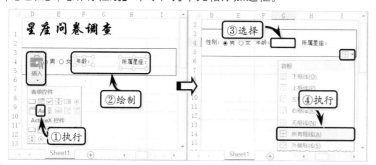

STEP|06 使用组合框控件。在单元格区域 Q5:Q16 中，依次输入 12 星座名称。然后，执行【开发工具】|【控件】|【插入】|【组合框】命令，在单元格 I4 中绘制一个组合框。

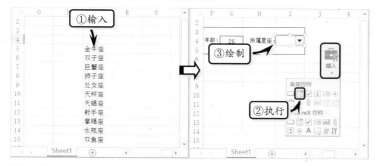

STEP|07 设置控件格式。右击组合框控件，执行【设置控件格式】命令。在弹出的【设置控件格式】对话框中，设置【数据源区域】选项，并单击【确定】按钮。

提示

单击【数据源区域】文本框右侧的【折叠】按钮，此时，鼠标光标变成十字形。然后选择 Q5 至 Q16 单元格区域，即可将该单元格区域中的数据选择为数据源。

STEP|08 添加分组框。在工作表中添加一个分组框，并更改标题名称为问卷问题。然后，在其中添加 3 个选项按钮，并更改标签名称。使用相同的方法，制作问题 2 和问题 3。

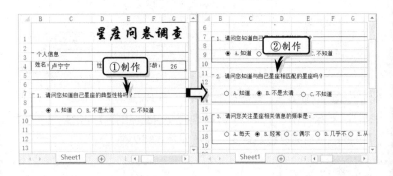

STEP|09 使用复选框控件。在下面继续添加"问题 4"分组框。然后，执行【开发工具】|【控件】|【插入】|【复选框】命令，在分组框中添加 5 个复选框控件，并更改标签名称。

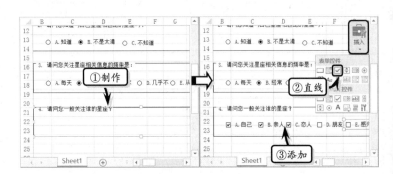

STEP|10 使用按钮控件。根据上述步骤，制作问题 5 和问题 6。然后，执行【开发工具】|【控件】|【插入】|【按钮】命令，在调查表的底部添加两个按钮控件，并更改标签为"提交"和"重置"。

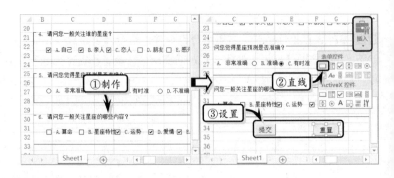

STEP|11 设置表格样式。选择单元格区域 A1:J35，执行【开始】|【字体】|【填充颜色】|【其他颜色】命令，在【颜色】对话框中自定

义填充颜色。然后，在表格上面和左侧分别插入新行和新列，选择单元格区域 B2:K36，执行【开始】|【字体】|【边框】|【粗匣框线】命令。

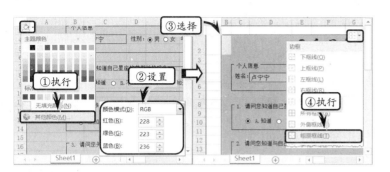

15.9 高手答疑

问题 1：如何删除宏？

解答 1： 在包含宏的工作簿中，执行【代码】|【宏】命令。在弹出的【宏】对话框中，选择【宏名】列表框中需要删除的宏，并单击【删除】命令。

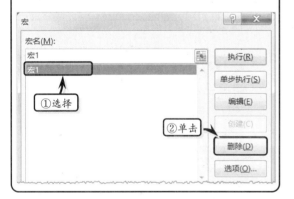

问题 2：在对宏进行命名时，有何需要注意的事项？

解答 2： Excel 中宏的命名必须符合 VBA 工程对象的命名规则，其通常包含以下 3 项规则。

❑ **开头规则**

宏的名称必须以字母或全角字符开头，不得使用数字、下划线。

❑ **包含字符**

宏的名称只能包含字母、全角字符、数字和下划线，不得使用各种半角符号、空格。

❑ **禁止使用关键字与引用**

宏的名称不可与 VBA 关键字、单元格引用标记和名称重复。

例如，"宏 1"是一个合法的宏名称，而"MAC1"则是一个非法的宏名称，其与第 MAC 列第 1 行的单元格名称重复。

问题 3：如何使用控件在 Excel 工作表中添加外部图片？

解答 3： Excel 提供了图像控件，主要用于在工作表中显示图片。图像控件支持多种文件格式，包括 bmp、cur、gif、ico、jpg 和 wmf。

执行【开发工具】|【控件】|【插入】|【图像】命令，在工作表中绘制一个显示图像区域。

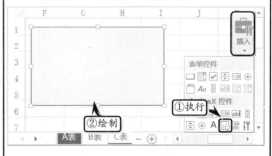

然后，选择该图像控件，执行【开发工具】|【控件】|【属性】命令，打开【属性】对话框，在 Picture 参数处选择要显示的图像。

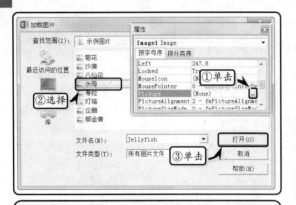

问题 4：如何限制文本框控件允许输入的字数？

解答 4： 在工作表中添加文本框控件后，执行【开发工具】|【控件】|【属性】命令，在弹出的【属性】对话框中设置 MaxLength 参数。

> **注意**
>
> MaxLength 参数的默认值为 0，表示可以输入任意一个字符。

Excel 15.10 新手训练营

练习 1：制作购房贷款方案表

⊙ downloads\第 15 章\新手训练营\购房贷款方案表

提示：本练习中，首先在工作表中输入基础数据，并设置其单元格格式。同时，使用 PMT 函数计算不同贷款类型下的月还款额。然后，使用 LOOKUP 函数计算优选方案。同时，执行【数据】|【数据工具】|【模拟分析】|【方案管理器】命令，根据贷款类型创建不同的方案管理，并生成方案摘要。最后，在生成的方案摘要工作表中查看分析结果。

练习 2：制作立体表格

⊙ downloads\第 15 章\新手训练营\立体表格

提示：本练习中，首先新制作表格标题，输入基础数据并设置数据区域的单元格格式。同时，设置列标题的文本显示方向，并设置不同单元格区域的填充颜色。然后，在表格四周添加直线形状，并设置直线形状的轮廓样式。最后，在表格中插入艺术字，并设置艺术字的字体格式和字体效果。

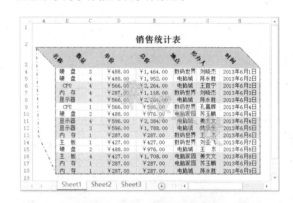

练习 3：制作利润敏感动态分析模型

⊙ downloads\第 15 章\新手训练营\利润敏感动态分析模型

提示：本练习中，首先制作表格标题，输入基础数据并设置数据区域的单元格格式。然后，使用公式计算"基础数据"列表中的变动百分比值。并使用数组公式和普通公式计算单因素分析和多因素分析值。最后，在单元格中插入"滚动条"控件，并设置控件的链接单元格等格式。

B	C	D	E	F	G
		利润敏感性动态分析			
		基础数据			
项目	变动前数值	变动后数值	变动百分比		动态链接单
固定成本	5000	2500	−50.0%	◄ ►	0
单位可变成本	15	7.5	−50.0%	◄ ►	0
单位售价	20	10	−50.0%	◄ ►	0
销量	10000	5000	−50.0%	◄ ►	0
		单因素分析			
项目	变动前利润	变动百分比	变动后利润	利润变动额	利润变动
固定成本	45000	−50.0%	47500	2500	5.6%
单位可变成本	45000	−50.0%	120000	75000	166.7%

Sheet1　Sheet2　Sheet3

练习 4：制作应收账款图表

downloads\第 15 章\新手训练营\应收账款图表

提示：本练习中，首先制作表格标题，输入基础数据并设置数据的对齐和边框格式。然后，使用公式计算结余值，并在表格中插入三维饼图图表。选择图表区域，设置其渐变填充颜色。最后，设置数据系列的分离状态，同时设置不同数据系列的填充颜色。同时，为图表添加数据标签，并设置标签的字体格式。随后，为图表添加标题文本，并设置文本的字体格式。

练习 5：制作长期借款筹资分析模型

downloads\第 15 章\新手训练营\长期借款筹资分析模型

提示：本练习中，首先制作表格标题，输入基本信息数据和分析模型数据，并设置单元格区域的对齐、边框和数字格式。然后，使用 PMT 函数计算"基本信息表"中的分期等额还款金额，并计算几款年利率和还款总期数。同时，使用 IF 函数和财务等函数计算"分析模型"表格中的各项数值。最后，在工作表中插入"滚动条"控件，并设置控件格式。

C	D	E	F	G	H
		长期借款筹资决策分析			
		基本信息表			
50	◄ ►	还款总期数	8	借款期限	8
1		分期等额还款金额	−¥8	借款年利率	7% ◄
		分析模型			
率		0.45		贴现率	0.12
等额还款金额	偿还本金	期初尚欠本金	偿还利息	避税额	净现金流量
8.37	4.87	50.00	3.50	1.58	6.80
8.37	5.21	45.13	3.16	1.42	6.95
8.37	5.58	39.91	2.79	1.26	7.12
8.37	5.97	34.33	2.40	1.08	7.29
8.37	6.39	28.36	1.99	0.89	7.48

Sheet1　Sheet2　Sheet3

第 **16** 章

Excel 财务应用

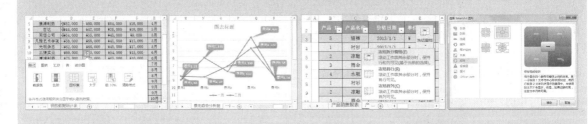

　　财务管理主要借助于经济分析和决策分析。经济分析主要是对公司的经济活动进行分析，是一项关乎公司生存与发展的重要的管理活动；而决策分析是一种为复杂的结果和不肯定的决策问题提供改善决策过程的合乎逻辑的系统分析方法。本章主要学习分析和研究公司生产经营、财务状况的相关计算方法及方案分析方法，并让用户从这些实例中，学习公式、函数及数组的应用。

16.1 制作销售数据分析表

销售数据分析是销售管理中必不可少的工作之一，不仅可以真实地记录销售数据，并合理地运算与显示销售数据，而且还可以为管理者制定下一年的销售计划提供数据依据。在本练习中，将运用 Excel 函数和图表功能，对销售数据进行趋势、增加和差异性分析，以帮助用户制作更准确的销售计划。

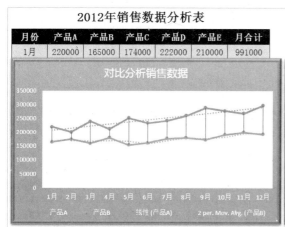

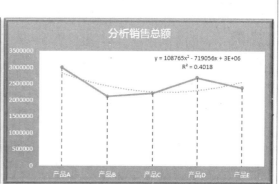

1. 构建销售业绩分析表

年度销售业绩分析表是以一年为会计期间，详细统计并显示销售数据的电子表格。

STEP|01 制作表格标题。设置工作表的行高，合并单元格区域 A1:G1，输入标题并设置文本的字体格式。

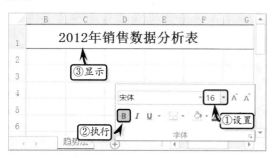

STEP|02 制作基础表格。在表格中输入基础数据，选择单元格区域 A2:G15，执行【开始】|【对齐方式】|【居中】命令，同时执行【开始】|【字体】|【边框】|【所有框线】命令。

STEP|03 设置填充颜色。选择单元格区域 A2:G2，执行【开始】|【字体】|【填充颜色】|【黑色，文字 1】命令，设置其填充颜色，并设置其字体颜色。

使用同样的方法，设置其他单元格区域的填充颜色。

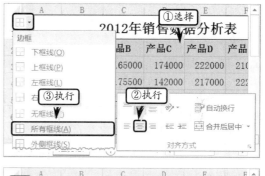

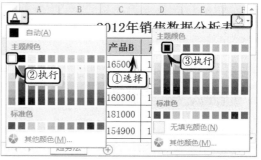

STEP|04 计算合计值。选择单元格 G3，在【编辑】栏中输入计算公式，按下 [Enter] 键返回月合计

额。使用同样方法，计算其他月合计额。

STEP|05 选择单元格 B15，在【编辑】栏中输入计算公式，按下 Enter 键返回产品合计额。使用同样方法，计算其他产品合计额。

2.趋势法分析销售数据

在分析销售数据时，可通过为图表添加线性趋势线、指数趋势线、线性预测趋势线等趋势线的方法，更好地显示数据的发展趋势与准确地分析各类数据。

STEP|01 对比分析销售数据。选择单元格区域 A3:C14，执行【插入】|【图表】|【插入折线图】|【带数据标记的折线图】命令，插入一个折线图图表。

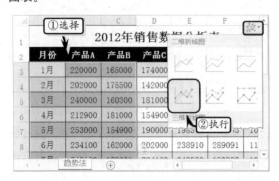

STEP|02 选择图表标题，更改标题文本，并在【开始】选项卡【字体】选项组中，设置标题文本的字体格式。

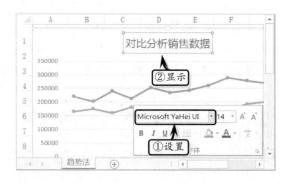

STEP|03 执行【图表工具】|【设计】|【数据】|【选择数据】命令，在【图例项（系列）】列表框中，选择【系列1】选项，并单击【编辑】按钮。

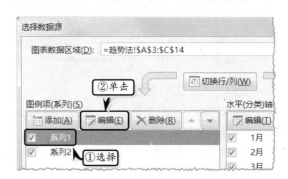

STEP|04 在弹出的【编辑数据系列】对话框中，设置【系列名称】选项，并单击【确定】按钮。使用同样的方法，设置另外一个数据系列的名称。

STEP|05 执行【图表工具】|【设计】|【图表布局】|【添加图表元素】|【趋势线】|【线性】命令，在弹出的【添加趋势线】对话框中选择【产品 A】选项。

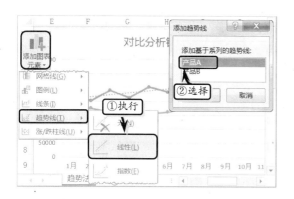

STEP|06 执行【图表工具】|【设计】|【图表布局】|【添加图表元素】|【趋势线】|【移动平均】命令，在弹出的【添加趋势线】对话框中选择【产品 B】选项。

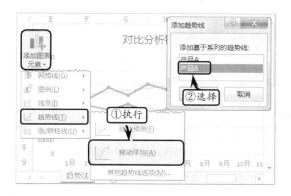

STEP|07 执行【图表工具】|【设计】|【图表布局】|【添加图表元素】|【线条】|【高低点连线】命令，为数据系列添加高低点连线。

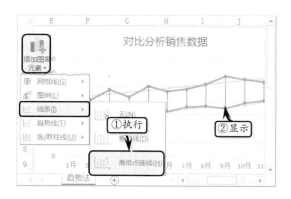

STEP|08 执行【图表工具】|【设计】|【图表布局】|【添加图表元素】|【网格线】|【主轴主要水平网格线】命令，取消图表中的水平网格线。

STEP|09 选择图表，执行【图表工具】|【格式】|【形状样式】|【其他】|【强烈效果-橙色，强调颜色 2】命令，设置图表的形状样式。

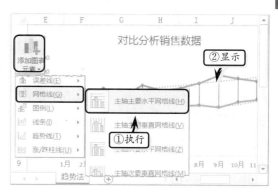

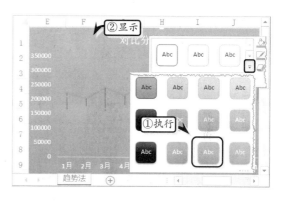

STEP|10 选择绘图区，执行【图表工具】|【格式】|【形状样式】|【形状填充】|【白色，背景 1】命令，设置绘图区的填充效果。

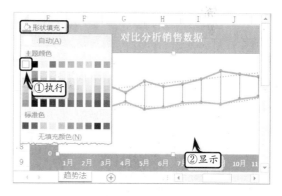

STEP|11 选择图表，执行【绘图工具】|【格式】|【形状样式】|【形状效果】|【棱台】|【松散嵌入】命令，设置图表的棱台效果。

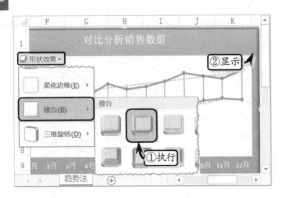

STEP|12 分析销售总额。同时选择单元格区域 B2:F2 和 B15:F15，执行【插入】|【图表】|【插入折线图】|【带数据标记的折线图】命令，插入一个折线图图表。

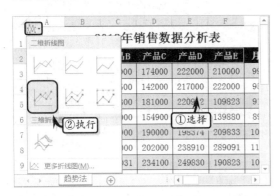

STEP|13 执行【图表工具】|【设计】|【图表布局】|【添加图表元素】|【线条】|【垂直线】命令，为图表添加垂直线。

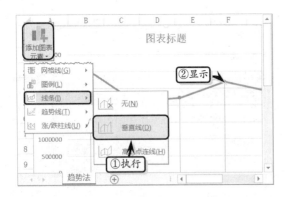

STEP|14 双击垂直线，选中【实线】选项，将【颜色】设置为"红色"，将【宽度】设置为"1.25"，将【短划线类型】设置为"短划线"。

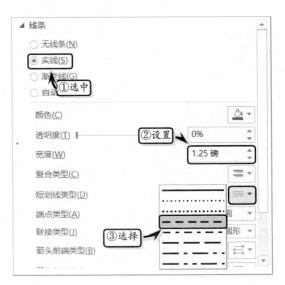

STEP|15 删除图表中的水平网格线，执行【绘图工具】|【设计】|【图表布局】|【添加图表元素】|【趋势线】|【线性】命令，为图表添加趋势线。

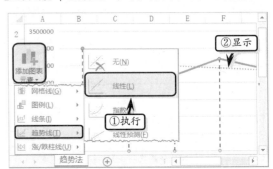

STEP|16 双击趋势线，选中【多项式】选项，同时启用【显示公式】与【显示 R 平方值】复选框。

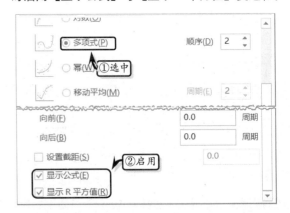

STEP|17 选择图表，执行【图表工具】|【格式】|【形状样式】|【其他】|【强烈效果-绿色，强调颜

色 6】命令，设置图表的形状样式。

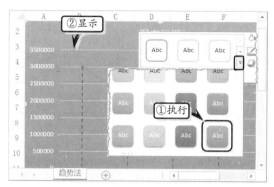

STEP|18 最后，设置绘图区的背景颜色，修改标题文本，设置标题文本和公式文本的字体格式。

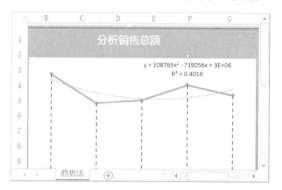

3．增加法分析销售数据

增加法分析销售业绩是以瀑布图的方式形象地显示销售数据的增加变化。瀑布图是以柱形图为基础，以数据点类似瀑布的形状进行排列的图表。

STEP|01 新建工作表，重命名工作表，并复制"趋势法"工作表中的基础数据。然后，在单元格区域 I1：K7 中制作辅助列表。

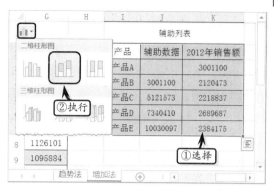

STEP|02 选择单元格区域 I2:K7，执行【插入】|【图表】|【插入柱形图】|【堆积柱形图】命令，插入柱形图。

STEP|03 选择"辅助系列"数据系列，执行【图表工具】|【格式】|【形状样式】|【形状填充】|【无填充颜色】命令，取消数据系列的填充效果。

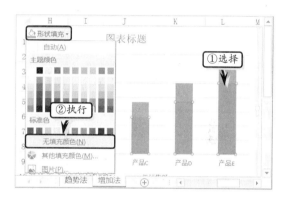

STEP|04 双击"2012 年销售额"数据系列，在弹出的【设置数据系列格式】任务窗格中，将【分类间距】设置为"0"。

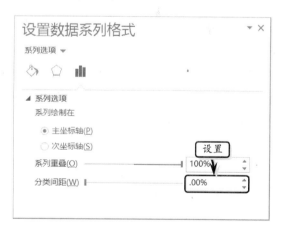

STEP|05 执行【图表工具】|【设计】|【图表布局】|【添加图表元素】|【数据标签】|【居中】命令，添加数据标签。

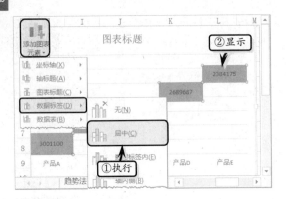

STEP|06 最后，删除图表标题。同时执行【添加图表元素】|【网格线】|【主轴主要水平网格线】命令，取消网格线。

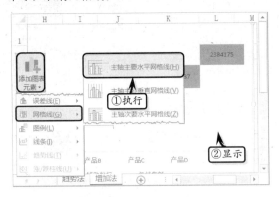

4．差异法分析销售数据

差异法分析销售业绩是运用步进图来显示相邻数据之间的差异度与连续数据的变化情况，而步进图又称为阶梯图，其图形的形状为阶梯状。

STEP|01 新建工作表，重命名工作表，并复制"趋势法"工作表中的基础数据。然后，在单元格区域I2：L14 中制作辅助列表。

月合计	月份	销量额	X误差线	Y误差线
			辅助列表	
991000	1	991000		
958500	2	958500		
912035	3	912035		
899663	4	899663		
1006107	5	1006107		
1126101	6	1126101		
1095884	7	1095884		

STEP|02 选择单元格 K3，在【编辑】栏中输入

计算 X 误差线的公式，按下 Enter 键返回计算结果。

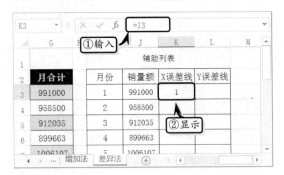

STEP|03 选择单元格 L3，在【编辑】栏中输入计算 Y 误差线的公式，按下 Enter 键返回计算结果。使用同样方法，计算其他 Y 误差线值。

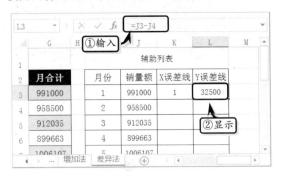

STEP|04 选择单元格 K4，在【编辑】栏中输入计算公式，按下 Enter 键返回计算结果。使用同样方法，计算其他 X 误差线值。

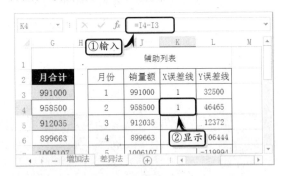

STEP|05 选择单元格区域 I2:J14，执行【插入】|【图表】|【插入散点图或气泡图】|【散点图】命令，插入一个散点图。

STEP|06 执行【图表工具】|【设计】|【图表布局】|【添加图表元素】|【误差线】|【标准误差】命令，为数据系列添加误差线。

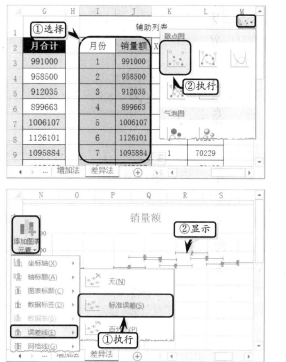

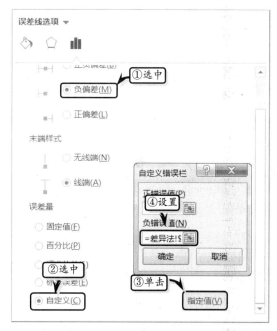

STEP|07 双击 X 误差线，选中【负偏差】与【无线端】选项。同时，选中【自定义】选项，单击【指定值】按钮，并将【负误差值】设置为"K3:K14"。

STEP|08 双击 X 误差线，选中【负偏差】与【无线端】选项。同时，选中【自定义】选项，单击【指定值】按钮，并将【负错误值】设置为"L3:L14"。

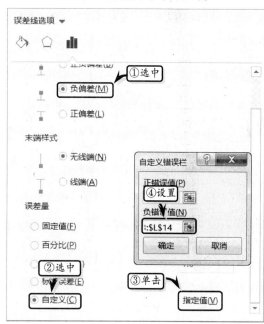

STEP|09 双击水平（值）轴，分别将【最大值】与【主要刻度单位】设置为"12"与"1"。

STEP|10 双击垂直（值）轴，分别将【最小值】与【主要刻度单位】设置为"600000"与"200000"。

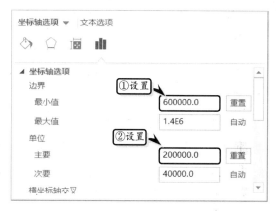

STEP|11 双击 X 误差线，激活【线条颜色】选项卡，选中【实线】选项，并设置线条的颜色。同时，将【宽度】设置为"1.5磅"。使用同样方法，设置 Y 误差线。

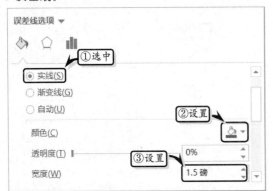

STEP|12 选择图表，执行【图表工具】|【设计】|【图表布局】|【添加图表元素】|【网格线】|【主轴主要水平网格线】和【主轴主要垂直网格线】命令。

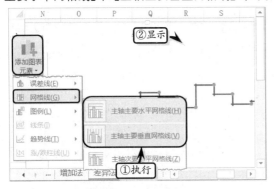

STEP|13 双击数据系列，激活【填充线条】选项卡中【标记】选项组，选中【无】选项，取消数据标记显示。

STEP|14 最后，更改标题文本，并在【开始】选项卡【字体】选项组中，设置标题文本的字体格式。

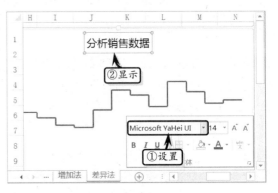

Excel 16.2 分析多因素盈亏平衡销量

　　多因素盈亏平衡销量分析是分析企业一定期间内的预计销量、单位可变成本与单位售价之间数量关系的一种方法。由于多因素盈亏平衡销量分析是一件工作量比较大的工作。所以，为简化多因素盈亏平衡销量分析的工作量，还需要运用 Excel 2013 中的函数与图表功能对其进行详细分析。

1. 创建基础表格

在本实例中，假设新产品的固定成本为 5000 元，单位可变成本为 2.15 元，初始单位售价为 7 元，预计销量为 10,000 元。下面，运用模拟运算表，根据预计销量、单位成本与单位收入 3 因素，来分析盈亏平衡销量。

STEP|01 制作标题。首先设置整个工作表的行高，然后合并单元格区域 B1:K1，输入标题文本并设置文本的字体格式。

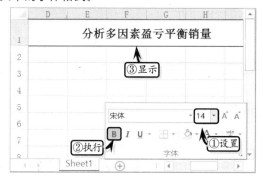

STEP|02 制作基础数据列表。构建"基础数据"和"辅助列表"表格，输入基础数据，并设置其对齐与边框格式。

STEP|03 选择单元格 C4，在【编辑】栏中输入计算公式，按下 Enter 键返回计算结果。使用同样的方法，计算单位售价和预计销量值。

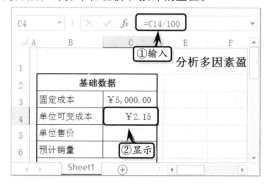

STEP|04 选择单元格 C8，在【编辑】栏中输入计算公式，按下 Enter 键返回计算结果。

STEP|05 选择单元格 C9，在【编辑】栏中输入计算公式，按下 Enter 键返回计算结果。

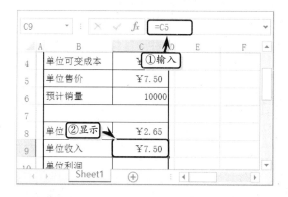

STEP|06 选择单元格 C10，在【编辑】栏中输入计算公式，按下 Enter 键返回计算结果。

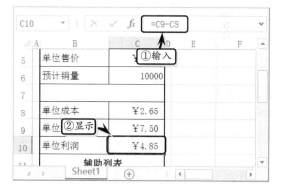

STEP|07 制作模拟运算表。构建"模拟运算表"表格框架，输入基础数据，并设置其对齐与边框格式。

STEP|08 选择单元格 E4，在【编辑】栏中输入计算公式，按下 Enter 键返回计算结果。

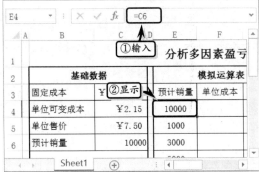

STEP|09 选择单元格 F4，在【编辑】栏中输入计算公式，按下 Enter 键返回计算结果。

STEP|10 选择单元格 G4，在【编辑】栏中输入计算公式，按下 Enter 键返回计算结果。

STEP|11 选择单元格区域 E4:G14，执行【数据】|【数据工具】|【模拟分析】|【模拟运算表】命令。

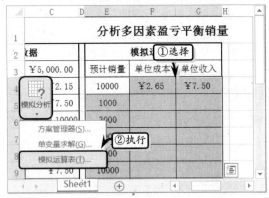

STEP|12 在弹出的【模拟运算表】对话框中，将【输入引用列的单元格】设置为"$C$6"，单击【确定】按钮即可。

2. 计算盈亏线和比较线

盈亏平衡线是预测盈亏平衡销量下的单位售价，而盈亏比较线则是预测预计销量下的单位成本与单位收入，可以为制作综合图表提供数据依据。

STEP|01 计算盈亏比较线。制作基础列表，选择单元格区域 I4:I7，在【编辑】栏中输入计算公式，按下 Ctrl+Shift+Enter 键返回计算结果。

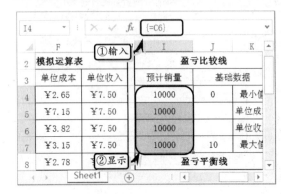

STEP|02 在单元格 J5 中，输入计算单位成本的公式，按下 Enter 键返回计算结果。

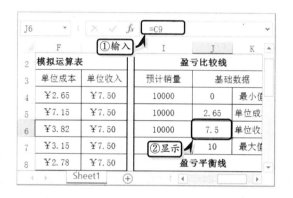

STEP|03 在单元格 J6 中，输入计算单位收入的公式，按下 Enter 键返回计算结果。

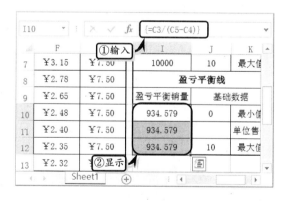

STEP|04 计算盈亏平衡线。选择单元格 I10:I12，在【编辑】栏中输入计算公式，按下 Ctrl+Shift+Enter 键返回计算结果。

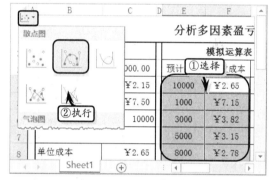

STEP|05 选择单元格 J11，在【编辑】栏中输入计算公式，按下 Enter 键返回计算结果。

3．图表分析盈亏平衡销量

用户可以运用"散点图"图表，直观地显示盈亏平衡销量与单位售价、单位成本与单位收入之间的关系。

STEP|01 同时选择单元格区域 E4:E14 与 F4:F14，执行【插入】|【图表】|【插入散点图和气泡图】|【带平滑线和数据标记的散点图】命令。

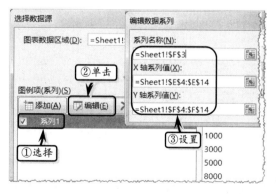

STEP|02 执行【图表工具】|【设计】|【数据】|【选择数据】命令，单击【编辑】按钮，编辑数据系列。

STEP|03 在【选择数据源】对话框中，单击【添

加】按钮，添加"单位收入"数据系列。

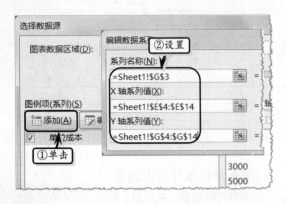

STEP|04 在【选择数据源】对话框中，单击【添加】按钮，添加"盈亏比较线"数据系列。

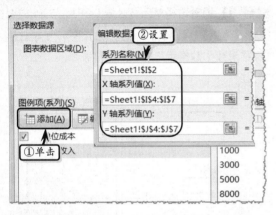

STEP|05 在【选择数据源】对话框中，单击【添加】按钮，在弹出的【编辑数据系列】对话框中，设置系列名称与X、Y轴系列值。

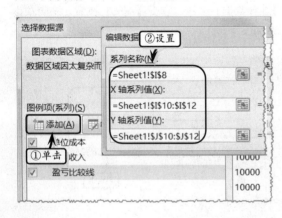

STEP|06 执行【设计】|【图表布局】|【布局8】命令，设置图表布局并修改图表标题。

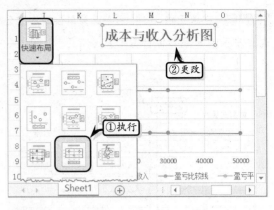

STEP|07 双击"垂直（值）轴"坐标轴，设置坐标轴的最大值与最小值。

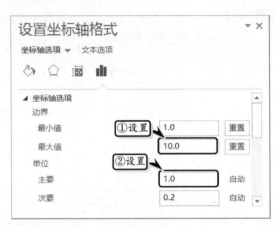

STEP|08 双击"水平（值）轴"坐标轴，设置坐标轴的最大值与最小值。

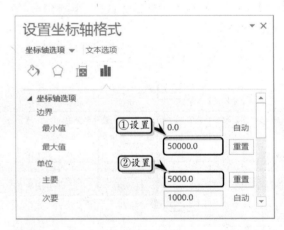

STEP|09 执行【图表工具】|【格式】|【形状样式】|【细微效果-橙色，强调颜色2】命令，设置图表的形状样式。

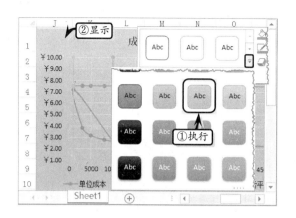

STEP|10 选择绘图区，执行【图表工具】|【格式】|【形状样式】|【形状填充】|【白色，背景 1】命令，设置绘图区的填充颜色。

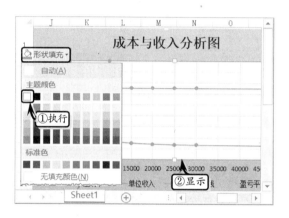

STEP|11 双击"单位成本"数据系列，激活【数据标记选项】选项卡，设置数据标记的类型。

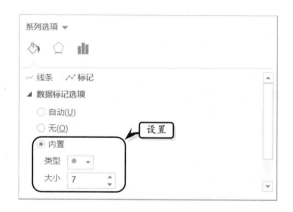

STEP|12 双击"盈亏比较线"数据系列，激活【数据标记选项】选项卡，设置数据标记的类型。

STEP|13 激活【填充】选项卡，选中【纯色填充】选项，同时单击【颜色】下拉按钮，在其列表中选中相应的颜色即可。

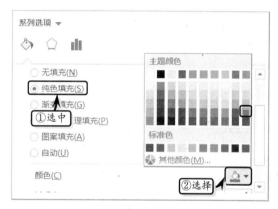

STEP|14 激活【线条】选项卡下的【线条】选项组，选中【实线】选项，并设置数据标记的线条颜色。

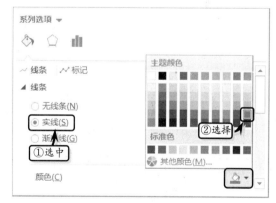

STEP|15 双击"盈亏平衡线"数据系列，激活【填充线条】上选项卡【标记】下选项卡，在【数据标记选项】选项组中，设置数据标记的类型。

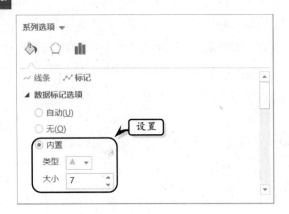

STEP|16 双击"主要横网格线"元素，激活【线条颜色】选项卡，选中【实线】选项，设置线条的颜色。

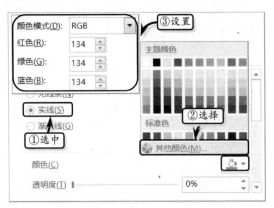

STEP|17 同时，将【宽度】设置为"1.25 磅"，将【短划线类型】设置为"方点"。使用同样的方法，设置主要纵网格线的格式。

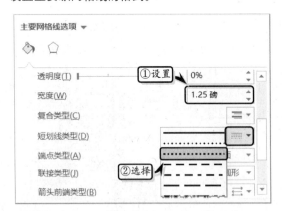

STEP|18 选中"盈亏比较线"数据系列中的"单位售价"数据点，双击该数据点。同时，激活【数据标记】选项组，设置数据标记的类型。

STEP|19 激活【填充】选项组，选中【纯色填充】选项，并设置填充颜色。

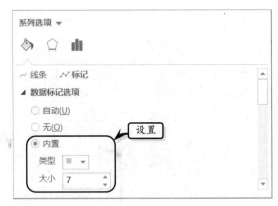

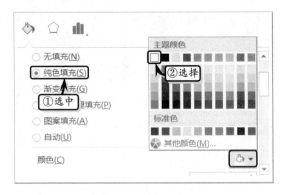

4. 动态数据分析盈亏平衡销量

动态数据分析盈亏平衡销量是以引用公式为前提条件，运用图表控件与文本框功能构建的一种随动态数据变化的图表，从而充分体现了影响产品成本与收入变化趋势的多因素之间的相互性。

STEP|01 执行【插入】|【文本】|【文本框】|【横向文本框】命令，绘制 6 个文本框。

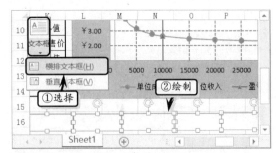

STEP|02 在文本框中输入文本，然后选择"单位售价"文本框右侧的文本框，在【编辑】栏中输入引用公式，按下 Enter 键显示引用结果。

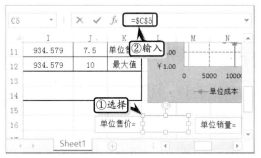

STEP|03 选择"单位销量"文本框右侧的文本框，在【编辑】栏中输入引用公式，按下 Enter 键显示引用结果。

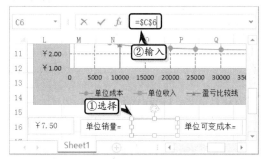

STEP|04 选择"单位变动成本"文本框右侧的文本框，在【编辑】栏中输入引用公式，按下 Enter 键显示引用结果。

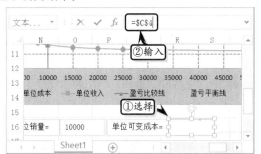

STEP|05 执行【开发工具】|【控件】|【插入】|【数值调节钮（窗体控件）】命令，在工作表中绘制3个"数值调节钮"控件。

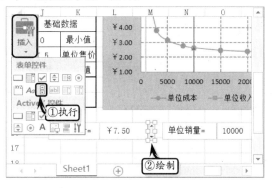

STEP|06 选择左侧第1个控件，右击执行【设置控件格式】命令，在【控制】选项卡中设置相应选项。使用同样的方法，分别设置其他控件的格式。

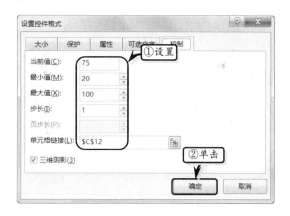

STEP|07 同时选择"单位售价"控件组中的两个文本框与控件，右击执行【组合】|【组合】命令。使用同样的方法，组合后两个控件组。

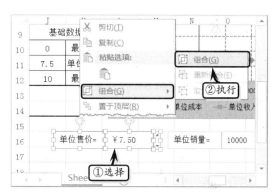

STEP|08 在控件组中绘制一个背景文本框，调整其大小并右击执行【置于底层】|【置于底层】命令。

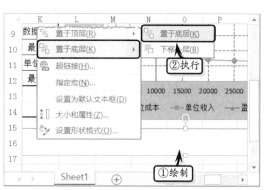

STEP|09 组合所有的对象，并设置组合对象的填充颜色。然后，将组合对象与图表组合在一起。

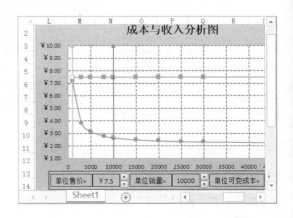

Excel 16.3 分析资产负债表

  资产负债表是财务三大报表之一，主要用于反映企业在一定会计期间的财务状况。通过资产负债表，不仅可以分析企业各项资金占用和资金来源的变动情况，检查各项资金的取得和运用的合理性，而且还可以评价企业财务状况的优势。在本练习中，将运用结构法和比较法，以及 Excel 中的函数功能，详细分析资产负债表。

资产负债表

编制单位：   日期：   单位：元

资　产	行次	年初数	期末数	负债和所有者权益	行次	年初数	期末数
流动资产：				**流动负债：**			
货币资金	1	5000000	2500000	短期借款	30	600000	350000
交易性金融资产	2	600000	120000	应付票据	31	50000	40000
应收票据	3	80000	110000	应付帐款	32	600000	700000
应收帐款	4	3980000	1990000	预收帐款	33	100000	40000
减：坏帐准备	5			其他应付款	34		
应收帐款净额	6			应付工资	35	120000	100000
预付帐款	7	220000	40000	应付福利费	36		
应收补贴款	8			未交税金	37		
其他应收款	9	180000	220000	未付利润	38		
存货	10	1190000	3260000	其他未交款	39	20000	70000
待摊费用	11	320000	70000	预提费用	40	90000	50000
待处理流动资产净损失	12			一年内到期的长期负债	41		
一年内到期的长期债券投资	13	450000	40000	其他流动负债	42	30000	20000
其他流动资产	14	180000	0				
流动资产合计	15	*12200000*	8350000	流动负债合计	43	*1610000*	1370000
长期投资：				**长期负债：**			
长期投资	16			长期借款	44	4500000	2400000

1．构建资产负债表

  资产负债表分为资产、负债与所有者权益 3 个方面。其中，资产位于资产负债表的左方，负债与所有者权益位于资产负债表的右方，左右双方的数据必须平衡。

STEP|01 设置工作表。新建工作表，单击【新工作表】按钮，插入两个新工作表。然后，双击工作表标签，依次更改工作表名称。

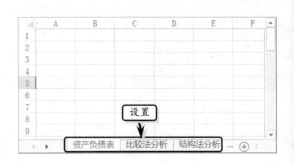

STEP|02 构建基础表格。选择工作表中的第 1 行，右击执行【行高】命令，设置该行的行高。

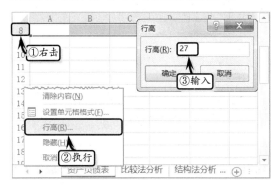

STEP|03 合并单元格区域 A1:H1，输入标题文本并设置文本的字体格式。

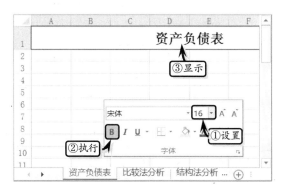

STEP|04 在工作表中输入表格的列标题、项目名称、年初数与期末数据，并设置数据的字体与边框格式。

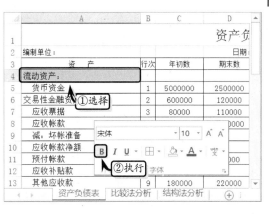

STEP|05 选择"流动资产"、"长期投资"等资产类别名称，执行【开始】|【字体】|【加粗】命令，设置其加粗格式。

STEP|06 选择资产类别合计额，执行【开始】|【字体】|【加粗】和【倾斜】命令，设置其字体格式。

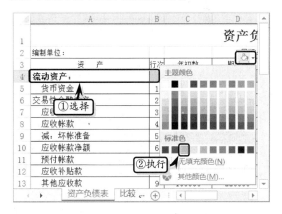

STEP|07 选择资产类别名称所在行的单元格区域，执行【开始】|【字体】|【填充颜色】命令，在其下拉列表中选择相应的色块。

STEP|08 选择单元格区域 A3:D38，执行【开始】|【字体】|【边框】|【粗匣框线】命令，设置其边框格式。

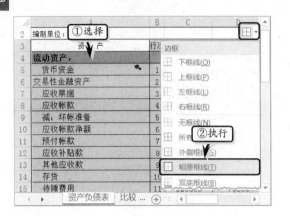

STEP|09 同时选择单元格 B3 和 F3，执行【开始】
|【对齐方式】|【自动换行】命令，并调整单元格
的行高与列宽。

STEP|12 计算负债和所有者权益数据。选择单元
格 G19，在【编辑】栏中输入计算公式，按下 Enter
键返回计算结果。使用同样的方法，计算其他合
计额。

STEP|10 计算资产数据。选择单元格 C19，在【编
辑】栏中输入求和函数，按下 Enter 键返回计算结
果。使用同样的方法，计算其他合计额。

STEP|13 选择单元格 G29，在【编辑】栏中输入
计算公式，按下 Enter 键返回计算结果。使用同样
的方法，计算期末负债合计额。

STEP|11 选择单元格 C38，在【编辑】栏中输入
计算公式，按下 Enter 键返回计算结果。使用同样
的方法，计算资产期末总计额。

STEP|14 选择单元格 G38，在【编辑】栏中输入
计算公式，按下 Enter 键返回计算结果。使用同样
的方法，计算负债及所有者权益期末总计额。

2. 比较法分析资产负债表

比较分析法主要分析上期相对于本期数据的增加差异与比率情况，从而了解企业在一定会计期间内的经营能力、财务结构与盈利情况。

STEP|01 制作分析列表。复制"资产负债表"数据至"比较法分析"工作表中，右击 E 列，执行【插入】命令，插入 4 列新列。输入列表标题，并设置其对齐与边框格式。使用同样方法，制作其他新列。

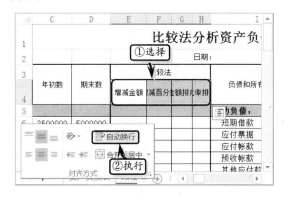

STEP|02 选择单元格区域 E4:H4，执行【开始】|【对齐方式】|【自动换行】命令，调整行高与列宽。使用同样的方法，制作辅助和所有者权益比较法列表。

STEP|03 制作辅助列表。制作比较法辅助列表表格，并设置其对齐与边框格式。

STEP|04 选择单元格 R6，在【编辑】栏中输入引用公式，按下 Enter 键。使用同样的方法，引用其他项目名称。

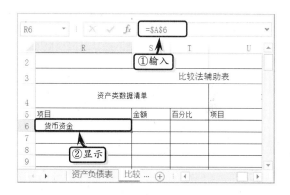

STEP|05 选择单元格 S6，在【编辑】栏中输入引用公式，按下 Enter 键。使用同样的方法，引用其他金额。

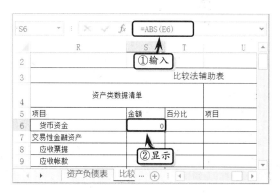

STEP|06 选择单元格 T6，在【编辑】栏中输入引用公式，按下 Enter 键。使用同样的方法，引用其他百分比值。

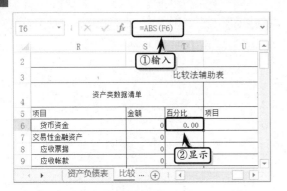

STEP|07 选择单元格 U6，在【编辑】栏中输入引用公式，按下 Enter 键。使用同样的方法，引用其他项目名称。

STEP|08 选择单元格 V6，在编辑栏中输入引用公式，按下 Enter 键。使用同样的方法，引用其他金额。

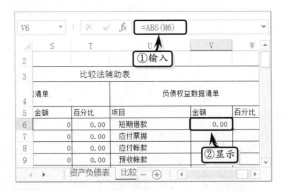

STEP|09 选择单元格 W6，在【编辑】栏中输入引用公式，按下 Enter 键。使用同样的方法，引用其他百分比值。

STEP|10 计算资产类分析数据。选择单元格 E6，在【编辑】栏中输入计算公式，按下 Enter 键返回计算结果。使用同样的方法，计算其他增减金额。

STEP|11 选择单元格 F6，在【编辑】栏中输入计算公式，按下 Enter 键返回计算结果。使用同样的方法，计算其他增减百分比值。

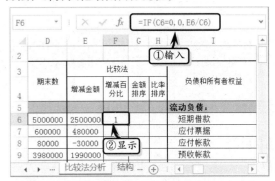

STEP|12 选择单元格 G6，在【编辑】栏中输入计算公式，按下 Enter 键。使用同样的方法，计算其他金额排序。

STEP|13 选择单元格 H6，在【编辑】栏中输入计算公式，按下 Enter 键。使用同样的方法，计算其他比率排序。

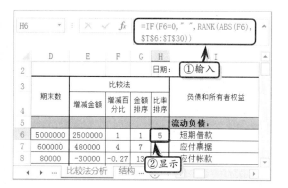

STEP|14 计算负债和所有者权益分析数据。选择单元格 M6，在【编辑】栏中输入计算公式，按下 Enter 键。使用同样的方法，计算增减金额。

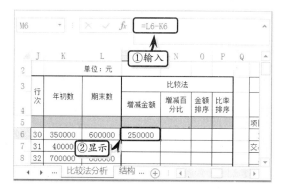

STEP|15 选择单元格 N6，在【编辑】栏中输入计算公式，按下 Enter 键返回计算结果。使用同样的方法，计算其他增减百分比值。

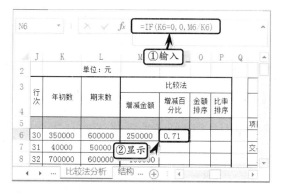

STEP|16 选择单元格 O6，在【编辑】栏中输入计算公式，按下 Enter 键。使用同样的方法，计算其他金额排序。

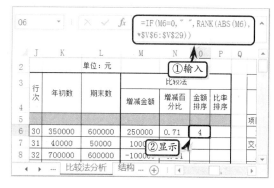

STEP|17 选择单元格 P6，在【编辑】栏中输入计算公式，按下 Enter 键。使用同样的方法，计算其他比率排序。

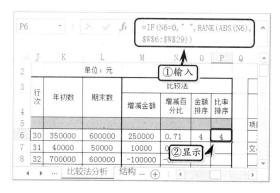

3．结构法分析资产负债表

结构法是用于分析各项数值占总数值的比例以及比例增减一种分析方法。通过该分析法，不仅可以查看各项资产占总资产的比例情况，而且还可以查看各项负债占总负债的比例情况。

STEP|01 制作分析列表。复制"资产负债表"数据至"结构法分析"工作表中。右击 E 列，执行【插入】命令，插入 4 列新列。输入列表标题，并设置其对齐与边框格式。

STEP|02 制作辅助列表。制作比较法辅助列表表格，并设置其对齐与边框格式。

STEP|03 选择单元格 T6，在【编辑】栏中输入引用公式，按下 Enter 键。使用同样的方法，引用其他项目名称。

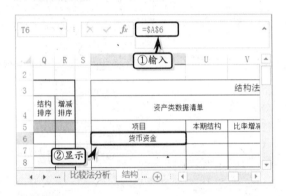

STEP|04 选择单元格 U6，在【编辑】栏中输入引用公式，按下 Enter 键。使用同样的方法，引用其他金额。

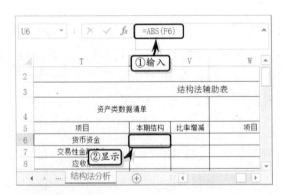

STEP|05 选择单元格 V6，在【编辑】栏中输入引用公式，按下 Enter 键。使用同样的方法，引用其他百分比值。

STEP|06 选择单元格 W6，在【编辑】栏中输入引用公式，按下 Enter 键。使用同样的方法，引用其他项目名称。

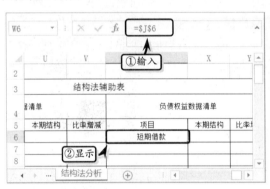

STEP|07 选择单元格 X6，在【编辑】栏中输入引用公式，按下 Enter 键。使用同样的方法，引用其他金额。

STEP|08 选择单元格 Y6，在【编辑】栏中输入引用公式，按下 Enter 键。使用同样的方法，引用其他百分比值。

STEP|09 计算资产类分析数据。选择单元格 E6，在【编辑】栏中输入计算公式，按下 Enter 键返回计算结果。使用同样的方法，计算其他上期结构额。

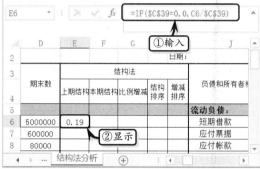

STEP|10 选择单元格 F6，在【编辑】栏中输入计算公式，按下 Enter 键返回计算结果。使用同样的方法，计算其他本期结构值。

STEP|11 选择单元格 G6，在【编辑】栏中输入计算公式，按下 Enter 键。使用同样的方法，计算其他比例增减。

STEP|12 选择单元格 H6，在【编辑】栏中输入计算公式，按下 Enter 键。使用同样的方法，计算其他结构排序。

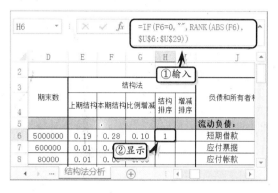

STEP|13 选择单元格 I6，在【编辑】栏中输入计算公式，按下 Enter 键。使用同样的方法，计算其他增减排序。

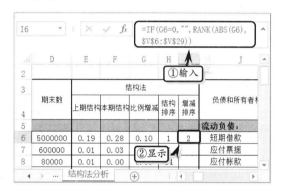

STEP|14 计算负债和所有者权益分析数据。选择单元格 N6，在【编辑】栏中输入计算公式，按下 Enter 键。使用同样的方法，计算其他上期结构值。

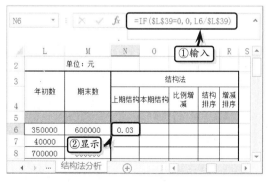

STEP|15 选择单元格 O6，在【编辑】栏中输入计算公式，按下 Enter 键返回计算结果。使用同样的方法，计算其他本期结构值。

他结构排序。

STEP|16 选择单元格 P6，在【编辑】栏中输入计算公式，按下 Enter 键返回计算结果。使用同样的方法，计算其他比例增减值。

STEP|18 选择单元格 R6，在【编辑】栏中输入计算公式，按下 Enter 键。使用同样的方法，计算其他增减排序。

STEP|17 选择单元格 Q6，在【编辑】栏中输入计算公式，按下 Enter 键。使用同样的方法，计算其

第 **17** 章

Excel 人力资源应用

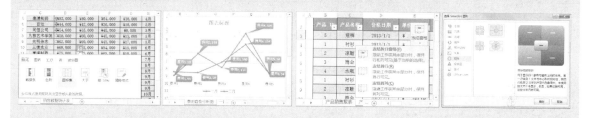

Excel 是微软公司办公自动化套装软件 Office 的重要组件之一。利用 Excel 可以方便、高效地制作出各种类型的电子表格，尤其在人力资源管理以及财务管理中，表现更为突出。下面我们以 Excel 2013 电子表格处理功能为主线，结合人力资源管理中的实际需要，来制作一些人力资源管理的典型实例，同时可以系统地了解一下 Excel 2013 的综合制作电子表格的方法和技巧。

17.1 制作万年历

万年只是一种象征，表示时间跨度大。而万年历是记录一定时间范围内的具体阳历、星期的年历，可以方便人们查询很多年以前以及以后的日期。下面我们通过运用 Excel 2013 中的函数、公式，以及运用 Excel 的数据验证等知识来制作一份万年历。

万年历						
星期日	星期一	星期二	星期三	星期四	星期五	星期六
			1	2	3	4
5	6	7	8	9	10	11
12	13	14	15	16	17	18
19	20	21	22	23	24	25
26	27	28	29	30	31	

查询年月　2014　年　　1　月

1．制作查询内容

查询内容是万年历中的重要内容，用户可通过数据验证功能制作的下拉列表，通过选择不同年份和不同月份，来查看具体的日历情况。

STEP|01 输入基础内容。新建工作表，在 J 列和 K 列中输入代表年份和月份的数值。同时，在第 1 行中输入"星期"和"北京时间"文本。

STEP|02 在单元格区域 C13:I13 中输入查询文本，并在【开始】选项卡【字体】选项组中，设置文本的字体格式。

STEP|03 选择单元格 E13，执行【数据】|【数据工具】|【数据验证】|【数据验证】命令，设置数据验证的允许条件。

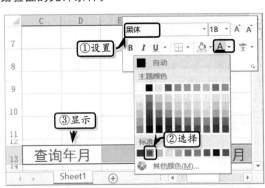

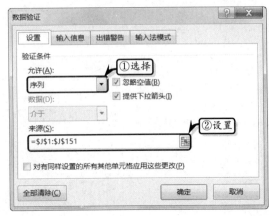

STEP|04 选择单元格 G13，执行【数据】|【数据工具】|【数据验证】|【数据验证】命令，设置数据验证的允许条件。

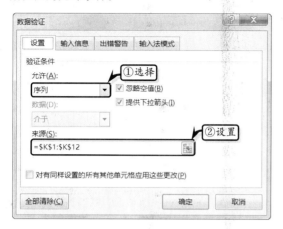

2. 计算基础数据

基础数据是制作万年历内容的引用数据，是必不可少的数据，一般包括月份值、年份值和当前日期时间值。

STEP|01 选择合并后的单元格 D1，在【编辑】栏中输入计算公式，按下 Enter 键返回当前日期值。

STEP|02 选择单元格 G1，在【编辑】栏中输入计算公式，按下 Enter 键返回当前星期值。

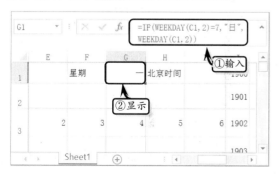

STEP|03 选择单元格 I1，在【编辑】栏中输入计算公式，按下 Enter 键返回当前时间值。

STEP|04 选择单元格 B2，在【编辑】栏中输入计算公式，按下 Enter 键返回查询值。

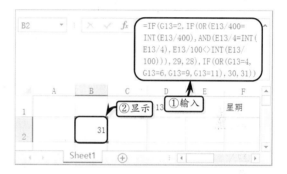

STEP|05 选择单元格 C2，在【编辑】栏中输入计算公式，按下 Enter 键返回星期日对应的查询数值。使用同样方法，计算其他星期天数对应的数值。

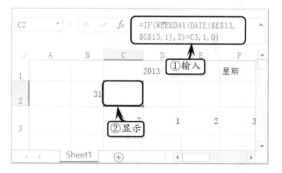

3. 制作万年历内容

万年历内容其实就是一个月历，需要运用函数，根据基础数据来计算筛选月份中的具体日历天数。

STEP|01 合并单元格区域 C4:I4，输入标题文本并设置文本的字体格式。

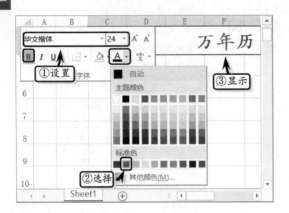

STEP|02 输入星期天数，并设置其字体格式。然后，设置日历区域的对齐格式。

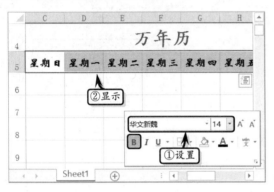

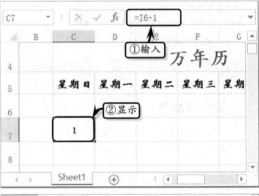

STEP|03 选择单元格 C6，在【编辑】栏中输入计算公式，按下 Enter 键完成公式的输入。

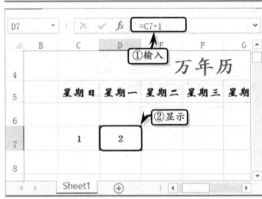

STEP|04 选择单元格 D6，在【编辑】栏中输入计算公式，按下 Enter 键完成公式的输入。

STEP|05 选择单元格 C7，在【编辑】栏中输入计算公式，按下 Enter 键完成公式的输入。

STEP|06 选择单元格 D7，在【编辑】栏中输入计算公式，按下 Enter 键完成公式的输入。

STEP|07 选择单元格 C8，在【编辑】栏中输入计算公式，按下 Enter 键完成公式的输入。

STEP|08 选择单元格 D8，在【编辑】栏中输入计算公式，按下 Enter 键完成公式的输入。

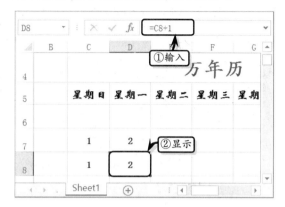

STEP|09 选择单元格 C9，在【编辑】栏中输入计算公式，按下 Enter 键完成公式的输入。

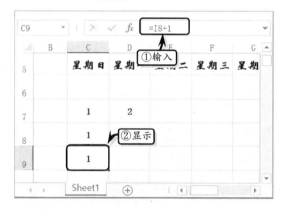

STEP|10 选择单元格 D9，在【编辑】栏中输入计算公式，按下 Enter 键完成公式的输入。

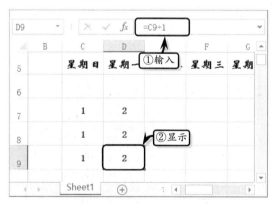

STEP|11 选择单元格 C10，在【编辑】栏中输入计算公式，按下 Enter 键完成公式的输入。

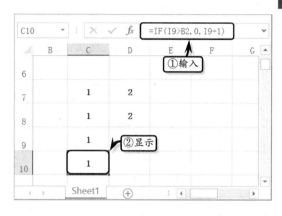

STEP|12 选择单元格 D10，在【编辑】栏中输入计算公式，按下 Enter 键完成公式的输入。

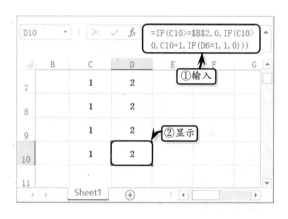

STEP|13 选择单元格 C11，在【编辑】栏中输入计算公式，按下 Enter 键完成公式的输入。

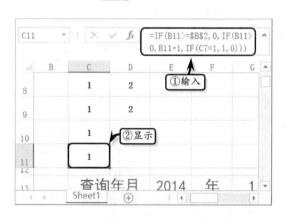

STEP|14 选择单元格 D11，在【编辑】栏中输入计算公式，按下 Enter 键完成公式的输入。

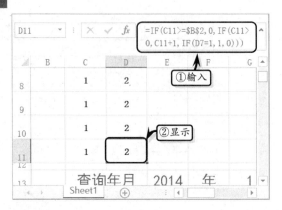

STEP|15 选择单元格区域 D6:I10，执行【开始】|【编辑】|【填充】|【向右】命令，向右填充公式。

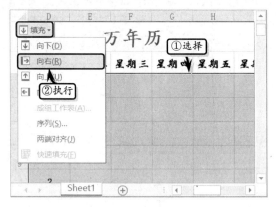

4. 美化表格

制作完日历内容数据之后，为达到工作表的整体美观效果，还需要设置表格的边框格式和填充颜色，以及隐藏基础数据。

STEP|01 选择单元格区域 C5:I11，右击执行【设置单元格格式】命令，在【边框】选项卡中，设置内外边框线条的样式和颜色。

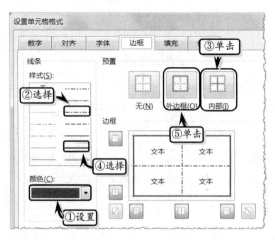

STEP|02 选择包含基础数据和年份、月份值的单元格区域，执行【开始】|【字体】|【字体颜色】|【白色，背景 1】命令，设置数据的字体颜色。

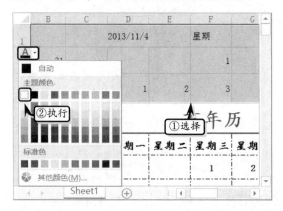

STEP|03 选择单元格区域 B4:J14，执行【开始】|【字体】|【填充颜色】|【绿色，着色 6 淡色 80%】命令，设置单元格区域的填充颜色。

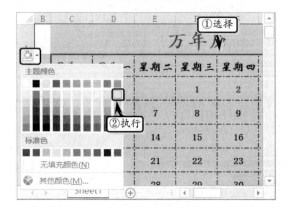

STEP|04 同时，执行【开始】|【字体】|【边框】|【粗匣框线】命令，设置单元格区域的外边框格式。

STEP|05 最后，在【视图】选项卡【显示】选项组中，禁用【网格线】复选框，隐藏工作表中的网格线。

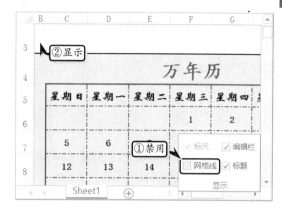

Excel **17.2** 制作工作能力考核分析表

　　工作能力考核统计表是用于统计员工每个季度的工作能力与工作态度考核成绩的表格，通过该表不仅可以详细地显示员工每个季度工作能力与工作态度考核成绩，而且还可以根据考核成绩分析员工一年内工作中的工作态度与能力的变化情况。在本练习中，将运用 Excel 函数和图表功能，制作一份工作能力考核分析表。

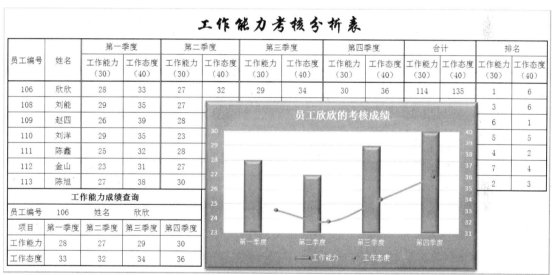

1．制作基础内容

　　工作能力考核分析表的基础内容，主要是考核基础数据，包括员工姓名、考核成绩和考核排名等内容。

STEP|01 首先设置工作表的行高，合并单元格区域 B1:O1，输入标题文本并设置文本的字体格式。

STEP|02 合并相应的单元格区域，输入基础数据，并设置数据区域的对齐和边框格式。

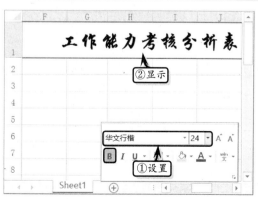

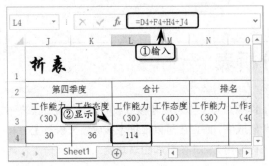

STEP|03 选择单元格 L4，在【编辑】栏中输入计算公式，按下 Enter 键返回工作能力合计值。

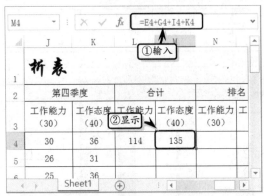

STEP|04 选择单元格 M4，在【编辑】栏中输入计算公式，按下 Enter 键返回工作态度合计值。

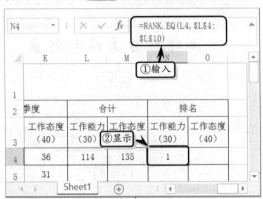

STEP|05 选择单元格 N4，在【编辑】栏中输入计算公式，按下 Enter 键返回工作能力排名值。

STEP|06 选择单元格 O4，在【编辑】栏中输入计算公式，按下 Enter 键返回工作态度排名值。

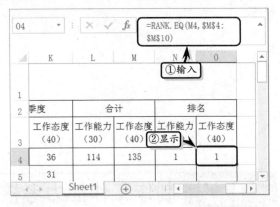

STEP|07 选择单元格区域 L4:O10，执行【开始】|【编辑】|【填充】|【向下】命令，向下填充公式。

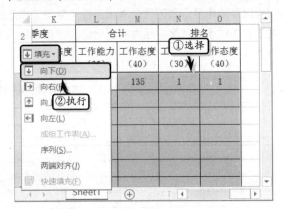

STEP|08 同时选择单元格区域 B2:O3 与 B4:O10，执行【开始】|【字体】|【边框】|【粗匣框线】命令。

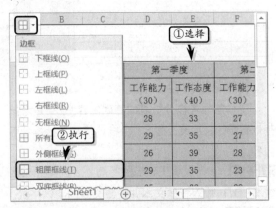

STEP|09 同时选择单元格区域 B2:C10、D2:E10、F2:G10、H2:I10、J2:K10 与 L2:M10，右击执行【设

置单元格格式】命令，在【边框】选项卡中设置边框的样式与位置。

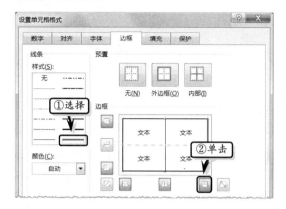

2．制作工作能力成绩查询表

工作能力成绩查询表是制作考核分析图表的基础数据，也是查询员工具体成绩的有力工具。

STEP|01 在单元格区域 B11:F15 中，输入查询表格基础数据，并设置数据的对齐、字体和边框格式。

A	B	C	D	E	F
7	110	刘洋	29	35	23
8	111	陈鑫	25	32	28
9	112	金山	23	31	27
10	113	陈旭	27	38	30
11		工作能力成绩查询			
12	员工编号	106	姓名		
13	项目	第一季度	第二季度	第三季度	第四季度
14	工作能力				
15	工作态度				

STEP|02 选择单元格 E12，在【编辑】栏中输入计算公式，按下 Enter 键返回员工姓名。

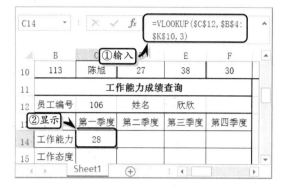

STEP|03 选择单元格 C14，在【编辑】栏中输入计算公式，按下 Enter 键返回第一季度的工作能力值。

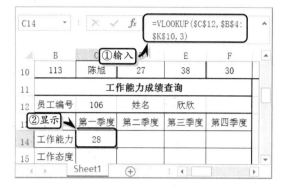

STEP|04 选择单元格 C15，在【编辑】栏中输入计算公式，按下 Enter 键返回第一季度的工作态度值。

STEP|05 选择单元格 D14，在【编辑】栏中输入计算公式，按下 Enter 键返回第二季度的工作能力值。

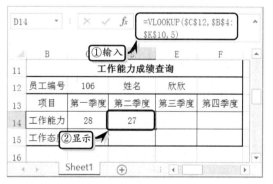

STEP|06 选择单元格 D15，在【编辑】栏中输入计算公式，按下 Enter 键返回第二季度的工作态度值。使用同样的方法，分别计算其他季度的考核成绩。

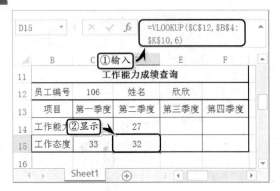

3. 制作分析图表

工作能力考核分析图是以图表的形式，直观地显示每位员工每个季度的考核数据。在工作能力考核分析图中，以柱形图图形显示员工工作能力考核成绩的变化情况，并以带平滑线和数据标记的散点图图形显示员工工作态度成绩的变化趋势。

STEP|01 选择单元格区域 B13:F15，执行【插入】|【图表】|【推荐的图表】命令。

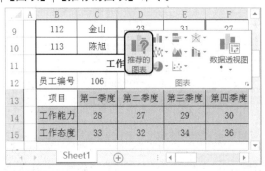

STEP|02 在弹出的【插入图表】对话框中，激活【所有图表】选项卡，选择【组合】选项，并设置组合图表的类型。

STEP|03 双击【垂直（值）轴】坐标轴，设置坐标轴的最大值、最小值、主要刻度单位与次要刻度单位。

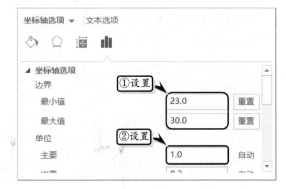

STEP|04 双击【次坐标轴 垂直（值）轴】坐标轴，设置坐标轴的最大值、最小值、主要刻度单位与次要刻度单位。

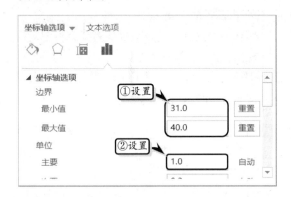

STEP|05 双击【次坐标轴水平（值）轴】坐标轴，将【刻度线标记】选项组中的【主要类型】设置为"无"，同时将【标签】选项组中的【标签位置】设置为"无"。

STEP|06 选择图表，执行【图表工具】|【格式】|【形状样式】|【强烈效果-绿色，强调颜色6】命令，设置图表的样式。

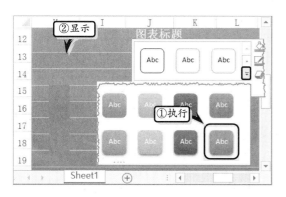

STEP|07 选择绘图区，执行【图表工具】|【格式】|【形状样式】|【形状填充】|【白色，背景 1】命令，设置绘图区的填充颜色。

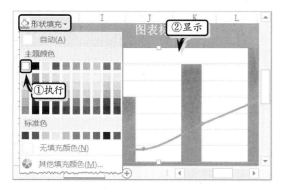

STEP|08 选择图表，执行【图表工具】|【格式】|【形状样式】|【形状效果】|【棱台】|【圆】命令，设置图表的棱台效果。

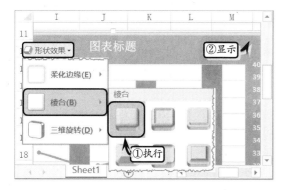

STEP|09 选择"工作能力"数据系列，执行【图表工具】|【格式】|【形状样式】|【形状效果】|【棱台】|【圆】命令，设置图表的棱台效果。使用同样方法，设置另外一个数据系列的棱台效果。

STEP|10 选择单元格 C31，在【编辑】栏中输入显示图表标题的公式，按下 Enter 键返回计算结果。

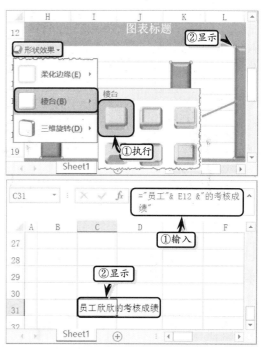

STEP|11 选择图表标题，在【编辑】栏中输入显示公式，按下 Enter 键显示标题文本，并设置文本的字体格式。

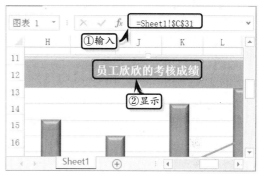

STEP|12 最后，在【视图】选项卡【显示】选项组中，禁用【网格线】复选框，隐藏工作表中的网格线。

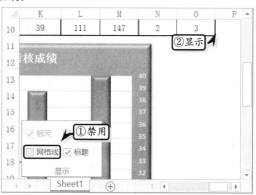

17.3 分析人事数据

对于职员比较多的企业来讲，统计不同学历与不同年龄段内职员的具体人数，将是人力资源部人员比较费劲的一件工作。在本练习中，将运用函数、数据透视表和数据透视图等功能，对人事数据进行单条件汇总、多条件汇总，以及多方位分析。

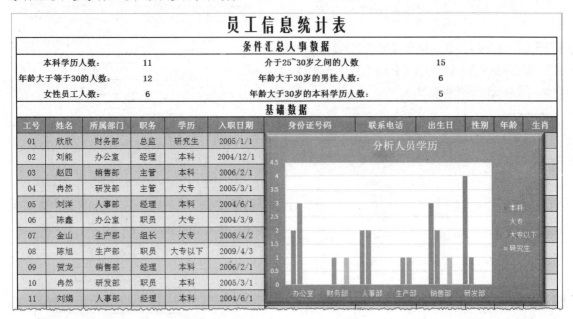

1．构建基础表格

员工信息统计表是用来统计员工姓名、所属部门、学历、职务、入职日期等基础信息的表格之一，也是薪酬表及其他人事表格基础数据的来源表格。

STEP|01 首先，设置工作表的行高。然后，合并单元格区域 B1:M1，输入标题文本并设置文本的字体格式。

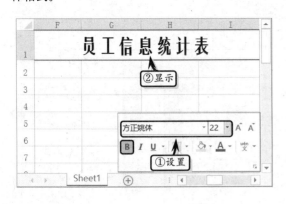

STEP|02 输入列表标题和列标题文本，选择单元格区域 B8:B31，右击执行【设置单元格格式】命令，自定义单元格区域的数字格式。

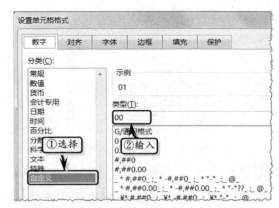

STEP|03 同时选择单元格区域 G8:G31 和 J8:J31，执行【开始】|【数字】|【数字格式】|【短日期】命令，设置单元格区域的日期格式。

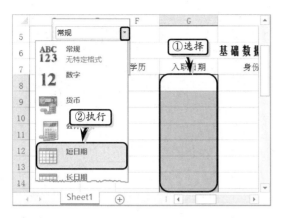

STEP|04 选择单元格区域 D8:D31，执行【数据】|【数据工具】|【数据验证】|【数据验证】命令，在弹出的对话框中设置验证条件。使用同样方法，设置其他单元格区域的数据验证。

STEP|05 在单元格区域中输入基础数据，并设置数据区域的对齐和边框格式。

	E	F	G	H
7	职务	学历	入职日期	身份证号码
8	总监	研究生	2005/1/1	110983197806124576
9	经理	本科	2004/12/1	120374197912281234
10	主管	本科	2006/2/1	371487198601025917
11	主管	大专	2005/3/1	377837198312128735
12	经理	本科	2004/6/1	234987198110113223
13	职员	大专	2004/3/9	254879198812048769
14	组长	大专	2008/4/2	110123198603031234
15	职员	大专以下	2009/4/3	112123198801180291
16	经理	本科	2006/2/1	110983197806124576

STEP|06 选择单元格 J8，在【编辑】栏中输入计算公式，按下 Enter 键返回出生日。

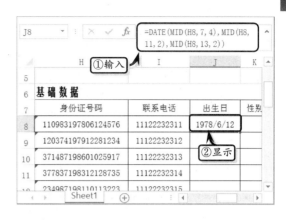

STEP|07 选择单元格 K8，在【编辑】栏中输入计算公式，按下 Enter 键返回性别。

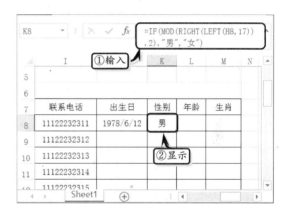

STEP|08 选择单元格 L8，在【编辑】栏中输入计算公式，按下 Enter 键返回年龄。

STEP|09 选择单元格 M8，在【编辑】栏中输入计算公式，按下 Enter 键返回生肖。

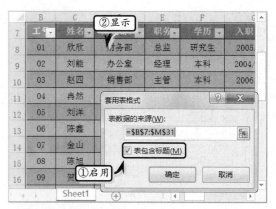

STEP|10 选择单元格区域 J8:M31，执行【开始】|【编辑】|【填充】|【向下】命令，向下填充公式。

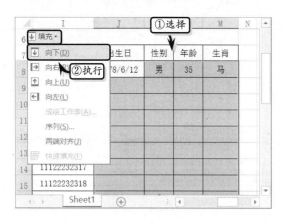

STEP|11 选择单元格区域 B7:M31，执行【开始】|【样式】|【套用表格格式】|【表样式中等深浅 14】命令。

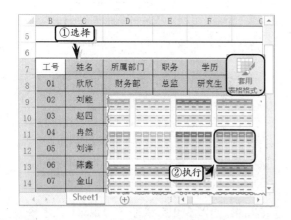

STEP|12 在弹出的【套用表格式】对话框中，启用【表包含标题】复选框，单击【确定】按钮即可。

STEP|13 选择套用的表格中的任意一个单元格，右击执行【表格】|【转换为区域】命令，将表格转换为普通区域。

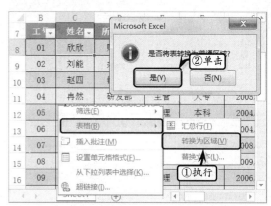

2．条件汇总人事数据

对于职员比较多的企业来讲，可以借助于条件汇总来统计不同学历与不同年龄段内职员的具体人数。

STEP|01 在单元格区域 B2:M5 中制作"条件汇总人事数据"列表，并设置表格的对齐、字体和边框格式。

STEP|02 选择单元格 E3，在【编辑】栏中输入计

算公式，按下 Enter 键返回本科学历人数。

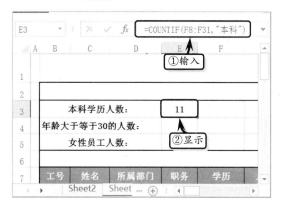

STEP|03 选择单元格 E4，在【编辑】栏中输入计算公式，按下 Enter 键返回年龄大于或等于 30 的人数。

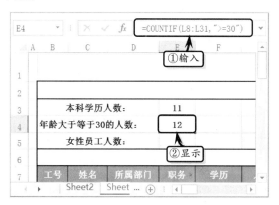

STEP|04 选择单元格 E5，在【编辑】栏中输入计算公式，按下 Enter 键返回女性员工人数。

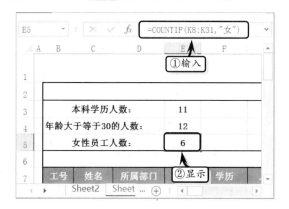

STEP|05 选择单元格 J3，在【编辑】栏中输入计算公式，按下 Enter 键返回介于 25~30 岁之间的人数。

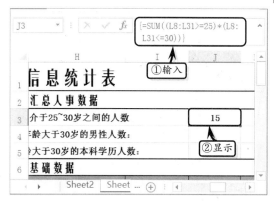

STEP|06 选择单元格 J4，在【编辑】栏中输入计算公式，按下 Enter 键返回年龄大于 30 的男性人数。

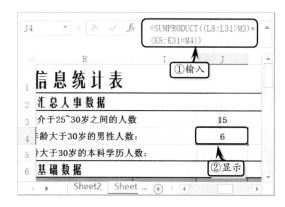

STEP|07 选择单元格 J5，在【编辑】栏中输入计算公式，按下 Enter 键返回年龄大于 30 岁本科学历人数。

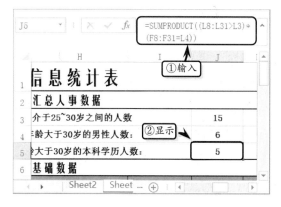

STEP|08 选择单元格区域 L3:M4，执行【卡死】|【字体】|【字体颜色】|【白色，背景 1】命令，隐藏数据。

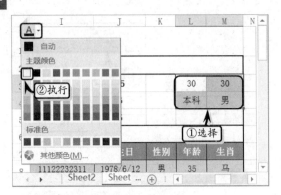

3. 数据透视表分析人事数据

数据透视表是一种交互式报表，可以将纷杂的数据按指定分类进行汇总，可以按性别、按部门或按学历分析人事数据。

STEP|01 选择"基础数据"内容区域，执行【插入】|【表格】|【数据透视表】命令。

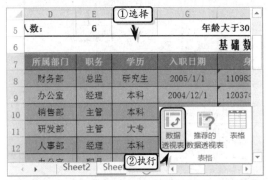

STEP|02 在弹出的【创建数据透视表】对话框中，选中【新工作表】选项，并单击【确定】按钮。

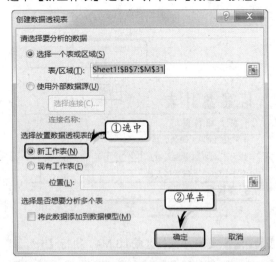

STEP|03 启用【数据透视表字段】任务窗格中的【职务】复选框，并将【所属部门】字段拖到【列

标签】列表框中，将【姓名】字段拖到【数值】列表框中。

STEP|04 执行【数据透视表工具】|【设计】|【数据透视表样式】|【快速样式】|【数据透视表样式浅色 24】命令，设置数据透视表的样式。

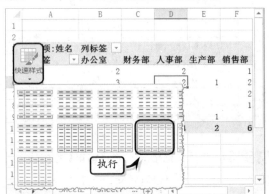

STEP|05 在【数据透视表字段】任务窗格中，禁用【职务】复选框，同时启用【性别】复选框，按性别显示人事数据。

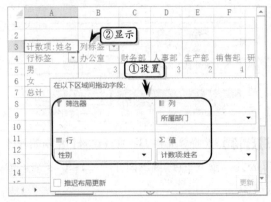

STEP|06 在【数据透视表字段】任务窗格中，禁用所有的字段，将数据透视表还原到最初状态。

STEP|07 在【数据透视表字段】任务窗格中，启用【所属部门】复选框，并将【学历】字段拖到【列标题】列表框中，将【姓名】拖到【数值】列表框中。

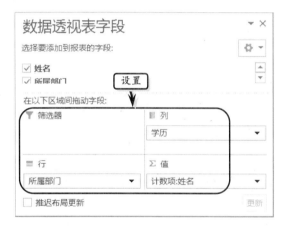

4．数据透视图分析人事数据

虽然运用数据透视表可以详细地显示每个部门中不同学历的人员数量，但是却无法直观、形象地比较各部门中的人员学历数据。此时，用户可以运用数据透视图，以图表的形式显示不同部门不同学历的人员数量。

STEP|01 执行【数据透视表工具】|【分析工具】|【数据透视图】命令，选择【簇状柱形图】选项，并单击【确定】按钮。

STEP|02 执行【数据透视图工具】|【设计】|【数据】|【选择数据】命令，单击【隐藏的单元格和空单元格】按钮。在弹出的【隐藏和空单元格设置】

对话框中，选中【零值】选项，并单击【确定】按钮。

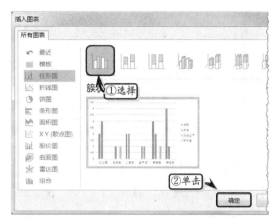

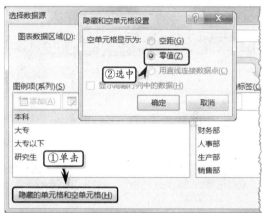

STEP|03 选择图表，执行【数据透视图工具】|【格式】|【形状样式】|【强烈效果-绿色，强调颜色 6】命令，设置图表的形状样式。

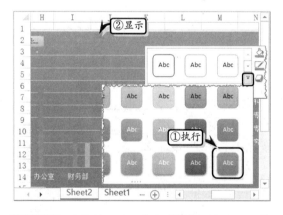

STEP|04 选择绘图区，执行【数据透视图工具】|【格式】|【形状样式】|【形状填充】|【白色，背景1】命令，设置绘图区的填充颜色。

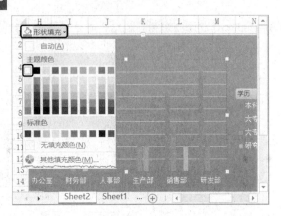

STEP|05 选择图表，执行【格式】|【形状样式】|【形状效果】|【棱台】|【棱纹】命令，设置图表的棱台效果。

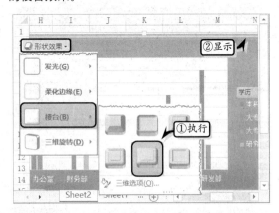

STEP|06 执行【数据透视图工具】|【设计】|【图表布局】|【添加图表元素】|【图表标题】|【图表上方】命令，添加图表标题并修改标题文本。

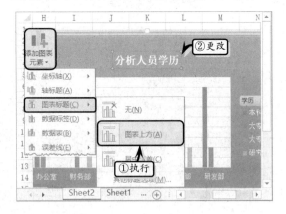

STEP|07 执行【数据透视图工具】|【分析】|【显示/隐藏】|【字段按钮】命令，取消图表中的字段按钮。

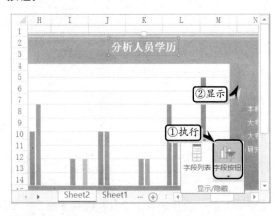

STEP|08 最后，执行【数据透视图工具】|【设计】|【位置】命令。在弹出的对话框中选择图表的放置位置，单击【确定】按钮即可。

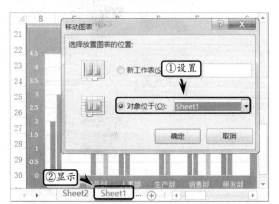